U0295616

万物简史译丛

鋸

【日】吉川金次 著
徐筠舒 译

上海交通大学出版社
SHANGHAI JIAO TONG UNIVERSITY PRESS

内容提要

本书是“万物简史译丛”之一。在人类由蒙昧走向文明的漫长进程中，锯是如何演变发展的？世界各国的锯有哪些特点，在何种程度上改变了人们的生活？本书系统地解答了这些问题。作者出身于木匠和造锯世家，基于对古锯的再造和试验，为我们饶有兴趣地诠释了锯的历史。本书既为我们介绍了匠人的专业知识，又给我们展示了从古至今人类生活的丰富画卷。

上海市版权局著作权合同登记号：图字：09-2013-912

图书在版编目（CIP）数据

锯/（日）吉川金次著；徐筠舒译．—上海：上
海交通大学出版社，2014
（万物简史译丛/王升远主编）
ISBN 978-7-313-11924-7

Ⅰ．①锯…　Ⅱ．①吉…　②徐…　Ⅲ．①锯机—历史—
研究—世界　Ⅳ．①TG333.2

中国版本图书馆CIP数据核字（2014）第187826号

锯

著　　者：［日］吉川金次　　译　　者：徐筠舒
出版发行：上海交通大学出版社　　地　　址：上海市番禺路951号
邮政编码：200030　　电　　话：021-64071208
出 版 人：韩建民
印　　制：浙江云广印业股份有限公司　　经　　销：全国新华书店
开　　本：880mm×1230mm　1/32　　印　　张：8.75
字　　数：208千字
版　　次：2015年1月第1版　　印　　次：2015年1月第1次印刷
书　　号：ISBN 978-7-313-11924-7/TG
定　　价：38.00元

用和钢制作的锯
（摄影·野泽 胜）

1. 千种钢（从砂铁中提炼出的钢）

2. 钢锻造（将块状钢捶打成煎饼形状）

3. 将煎饼形状的钢投入水中，切开这块钢

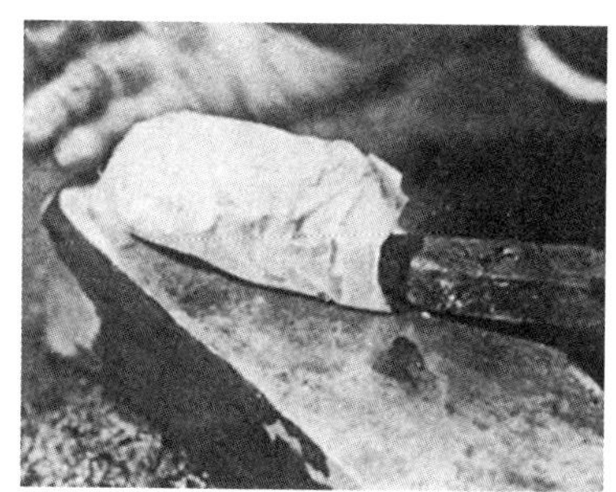

4. 切开的钢放在杠杆上，用和纸包住

5. 沾上粘土烧，之后再沾上蒿灰烧制

6. 锻造

7. 锻造时出现弯曲的部分，再锻造一遍

8. 粗锻（将钢延伸开，锻造成锯的形状）

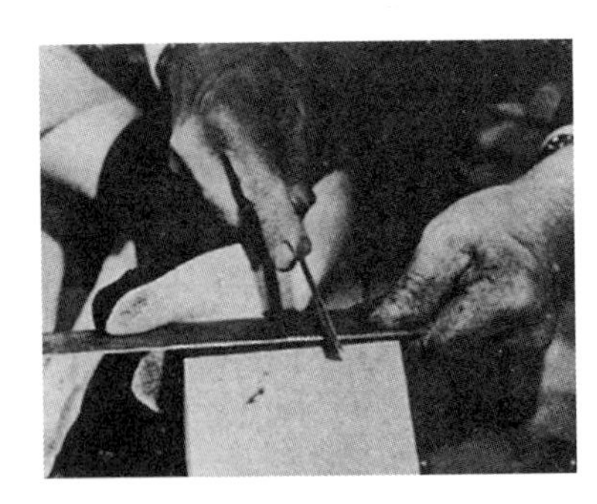

9. 按锯齿尺寸划分刻度

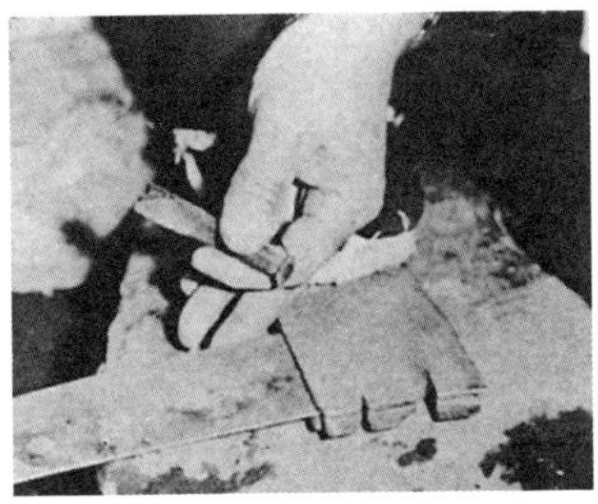

10. 冲切　用（自家制的冲压机）冲切锯齿

11. 烧刃（油淬火）

12. 找平烧刃（用锤子敲打使其变直）

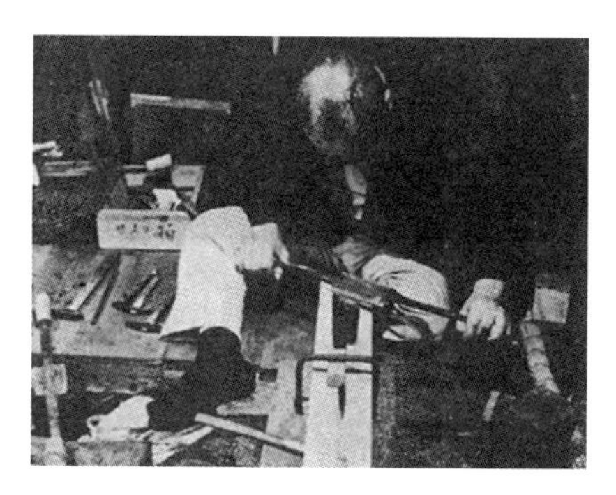

13. 精切削锯

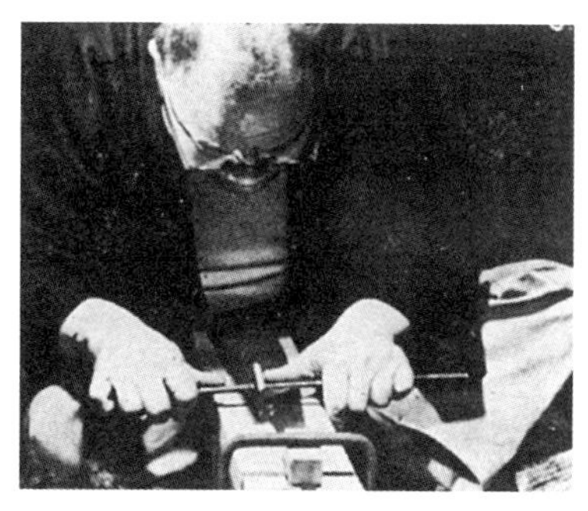

14. 双手挂锉（磨，让锯呈现出好的色泽）

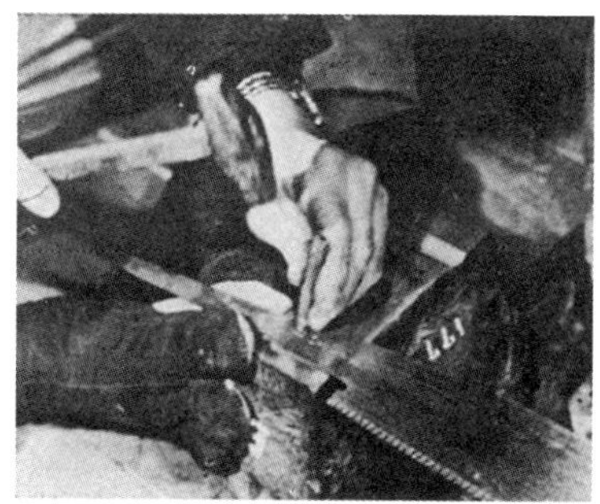

15. 刻字

《中尊寺绘经》纵拉锯使用图（平安时代）

《当麻曼荼罗缘起绘卷》（镰仓光明寺藏）（镰仓时代）

北斋《富岳三十六景》本所立川（在贮木场用前拉锯制作木板）

《职人尽绘合纸牌》三张（江户中期）

北斋《南柯梦》(大截锯)

北斋
《庭训往来》五条桥图(鱼头锯)

目　录

第一章

锯的起源

引　　言

利用物体侧面的凹凸，通过摩擦截断某种物体，实施这样基本操作的工具便是锯的起源。而伴随着锯的不断进化，人们开始有意识地将一些物体（石头、骨、角等）刻成凹凸边来切割其他物体。

报纸上曾刊载过约2万年前美洲印第安人做的骨角器的照片。那是将角骨做成锯齿状来截取东西，据说用放大镜来看那张照片，可以清楚地看到锯齿的形状。

在埃及发现了大约3 500年前的青铜锯，它被称为世界上最古老的锯。人们根据古德曼所著（山崎俊雄摘译）的《木材加工的历史》上刊载的照片复原了那把锯，结果是，它确实是现存的锯中最古老的，但若说这把锯的形式是否是世界上最古老的，答案应该是否定的。这把锯的制作方法和功能都相当先进，虽然没有发现其他遗留品作为证据，但我相信一定有更加古朴原始的锯。

在中国好像也有很古老的青铜锯。在日本没有发现青铜锯，最初发现的金属器具就是铁锯。我认为，日本的锯是从中国经朝鲜传来的，这一点大概是可以肯定的。日本没有发现比4世纪前更古老的锯，但中国一直都有很古老的锯，所以我想日本也理所当然会受到其影响，因此也就原封不动地模仿了中国的锯。这个问题不能明确地回答，但是我想，虽然日本的锯受到了中国锯影响，但却不一定是完全相同地模仿。

日本也有石锯。古老的锯形态出现在绳文时代，它长度约为4厘米，截面为齿部较薄而背部较厚的楔形状。据《日本考古学》第二卷（河出书房）所记载的插图所示，共有8把石锯，为了参考其功能，我用铁仿造了一把。石锯的每一个齿形和齿列都很复杂。古坟时代的锯与此锯比较，那要简单得多。

我用它试着锯了绳、木头、鱼骨、兽骨等物，知道了每种锯因齿形的不同其功能也是不同的。但是，我并不认为锯了以上4种东西就可以得出这个结论。最适用的应该是用石锯来锯比如动物的软骨、腱部。我想这大概就是用来解体动物的工具。其使用方法是，用右手紧握锯的背部来摩擦切割对象物。有位考古学家解释了这种石锯的用法：在树枝上画下纹路，将好几把石锯纵向排列，并用沥青黏合起来锯东西。但是，我无法赞成这个说法。我试过了，这种做法是非常困难的。无论如何想象，实际上是行不通的。

我为形成石锯齿的各种窍门所惊讶。这种石锯是用何种方法制作的？反正用打磨的方法是怎么也完不成的。或许是用薄的皮革、藤本植物的皮沾着细沙来制造出锯齿。无论如何，把石片弄出锯齿才是关键。

弥生时代也有石锯。新泻县佐渡的新穗村出土的石锯长约8厘米，我尚未见过，国学院大学所藏的石锯是在北海道被发现的，该锯很大，但是没有锯齿。利用石头细细的凹凸边摩擦来截取对象，其使用方法与现在的锯的使用方法相似，因此被大场磐雄教授称作“石锯”。其使用方法与锉刀相近。

由这两个例子可知，日本在金属器具传来之前，就有了锯的形态。此外，拥有锯同样功能的工具也逐渐产生。也就是说，日本锯的原型早在石器时代就已经存在了。所以，在铁的精炼技术被传入的时候，锯也是能用铁制作的。那时就第一次出现了作为金属器具的锯。这样看来，应该是每个世纪的日本锯都受到了中国锯的反复影响。

出土锯的复原

出土锯现在已经被发现了20例，我想就这20件出土物来阐述一下。

4 世 纪 的 锯

4世纪的古坟出土了8件锯，此外，还发现了被推测认定为锯的东西。其中，金藏山古坟出土锯、黄金冢古坟出土锯、那须八幡冢古坟出土锯、花光寺山古坟出土锯和松林山古坟出土锯是有齿痕的。紫金山古坟出土锯、竹野产土山古坟出土锯，从形状上看则推测为齿痕不明。另外，堺大冢山古坟出土锯不详(此锯还没有开始着手调查)。

锯身带有木质残片的是除紫金山古坟出土锯、松林山古坟出土锯以外的6件锯。首先，我就这8件锯来叙述一下各自的特点：

金藏山古坟出土锯 (冈山县上道郡幡多村　该形式的锯出土11把)

如图1-1所示，该锯长度为14.4—13.7厘米、宽为2.5厘米、厚

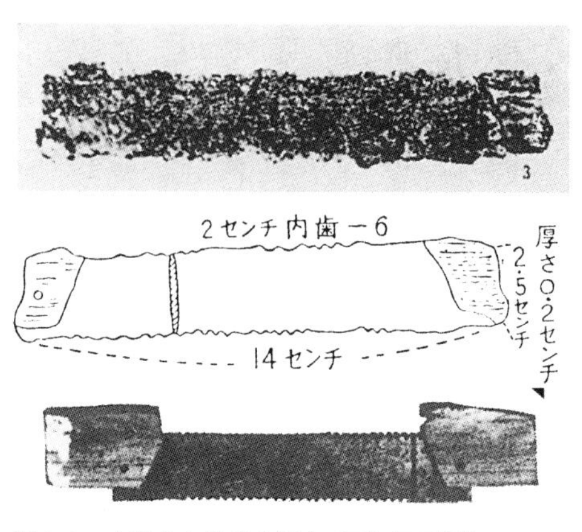

图1–1　金藏山古坟出土锯（下面为复原锯）
【图表译文：センチ（厘米）　厚さ（厚度）】

为0.2厘米，齿数1厘米3个。齿形为等腰三角形，齿上无刃口，形状无交错，双齿。两侧锯齿无粗细和疏密差异，两端的锯身中轴线上有销钉孔，两端的2厘米处没有锯齿。

图中的锯两端附着径面纹理平行于锯身的木质残片。

我试着复原仿造了这把锯，它是两侧每厘米拥有3个锯齿的双齿锯。

4世纪的双齿锯除了这把锯，全都是一侧锯齿粗大，一侧锯齿细小的锯。这把锯的特征是，双侧锯齿没有分工。我认为，它具备了作为双齿锯的最原始的结构。

从两端的木质残片和销钉孔来考虑，这个手柄是根据锯身两端附着的手柄的模型样子来打造的。如果像树枝的弓形般卷曲手柄，那么木质残片的径面纹理相对于锯身而言必然是呈直角或斜角的。另外，那样的附着柄内侧（手柄侧）锯齿是无法使用的。

我认为这把锯的使用方法是，用左右手握住两端的手柄，然后用两脚压住截断物。限于没有能够固定截断物的工具，因而用脚压住是现在的普遍方法。古代人也应该是这样的吧。

握住两端的手柄，坐着用脚来压住物体的使用方法，压物体的一方必然要用力。我想这就是截断性很强的锯的使用方法。这把锯在何时使用？我认为是在切割鹿角、兽骨时所使用的锯。因为锯齿比较粗大，所以角、骨之类应该是在动物死后的不久被截取加工的。在这里，我想用复原的模型锯来切割牛骨，当然是可以截断的。

黄金冢古坟出土锯（大阪府泉北郡信太村）

如图1–2所示，该锯长14.3厘米，中间宽3厘米，宽的一端为3.3厘米，窄小的一端为2.4厘米。销钉孔离粗齿的一侧距离约为1厘米，离两端距离约为1厘米。

该锯厚度约为0.15厘米，两端粗齿的一侧残存的木质片长为3.5厘米。

锯齿，粗齿一侧2厘米内5—6齿（每个锯齿宽不到0.4厘米），细齿的一侧2厘米内9—10齿（每个齿宽0.2厘米以上）。

齿形，呈等腰三角形，无刃口，无交错。

这把锯的特征是：一端宽，一端窄，锯身宽窄不一。细齿一侧是向内弯的，粗齿一侧有一点向外弯。销钉孔在较粗的一侧，木质残片也在较粗的一侧，锯身平行于木片的径面纹理。两侧锯齿的大小有差异。

经仿造试用后，这把锯的细齿一侧作为主要锯已经可以使用，也得知两端的3.5厘米处木质覆盖在粗齿的一侧上。我认为，这把锯比“金藏山锯”更加进步，理由是：

（1）两侧锯齿大小不同，功能的分工也可认定。

（2）锯身的宽窄有差异，细齿的一端向内弯。这样的话，切割物品的时候就力度到位。

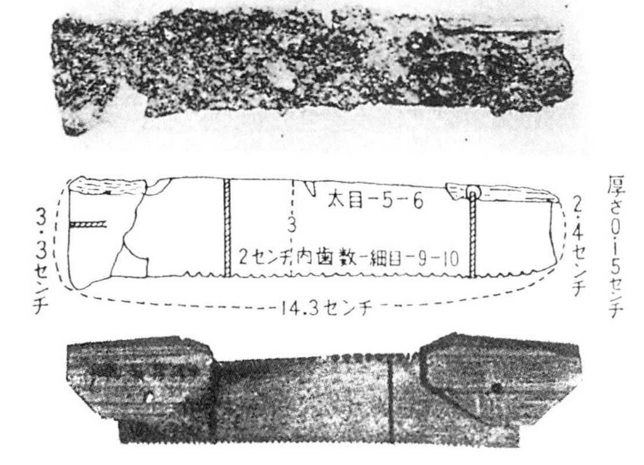

图1–2　黄金塚古坟出土锯（下面为复原锯）
【图表译文：センチ（厘米）　太目（粗齿）　細目（细齿）　厚さ（厚度）】

我想这把锯

的使用方法和金藏山锯相同，切断对象也同样是角、骨、贝壳等物。在这里，我试着用仿造锯截断了贝壳。虽然贝壳被切断了，但锯齿也立刻被弄坏了。

那须八幡冢古坟出土锯（栃木县那须郡小川町）

如图1-3所示，该锯长28厘米，宽3.5厘米，厚0.2厘米。锯齿：（细的一侧）2厘米内9—10齿，（粗的一侧）2厘米内6齿。两侧均无齿刃，无交错状态。

锯身中轴线上两端的销钉孔的直径是0.3厘米，一个在锯一端的1厘米之内处，另外一个在另一端的1.4厘米处。1.4厘米处的销钉孔的一侧有长3.6厘米的木质残片，1厘米的销钉孔的一侧有长3.1厘米的木质残片。每一个木质残片都在粗齿的一侧。另外，靠近粗齿一侧的中间部分也有木质残片。所有木质残片的径面纹理都与锯身平行。

另按照片复原仿造后，销钉孔的位置距离锯身深的一端的木质残片也很厚。把它用手柄拿起来看（因为那一端比较稳定，所以附上了长的手柄），销钉孔浅的一面则相反。如此看来，用右手握这把锯的长

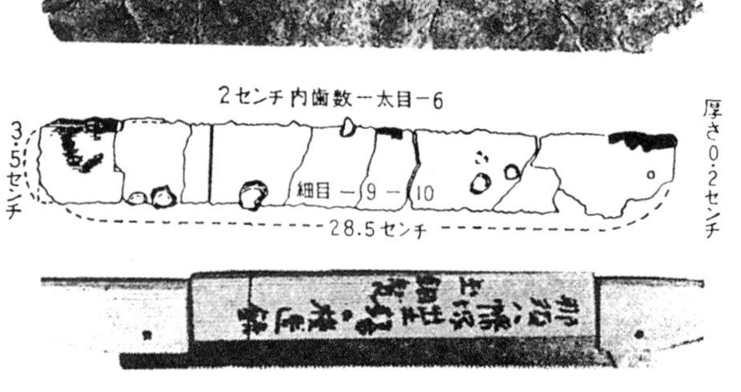

图1-3　八幡塚古坟出土锯（下面为复原锯）【图表译文：センチ（厘米）　太目（粗齿）　細目（细齿）　厚さ（厚度）】

柄，左手抓紧短柄被认为是该锯的使用方法。也就是说，可以认为，在两端的手柄前，能够看出之前一侧的功能区分，这也可以被理解为一个手柄形成的先导现象。

我认为，锯齿粗大的一侧靠近中间部分的木质残片应该是鞘。是否因为锯的尺寸长，为了提高其强度而添加了能够取下、插入的鞘呢？如果把两端的手柄和鞘用一块木板连接起来，那么锯齿粗大的一面就无法使用，所以，那样的做法是不可能的。因为是既没有齿刃又没有交错的锯，所以我认为它很有可能是用来切割青铜棒、角、兽骨、贝壳等物的锯。我用仿造锯试着截断了上面所说的那些东西，因为那些东西硬，并不是把锯紧贴着稍微拉动一下就能够切割的，比起切割木料和竹子的情况，稳定性就成了问题。所以，我想还是要加上鞘。在切割物为木料、竹子时，去掉鞘比较好。其使用方法虽与前两种锯有共同之处，但是如果是大型的锯，销钉孔也会发生微妙的变化，所以只是那一方面发达的锯。其使用对象和前两者相同，主要应用于首饰的制造。自然，该锯也会被认为试着锯过很多树木和竹子。

这个时代的锯齿都是呈等腰三角形，没有刃口。除此之外，也没有交错，所以，不太能切断树木。截断含有水分的树，会因比较涩而切割不动。虽然，可以说这个时代的锯齿还不发达，但如果认为其不合理也不对。如果是之前列举的，切割兽骨、贝壳之类的东西，这种没有交错的锯和等腰三角形的齿形不如说是合理的，因为那样的锯齿是结实的。如近代的铁锯的齿形，钢材结构紧密、良好，淬火等热处理完成后，锯齿3个一组交错排列，这是一种技术的进步。很久以前的软钢是无法实施那样的技术的。现在也没有像木纹如此细致的东西，切割同样硬度的树脂丙烯胶木等物的锯齿形状和4世纪的锯齿形状大体相同。截断磨刀石的锯也和该锯大体相同，这样就可以理解它的合理性了。

我认为，“八幡冢锯”有着向切割比前两者所能切割的物体更大（木料或竹子）的方向进步的趋势。就前两种锯来说，即使是竹子，稍微粗糙一些的竹子也是无法切割的。但如果是这种锯，就可以割断。即使是来回拉非常粗糙的竹子也没问题。如果是斧头的话，无法径直切断，但如果是这种锯就可以做到。

堺大冢山古坟出土锯（大阪府堺市上之芝町　据森浩一的书信）

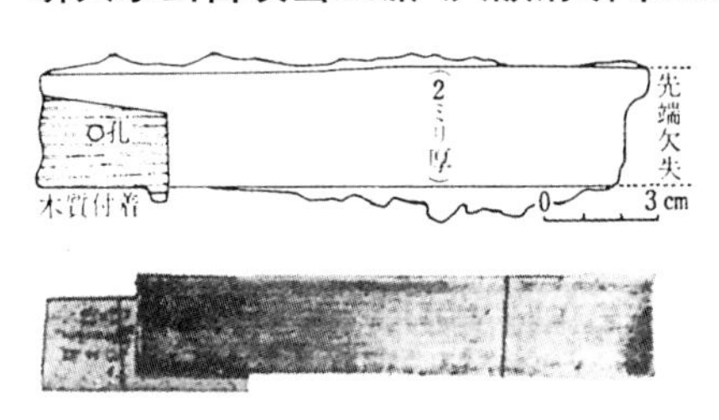

图1-4　堺大冢山古坟出土锯（森浩一氏提供）（下面为复原锯）
【图表译文：ミリ（毫米）　木質付着（附着木质）　先端欠失（尖端缺失）】

如图1-4所示，该锯长16.2厘米，宽3.1厘米，厚0.2厘米。

锯一端缺失，销钉孔及木质残片不明，销钉孔的一端残留着木质残片。从销钉孔一端的1.5厘米处开始的锯身中轴线上的木质残片偏向一侧，径面纹理与锯身平行。锯齿不明。大体有与金藏山、黄金冢、八幡冢各个出土锯相通的手柄放置方法。特别之处在于锯的一端覆盖着木质，从图上能够看见残留的部分。这可以证明仿制锯的手柄放置方法是正确的，而且接近“金藏山锯”，但要比它大一些。

紫金山古坟出土锯（大阪府三岛郡丰川）

如图1-5所示，该锯长31.7厘米，宽（宽的一端）4.2厘米，（窄的一端）3.4厘米。

令人遗憾的是，该古坟出土锯的锯齿有明显的腐蚀，无论如何都无法推测其齿形。只是从形态来看考虑此物是锯。但是其两端的确有销钉孔。锯身有着一端宽3.4厘米、另一端宽4.2厘米的宽窄差距。

此外，销钉孔较宽的一端有腐坏缺损的部分。试着将缺损部分的锯身线延长补充，宽的一端是1.1厘米，从侧线开始大概在1.4厘米处的位置；窄的一端是0.85厘米，从侧线开始到0.7厘米处的位置上。能够确认微小的木质残片是与锯身平行的。两端的销钉孔位置的不同，从“八幡冢锯”亦可证实。锯身的长度是31.7厘米，长、宽都比“八幡冢锯”要大。锯身的宽窄和“黄金冢锯”相似。

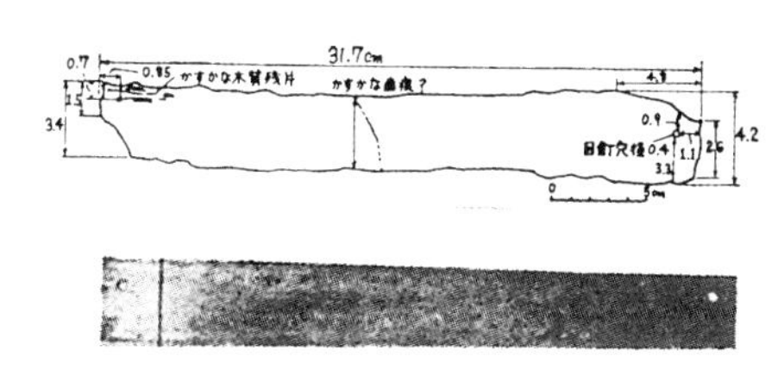

图1–5　紫金山古坟出土锯实测图（下面为复原锯）

该锯和“八幡冢锯”的相似之处在于，都是双齿锯，两端都有手柄，这是所发现的最大的有两端手柄的锯。应该注意的一点是，这把锯“很大”，“锯身宽窄不同”，“销钉孔并非在中轴线上，而是偏向一侧”。这可以理解为锯身的粗大手柄的原来部分（宽的一端）和细小手柄部分（窄的一端）衍生出来的先导现象。

花光寺山古坟出土锯（冈山县邑久郡行幸村）

如图1–6所示，该锯长17.5厘米，宽（销钉孔侧）5.4厘米，（一端缺少的一侧）4.5厘米，（锯齿粗大的一侧）2厘米内4齿半，（细齿侧）2厘米内6齿以下，厚度为0.3厘米。

锯一端的销钉孔从外到里有1.5厘米长，细齿一侧在0.9厘米处。这样的话，在有销钉孔的一侧到3.6厘米处有木质残片。木质残片的径面纹理与锯身平行，无论哪一侧都有木质残片。

虽然腐蚀异常严重，不过该锯和锯身都有宽窄差异。锯齿痕是作者发现的。从当时挖掘的照片来看，可以看出比现在大5厘米（三木文雄氏述）。

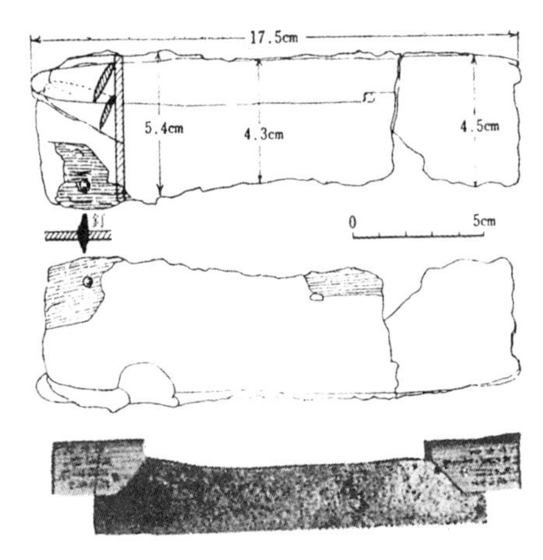

图1–6　花光寺山古坟出土锯实测图（下面为复原锯）

可以推测，之前我们所接触的锯大多是粗齿的一侧有手柄的木质残片，但这把锯的手柄却在相反的细齿的一侧。我们知道，这应该是和销钉孔位置的微妙变化同样值得注意的一种现象（这把锯是从4世纪末的古坟出土的）。4世纪的锯在发展，慢慢向能锯大树的方向过渡。

竹野产土山古坟出土锯（京都府竹野郡竹野村）

如图1–7所示，这里有11个碎片，其中有4个是带手柄的。手柄的木质残留很多，以这种状态被保存下来的手柄在出土锯中也是罕见的。手柄的木质带有酱红色，质地细密，我认为并不是坚硬的木材。手柄背的切削制作很精细，甚至让人怀疑是用木贼草那样的东西磨制的。手柄上没有销钉孔，长度为2厘米。如果有手柄的话，手柄中间必然有茎。带手柄的4个碎片中，有两个相对的手柄附着直角径面纹理的木质残片。被认为是锯身的4个碎片也

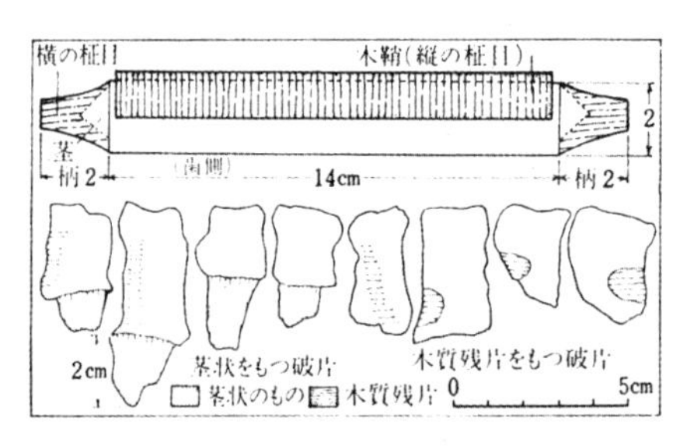

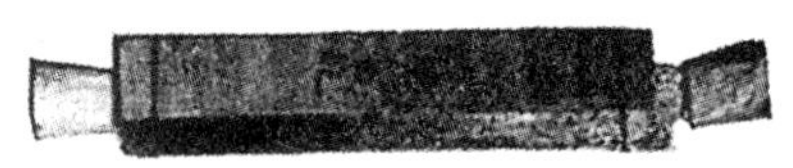

图1–7　竹野产土山古坟出土锯实测图（下面为复原锯）

【图表译文：横の柾目（横向木纹）　縦の柾目（纵向木纹）　茎状をもつ破片（带茎状物的碎片）　木質残片をもつ破片（带木质残片的碎片）　茎状のもの（茎状物）】

有木质残片，3个碎片没有木质残片。附着在手柄和锯身的木质残片好像不是同种木材。

锯身宽约2厘米。锯身附着的木质残片最深的地方大概有1.4厘米。因此可以推测出，锯身露出的部分长6毫米。我想，这个木质残片是在使用时用1.3~1.4厘米宽的鞘状物将锯身一侧覆盖住。

11个碎片除茎部以外部分的合计尺寸约为28厘米。无论如何精细地调查锯齿的状况，都无法达到目的。

4个碎片都带有手柄（茎），如果从没有销钉孔的角度来假设这是4把锯，那么28厘米的四分之一，1把长7厘米；宽2厘米，这是手柄宽2厘米的单侧手柄锯。如果把这把锯的手柄拿掉，是无法使用的。如果想以这种形态让这把锯可以使用，必须要把茎做长。所以，不得不考虑把2厘米的手柄附着在锯的两端的茎上，这样就可以使用了。

在这里，我也考虑了两把锯破碎成11个碎片的情形。因为长度全部是28厘米，折半变为14厘米。两端的手柄为2厘米，全长18厘米，宽2厘米，可以推测为如图1-7般的2把锯。如果锯身的木质残片是与锯身平行的径面纹理碎片，碎片作为锯身将会无法连接。如果是那样，手柄的径面纹理会被认为是直角径纹的鞘。我按照这种方式试着做了下，锯是能够使用的。因为两手会握住手柄，所以手柄不会脱落。我认为，这把锯是单齿锯。试着做鞘是极其简单的事，我想它与制造首饰的锉的使用方法是相近的。

松林山古坟出土锯（静冈县磐田市）

如图1-8所示，该锯长13.7厘米，宽3厘米，厚度为0.2—0.3厘米。双齿锯，（粗齿的一侧）2厘米内5个，（细齿的一侧）2厘米内9个。锯齿交错、刃口状态不明，销钉孔不明。两端有缺失。无木质残片。锯身残留着布纹，用两层布包裹着。

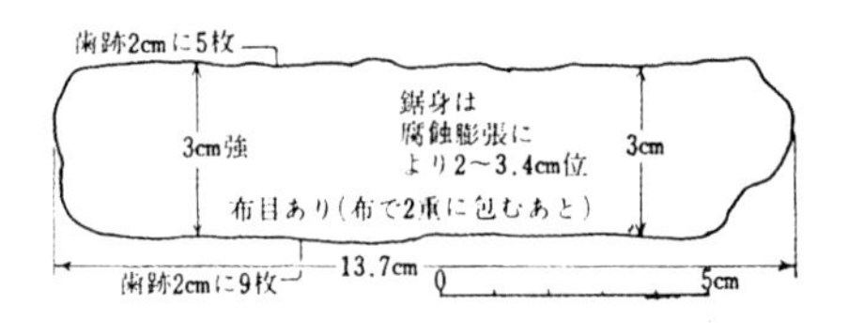

图1–8　松林山古坟出土锯示意图

【图表译文：歯跡2cmに5枚（2厘米内5个齿痕）强（以上）布目あり（有布纹）鋸身は腐蝕膨脹により2~3.4cm位（锯身因腐蚀膨胀而有2—3.4厘米受影响）布で2重に包むあと（用布包了2层）歯跡2cmに9枚（2厘米内有9个齿痕）】

这把锯是昭和八年前后出土的，但对来路不明的铁片也没有进行调查。最近，东京国立博物馆的龟井正道氏再次作了调查，发现了这把锯。

接下来，我尝试概括总结一下4世纪的出土锯。“金藏山锯”两侧的齿痕相同，无粗细和疏密差异，拥有了作为双齿锯最原始的形态。两端的销钉孔都在中轴线上相同的位置处。

“黄金冢锯”的锯身有宽窄差异。向内弯的锯齿较细，有点儿向外弯的锯齿较粗。两侧的锯齿出现了粗细和疏密差异。销钉孔在较粗的一侧，这把锯较之前的锯又进了一步。

“八幡冢锯”的两侧锯齿粗细和疏密与“黄金冢锯”的相同。销钉孔的位置和木质残片一端深一端浅。如果按平常的使用方法用右手握住手柄，那么，手柄会偏向一边。这也可以解释为锯的前后部分出现差异的萌芽。因为锯身很大，所以较前者来说是进步的。

“紫金山锯”被认为是更进一步了，“花光寺山锯”的手柄在锯齿较细的一侧。这是锯使用的重要性更倾向于粗齿一侧的证据，也被认为是“金藏山”、“黄金冢”、“堺大冢山”各种锯开始被应用在不同领域的结果。

“竹野产土山锯”也出现了萌芽状态的茎。此外，还带有鞘。将这把锯认为是带小型鞘的最原始形态应该是正确的。

各种出土锯的锯齿数量相同也是被认同的。“金藏山”（两侧）、“黄金冢”、“八幡冢”、“松林山”中的各锯（粗齿一侧）大体2厘米内都拥有相同的锯齿数，细齿一侧也拥有相同数量的锯齿。“花光寺山锯”细齿一侧锯齿数量与以上锯的相同，粗齿一侧的锯齿更加稀疏。

进入4世纪后，日本的锯已经有着分工成大型化方向和用来做精细工作的小型锯的显著倾向。具有前者潜质的锯有“八幡冢锯”、“紫金山锯”、“花光寺山锯”，拥有后者潜质的锯有“黄金冢锯”、“竹野产土山锯”等。相对应的，两端的销钉孔的位置也有着微妙的变化。

5世纪的锯

河内蚂蚁山古坟出土锯（大阪府美陵町　该形式的锯7把出土）

如图1–9所示，该锯长11.5厘米，宽1.5厘米，厚0.1厘米。锯齿2厘米内有10个，齿部长度为11.2厘米。

锯两端中轴线上有销钉孔，销钉孔为自端点向内1.5厘米处的直径1毫米的圆孔。两端都在同样的位置，宽度为1厘米的木质残片全部覆盖在单侧。锯齿无刃口，形状无交错，呈等腰三角形。木质残片

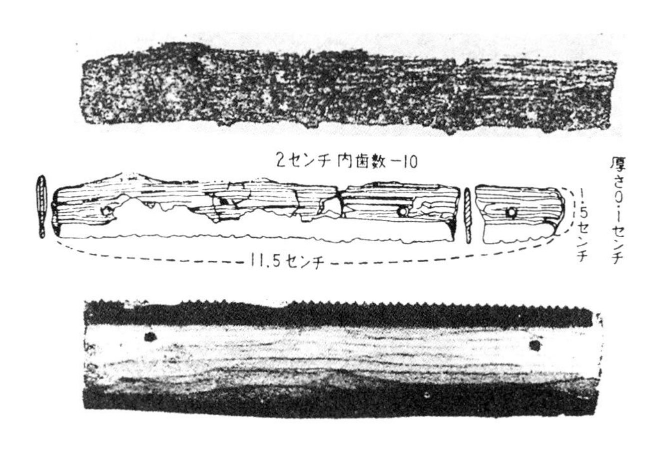

图1–9　河内蚂蚁山古坟出土锯（下面为复原锯）
【图表译文：センチ（厘米）　厚さ（厚度）】

的径面纹理和锯身平行。

该锯的主要特征有以下6点：

（1）背面有鞘。

（2）锯身薄。

（3）锯身小。

（4）锯齿细微。

（5）为单齿锯。

（6）无手柄设置处。

（1）与（2）的锯身单薄有关。为防止锯身曲折，加了很深的鞘，这是有效增加锯稳定性的方法。凭借这6个特征，可以认为这把锯只要施加比较小的力就能够使用。

使用时不需要两手握锯，而只握住锯身一端也不能使用。我试用了仿制锯，右手贴近锯的中间部分，用拇指和中指拿锯，伸出食指来按压鞘就可以用了。

那么这把锯究竟是压切还是拉切呢？答案是很明确的。试用了之后，使用之前所述的位置，既非压切又非拉切。但如进一步发展则两者都存在可能性，这是与等腰三角形齿形所对应的。

此外，从这把锯的使用方法马上就可以推测观察出其和石锯的使用方法非常相似。当时尚未出现手柄而是用一只手握着鞘来摩擦物体的。

从这方面考虑，难道“河内蚂蚁山锯”并非最原始的构造的锯？到底这把锯切割过什么物体？我想大概是青铜细棒等物。或许有人认为这个想法有些大胆，我试着简单阐述下面的实验结果：

（1）未淬火的钢板。

（2）淬火的钢板。

（3）未淬火的和钢板。

（4）用水淬火过的和钢板。

用以上4种钢板做了仿造锯，然后做了切断实验。

因为手中没有青铜棒，取而代之试着切割了黄铜棒。用（1）、（2）切割时，锯齿虽然都有严重的磨损，但是能切断。而用（4）试着切割，厚度为3毫米、宽5毫米的黄铜用了大约3分钟就切断了，且锯齿并无卷曲。（1）那样的物体大体上和普通的铁相近，但是也被切断了。切这样的东西，靠木鞘来施加力度并防止锯的弯曲折断是有效的。此外，等腰三角形的细锯齿也有利于切割。粗大的锯齿无法切割。锯齿不需要磨出刃口和交错排列，否则，锯齿反而会变弱，不能切断物体。拿锯的方法也和前面所阐述的相同，将手掌放在锯的中间，这样手的重量会施加到锯身上，这是比较合理的。

同一种形式的锯出土了7把，由此可见切断金属会使锯磨损严重，所以出现了多把取而代之来使用的锯。因此，同样的锯才会出土很多把。用露出部分5毫米的锯来拉树木、竹子是难以想象的。

这或许是用来加工贵族首饰用具的锯。用青铜器做工艺品虽然主要会用到凿子，但凿子也有用不了的时候，那时就会用这把锯。

原始的小锯在切割木材和竹子时，要比斧头好用。所以，锯存在的理由不可否认是因为它能够用于斧头和凿子无法操作的领域。

虽然，这种锯的材质是钢或铁，但是我在刚才提到过的国学院大学的大场研究室看见了5世纪的小型刨子使用了钢。所以，钢确实是存在的。如“河内蚂蚁山出土锯”那样的小型锯的材质就是钢。如果是钢，就确实能淬火，淬火一定是“水淬火”（把烧过的钢投入水中变硬的方法）。从构造上来看，这是出土锯当中形式最古老的锯。

堂山古坟出土锯（静冈县磐田市）

如图1-10所示，该锯长17.2厘米，宽3.5厘米。

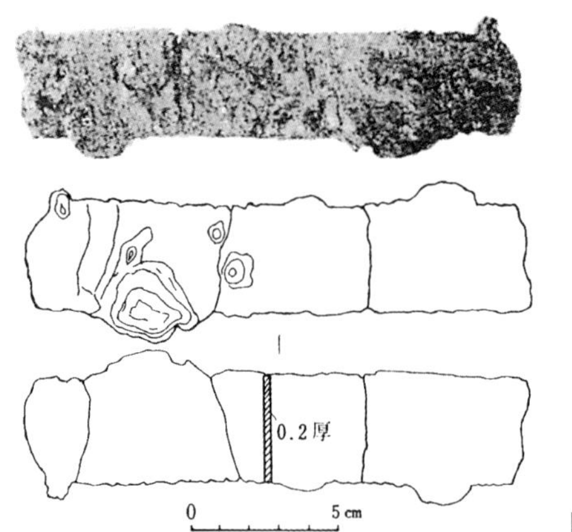

图1-10　堂山古坟出土锯

图1-11　锯齿模型

双齿(粗齿的一侧)2厘米内6齿,(细齿的一侧)两厘米内9—10齿。

齿形:具有特殊的刃口,无交错排列。

销钉孔有缺失,不详。无木质残片。

该锯的特征是其特别的锯齿形状,如图1-11所示。我试用了仿造锯,拉木头时,与“八幡冢锯”相比容易截断,但是侧滑手指会受伤。锯齿不能变尖,而是形成一排斜刀刃。这就是最初出现的“锯齿刃”。

通过这个齿形能够想到的是,虽然有了齿刃,但是其使用起来却是锉的方法,锯齿有了刃,使摩擦变得困难,需要薄的、精巧的锉。锉和引人注目的技术确实可以说有所进步。

奥坂随庵古坟出土锯(静冈县总社市)

如图1-12所示,该锯长22厘米,宽2.5厘米,厚0.3厘米。

锯齿2厘米内6齿半。单锯齿,无交错也无齿刃。

两端从外到里大概1.5厘米处有销钉孔。那个孔的一端在锯身中间,另一端从锯的一侧也能够看到,但因为腐蚀严重所以无法判断。锯身看起来无宽窄差异。一端大概2.3厘米,背面大概1.4厘米处的位

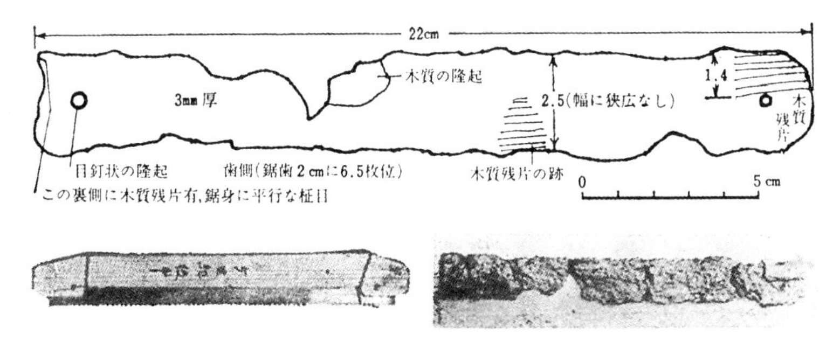

图1–12 奥坂随庵古坟出土锯(下面为复原锯)

【图表译文:木質の隆起(木质的隆起) 幅に狭広なし(宽度相同) 木質残片(木质残片) 目釘状の隆起(销钉状的隆起) 鋸歯2cmに6.5枚位(锯齿2厘米内6个左右) 木質残片の跡(木质残片的痕迹) この裏側に木質残片有、鋸身に平行な柾目(背侧有木质残片,与锯身平行的木纹)】

置有木质残片。另一端较细,背面有木质残片。无论哪个都是平行于锯身的径面纹理。此外,靠近锯身的中间部分有“带有木质的隆起”,还有,锯齿边虽然也附着木质残片,但是它还紧密附着锈痕,只有一侧有齿痕。

这把锯的齿形是等腰三角形,没有认定有交错排列和齿刃部分。我按照照片的样子制作了复原模型,把背面的木质残片全部连接进行了观察。结果,变成了由鞘和手柄连成一体的“鞘柄”,非常难以形容的形态。正好,如果有鞘的话,可以想到与“蚂蚁山锯”、“产土山锯”、“八幡冢锯”等有共同形态的锯。使用方面,我想仍然是制造饰品的锯。这是从5世纪后半叶的古坟里出土的。

在5世纪的锯里,“堂山锯”的锯齿是值得关注的。这个世纪的出土锯能感觉到新的跨越,但尚未完成,“奥坂随庵锯”是在“蚂蚁山锯”、“产土山锯”等一系列变化中发展而成的,我认为它是向着精巧的工匠所制作出的锯的形态而发展的。

6 世纪的锯

园田大冢山古坟出土锯（兵库县川边郡园田村）

如图1–13所示的锯，之前出版的《日本的锯》（1966年发行，自费出版）也有所考察，但根据这之后的研究来看，这部分被全面改写了。我试着仿造该锯后，还是有一些问题，于是采访了收藏这把锯的京都大学考古研究室的有光教一老师，对改过的部分进行了精确的考察，能够相当正确地理解这个结果了。

同样的古坟出土锯是由4个碎片形成的。我将其由大到小进行了排号。最大的（1）号全长13厘米，前端宽2.6厘米。原来带有锯齿的地

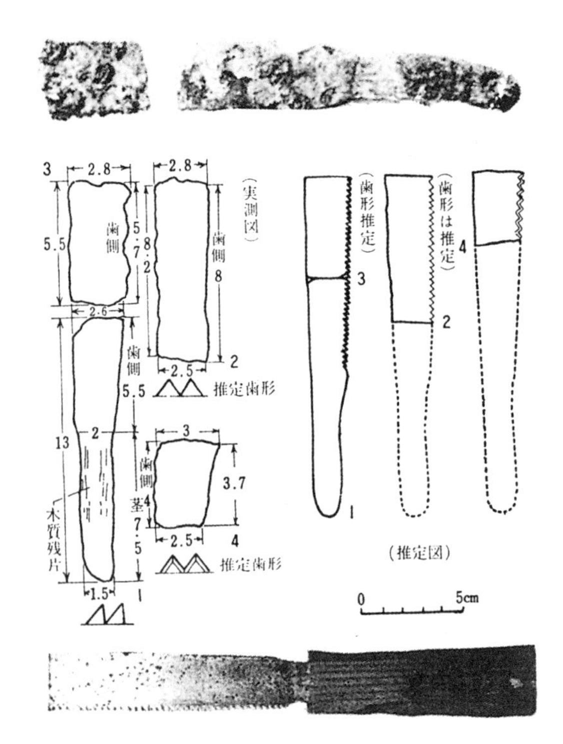

图1–13　园田大塚山古坟出土锯（下面为复原锯）

【图表译文：実測図（实测图）　歯形は推定（齿形推定）　木質残片（木质残片）　図（图）】

方长2厘米，茎尾宽1.5厘米。这之中，锯齿的一部分为5.5厘米，茎为7.5厘米。厚度约为3毫米。茎上有径面纹理与锯身平行的木质残片。

锯齿在锯身的中间部位紧密附着直径大概为4.2厘米的皮制圆形物体。刚好在影子的部分有两个，实际上是完全残留的。锯齿没有刃，另外也没有交错排列。锯齿数是1厘米内3齿。齿形与切割坚硬木材的纵向切割法的锯刃具有相同形态。茎上无销钉孔。

下面的（2）号锯，锯齿一侧长8厘米。背侧长8.2厘米，头部宽2.8厘米，根部宽2.5厘米。厚度大约为3毫米。2厘米长度上锯齿有6个半。锯齿溃损严重，连一个完整的都没有。从锯齿根部附近的形状来看，大概并不是等腰三角形的锯齿。

（3）号锯锯齿一侧长5.7厘米，背面一侧长5.5厘米。前端宽2.8厘米，后端宽2.6厘米。厚度大约为3毫米。1厘米长度上锯齿数与（1）号锯相同，有3齿，但是没有完整的锯齿。原本缺失的后端2.6厘米处的锯齿和（1）号锯前端的2.6厘米处相接，所以，（1）号和（3）号是同一把锯。

下面要说的是（4）号锯，锯齿部分为4厘米。背面一侧为3.7厘米，前端宽3厘米，后端宽2.5厘米。厚度大约为3毫米。锯齿大概1厘米内2齿半，锯齿的一侧比中间偏上的位置有两个锯齿残留着完整的形状，即三角形，有刃。通过放大镜的仔细观察，首先有锉纹是没错的，而且有锈痕，所以锯齿呈团块状。

碎片（1）、（3）号连接的尺寸：

全长18.7厘米，前端宽2.8厘米，连接部宽2.6厘米，后端宽2厘米，锯齿排列长度为11.2厘米。茎为7.5厘米，齿数1厘米内有3齿。

无刃，无交错齿的坚硬木质切割工具。拥有酷似纵向切割锯齿的锯。

（2）号被认为与（1）号是不同的锯。理由是，（1）号与（2）号的缺失处没有连接，宽度也不同。此外，在（1）、（3）号连接的基础上，不应该再进行连接。在2.8厘米的宽度上连接2.5厘米的宽，那种不自然是无法想象的。此外，1厘米长度的锯齿数也使锯齿稍显细微。试着测量一下(1)、(3)号连接物的尺寸，前端8厘米处的宽度为2.5厘米。这个宽度与(2)号的后端宽度相同。从这一点可以认为，(2)号锯和(1)、(3)号连接锯是相同形态的锯。

(4)号虽是极小的碎片，但却是极为有趣的一把锯。锯身碎片的一端宽3厘米，一端宽2.5厘米，锯齿侧长4厘米，背侧长3.7厘米，1厘米齿数为2个半，最为粗大。锯齿为等腰三角形，正反面都有刃口，无交错排列。再重复一遍，仔细用放大镜观察，因为有锉纹，所以没有疑问的余地。(1)、(3)号碎片连接好的锯是不可能再连接(4)号碎片的。进一步讲，如果要和(2)号连接，从构造上来讲也是不可能的。因此，(4)号是独立的锯。

(4)号锯长4厘米，宽2.5—3厘米。如果把这个尺寸延长到(1)、(3)号连接锯上，就变成根部窄小的锯。之所以(4)号碎片是其他形态的锯，也可以从齿数和齿形来判断。(4)号锯无法与不同齿形的锯相连接。

从仿制这3种锯的结果来看：

实验材料有紫檀(2厘米长的角)、牛骨、叶蜡石、黄铜的拉门槽。

首先，用(1)、(3)号仿制锯来切割紫檀。和预想的相同，无论是横切、竖切都能切。仔细切割可以切断2厘米的角，纵向切割也同样。切口不粗糙，非常平滑。给不知道的人看，大概无法相信是用锯切割的吧。所以，用这把锯来加工小家具饰品的木质部分是很容易的。

下面，用(2)、(4)号仿制锯来切割紫檀，如预料的那样不能胜任。

(1)、(3)也能切割牛骨，而用(2)号锯则更容易。抹些油来切割能够很轻松地完成。(4)号锯不行。

(1)、(2)、(3)、(4)号仿制锯都无法切割黄铜以拉门槽。切割叶蜡石,这个无论是(1)、(2)、(3)、(4)号都能够轻松地完成。

(1)、(3)号仿制锯适合切割木材,在这里是指坚硬的木材,我认为其适用范围更加广泛,也能切割除坚硬木材以外的其他物质。

(2)号仿制锯适合切割牛骨等物。切割木材要明显逊于前者。

(4)号仿制锯只能切割叶蜡石,甚至还不能切割得很深。其适用范围特别狭小。

"园田大冢山锯"是单齿锯,前部与后部的宽度出现了较为明显的差距。(1)、(3)号的锯齿形态与现在切割坚硬木材的锯作为相同的锯齿形态出现。茎比锯身长大,很发达。能够单手用力握住茎来拉锯。这些锯与前几代的锯相比较:

(1)后部与前部宽度的差异出现(上一代的锯也有宽窄差异,但并不能被称为前部宽度、后部宽度)。

(2)朝自身方向拉锯的齿形的出现(向一边倾斜的齿形)。

(3)明确的茎的出现(一边带有手柄)。

有了以上3点,无论有多少种锯,我们都必须承认现代日本锯祖先的存在。

顺便说一下,(4)号碎片的锯齿也有值得关注的价值。从这里能看出带有刃口的锯齿的萌芽。

大丸山古坟出土锯(山梨县东八代郡中道町)

该锯现在下落不明。在此引用三木文雄氏的文章(《考古学杂志》第四十卷第一号,"关于古坟出土锯",三木文雄,第25页)。

只有以下内容的记载和实测图:"甲斐国东八代郡右左口村大字上向山字东山大丸山古坟出土锯用例","从本坟所发现的铁质锯身因为生锈,很难决定是靠近手柄部分还是前端部分,明确为双齿锯。那里的锯齿在3厘米之间有大约9—10个，但就齿列的互交龃龉不明”。今天，那些遗物的所在不明。碎片的实测图上记载着残留长度为20厘米，宽3厘米。

“该图将长20厘米记载成长8厘米，将宽3厘米记载成2.3厘米的碎片的实测图，是无法被认同的。这并不只是简单的图示。图上的锯齿倾向于上方，从上方的宽度较窄处来考虑，上方距手柄处较近，下方可以按前端考虑。(以下略)”

据这篇文章发现，“大丸山古坟出土锯”的以下几点与“园田大冢山锯”非常相近：

(1) 单齿锯。

(2) 锯身有宽窄差异，宽度大体相同。

(3) 锯身狭窄处的锯齿倾斜。

(4) 齿数：3厘米内9—10齿，几乎都相同。

永明寺古坟出土锯(埼玉县羽生市永明寺)

如图1-14所示，该锯全长小于18.9厘米。

左端较宽，上面的锯齿一侧的尺寸如下：较宽一侧(左)2.6厘米，较窄一侧(右)1.8厘米，中间宽2.1厘米。较窄的一端从前端向锯齿一侧呈弯曲状，单齿锯。

该锯厚3毫米。但是背面隆起部分的芯部表示比较原始的厚度是1.4—1.5毫米。整个锯身部分没有薄厚差异，虽有宽窄差异，却无一方有弯曲。

仔细看齿数，如图1-14所示，锯齿排列有一点儿稀疏，这并不是因为最开始刻意而为的原因才造成的，而是因为技术不佳才变成如此。谁都能够感觉到这把锯的做工很拙劣。这把锯的齿数如果按平均数来计算，5厘米内有14个锯齿，相当于1厘米内有2.8个锯齿。锯

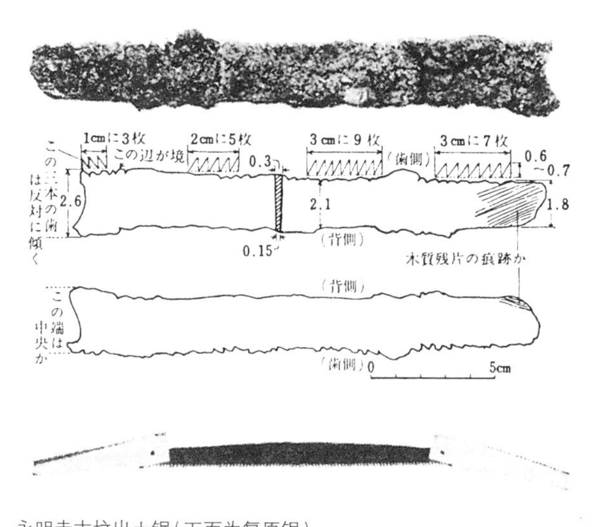

图1-14　永明寺古坟出土锯(下面为复原锯)

【图表译文：1cmに3枚(1厘米内3齿)　2cmに5枚(2厘米内5齿)　3cmに9枚(3厘米内9齿)　3cmに7枚(3厘米内7齿)　この三本の歯は反対に傾く(这三个齿反向设置)　木質残片の痕跡(木质残片的痕迹)　この端は中央か(此端为中央部)】

齿的深度非常大，大概为6—7毫米。向较强的一侧倾斜，无刃口和交错排列。

此外，值得注意的是，如图1-14的左边3个锯齿向左侧的倾斜度很大，剩下的锯齿都高度地向右倾斜。连接左端3个锯齿的部分虽因为腐蚀膨胀而不明，但从仅剩的齿痕来看，是没有倾斜的。

窄的一端从大约3厘米处到背面的锯齿，带有姜黄色的交叉，我想其原来应带着木质的筋。相反的一侧也有少量的残留在背面。没有发现销钉孔。宽的一端从里面弯曲，前端是缺失的。

我想从以上的调查结果来分析一下以下情况。

（1）锯齿向一侧高度倾斜，是纵拉锯的齿形。

（2）齿列从17.2厘米处附近向相反方向倾斜。

（3）未认定有齿刃和交错排列。

（1）的倾斜角度较强，与现在用于采伐杉、桧、桐等树木的纵拉锯的齿形相近。这一点和“园田大冢山锯”以及后面将要阐述的8世纪的“爱宕山锯”的齿形相对于“齿根线”和下齿呈直角的齿形不同，后者是坚硬木材的纵拉锯齿形。

这把锯的齿列从中间开始变为反方向，这一点和“爱宕山锯”非常相近。所以我将复原锯变为以下的尺寸：左端1厘米处有向左侧倾斜的锯齿，紧接着无倾斜，有齿痕。因此，齿痕附近被认为是靠近中间部分的。这样的话，就出现了从左端1.5厘米附近是锯身中间部分，长17.4厘米，向右侧倾斜的锯身尺寸。从这个尺寸的缺失部分来考虑，会成为全长34.8厘米的复原锯的尺寸。根据模拟纸型来看：

锯身全长34.8厘米，中间宽2.6厘米，两端为1.8厘米。

齿数5厘米内14个，齿形具有较大倾斜，深6—7毫米的锯齿。齿列由中间向两端呈相反的方向。

这把锯并不像“爱宕山锯”那样使用，类似的铁弓也没被发现。此外，也没有发现木框（类似后来大锯所用的东西）。同时，也没有在两端安装把枝条卷曲成弓状的东西。为什么是这样呢？如果做了如此安装，这把锯就会无法使用。我对这个问题，有以下想法。将窄的一端的木质痕迹部分认为是安装在向锯齿一侧倾斜的手柄的两端。那是由于销钉孔因腐蚀而不明，才成了这样。木质痕迹上没有径面纹理或许是因为手柄的木质不同。两端的手柄锯的木质残片大概可以被认为是拥有杉或者桧的径面纹理。从这个手柄的情况来看，应该是属于阔叶树系统的坚硬木材。所以，径面纹理是无法留下的。坚硬木材能成为手柄，大概是因为两个人用力拉锯的缘故。

永明寺古坟出土锯是由两个人对拉的锯，或许是用来锯断杉树、桐树等软质木材的纵拉锯。

我把1.5毫米的钢板截断，做了2把仿造锯，完成了如照片那样的复原仿造锯。用这把锯试着切割了杉树的方木材和桐木。两个人可以在相对的方向使用。准备了楔子稍微拉动少许，打入拉开处，没有交错型锯齿也可以使用。

但是，由于这把锯没有框或弓等，所以无法将尺寸长的部分卷曲使用。因此，能用这把锯进行生产的只有小型的木板，并且效率并不高。

不过，这依然能被称为是非常原始的大型锯，用于切割软质材料。因为是宽度较窄的锯，所以即使技术不发达、铁匠铺的工具不完备也可制作。还有，对于这种还未发达的锯来说，纵拉时，由两个人来拉其实是合理的。细的锯身或者锯条由两个人从相对方向使用，也可以用来锯成木板。

7世纪的锯

金铠山古坟出土锯

（长野县下高井郡日野村、森本六尔氏发现——三木文雄氏谈及）

如图1-15所示，该锯齿道为22厘米，茎长2厘米（茎前端有圆孔的痕迹）。

锯身宽2.5厘米，厚0.45厘米。

锯齿：（粗齿侧）2厘米内4个，后面部分6个，（细齿侧）2厘米内6个。粗齿侧有刃口，交错排列。细齿侧无刃口，非交错排列，锯齿稍稍向下。

继6世纪的“园田大冢山锯”之后，出现了更先进的锯。

该锯的最大特征是，粗齿侧有刃口，交错排列，齿列处出现粗细疏密现象。

最早在齿上磨出刃口的是从5世纪的“堂山锯”和6世纪的“园

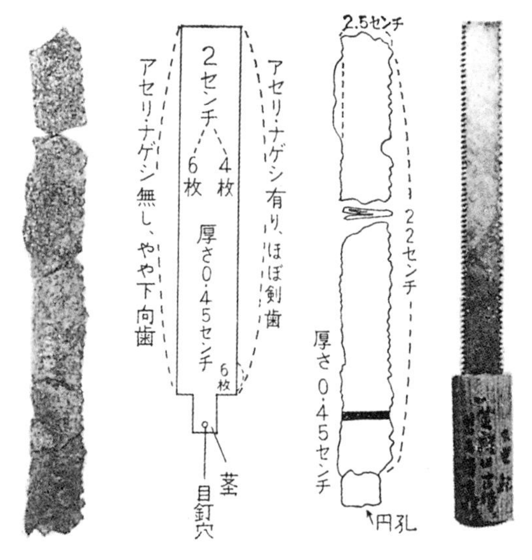

图1-15　金铠山古坟出土锯（右面为复原锯）

【图表译文：アセリ・ナゲシ無し、やや下向歯（无齿刃和交错排列，锯齿略微朝下）　センチ（厘米）　枚（个）　厚さ（厚度）　目釘穴（销钉孔）　アセリ・ナゲシ有り、ほぼ剣歯（交错排列，有齿刃，锯齿大致为剑齿）　円孔（圆孔）】

田大冢山锯”的碎片上所能看到的技术萌芽。但是，试用它的复制锯来看，却是非常原始的东西，并不能很有效地满足齿刃的功能。但是，这把锯能够大概达到这个效果。

虽然锯齿交错排列会交替弯曲，但是如果使用非交错布齿的锯，切割粗糙的木材会变得困难，造成“大锯屑”不畅通。因为受到含水分的木质从两侧的压迫，如果没有交错型锯齿，锯的前后将无法动弹。这样的话，非交错型锯齿马上就无法拉动。如果锯木材时前后没有交错齿来回移动，木材变涩，用力后，锯齿会变得十分热，甚至达到会冒烟的程度。然后，锯齿尖就会被磨损。这就要用到以交错型锯齿来截断木材的重要技术。

同一齿列出现稀疏也和齿刃、交错型齿的好坏同样重要。粗齿侧的原来锯齿会变细。这个变细的方法并不是像现代锯一样，布齿稀疏相当于1寸内5个至5个半至6个至6个半的顺序自然地推移。“金铠山锯”粗齿侧原2厘米内的4个锯齿会突然变成6个。但是，这确实是被称为使齿列的稀疏有差异的技术的开始。这一点之所以重要，是因为同一齿列有稀疏差异，会比齿刃和交错型锯齿更密切地和日本锯的独创形成有着深刻的关系。中国和西方的锯并无这样的特点。

为什么要在同一齿列上设置稀疏差异呢？原来的细齿部分用来切割。如果这部分的锯齿太细，锯就会不锋利。如果前端粗大，那部分就会有力量，效率也会提高。所以，“金铠山锯”的粗齿侧由使用者拉锯。但是由于齿形是等腰三角形，有刃口，所以无论是推还是压都是横向拉的齿形，并不像现在大部分的横向拉锯那样，完全是向使用者身体一方拉锯的齿形。

细齿侧虽然走样的齿形很多，但是从完整的形状来判断，则为无齿刃，交错型齿。齿形略微向下，十分类似于“园田大冢山锯”。所以，用于向身体一方拉锯这是非常明确的，相近于纵拉齿形。

因为有茎，所以其使用方法是，把手柄放到一端，打销钉孔，单手握手柄来使用。这一点和“园田大冢山锯”十分相近。因为茎短小，所以手柄也非常之短。有大概一个手掌的尺寸，超出这部分的长柄或许并没有附着在上面吧。

比较一下双头手柄锯，可以作出以下阐述。用右手拿锯的手柄，左手按压住截断物就可以使用。此外，不需要用脚踩住截断对象，所以，脚可以被解放，这是一个站立着也可以使用的锯。

从以上的分析“金铠山出土锯”的两侧锯齿，大概能看出横向拉锯、纵向拉锯的初期双齿锯的功能划分。

8世纪的锯

爱宕山遗址出土锯（群马县松井田市）

我想就昭和四十六年（1971年）从群马县松井田市爱宕山遗址发现的锯来详细阐述一下。

关于这把锯，我是在昭和四十七年春天，从住在沼田市的弟弟渡边五郎处得到的消息。那年秋天，负责挖掘的群马县文化财产保护委员会勤务石冢久则氏来访问，给我看了临摹图。紧接着，昭和四十八年11月1日，我访问了群马县文化财产保护委员会，和石冢久则氏、神保侑史氏见面。承蒙二人的厚意，对那把锯进行了详细调查。

如图1–16所示，该锯条长31厘米，锯宽1.8厘米，锯条安装部分内部尺寸为29厘米。

锯齿（后面部分）2厘米内8个，（前面部分）2厘米内5个（前面部分靠近中间的大概9个，是大概2厘米内5个半的小密度）。

齿列：从正中间开始以相反方向排列。后面的细齿向身体一方拉的锯，前面稀疏的粗齿经按压后拉锯。

齿形：大体是相对于下刃角度的锯条中轴线的直角。齿刃不明。齿形大体上接近用于坚硬木材的纵拉锯。

交错型齿：大多被腐蚀，不明。或者可以考虑有一个交错型齿，但是无法断定。

铁弓：（安装锯条部分）29厘米，（柄舌）11厘米（宽1.8厘米）。

铁弓弯曲部：前后拼接部分都为8厘米，形成3.5厘米的高起的

图1–16　松井田市爱宕山遗址出土锯（下面为复原锯与齿列的变化）

部分。

铁弓的厚度为1厘米(方形)。

销钉孔有3个。

从茎端测量的结果是,后面的销钉孔位于2.5厘米处,前面的销钉孔位于7.5厘米处。

后面的销钉孔是茎的销钉孔,前面的销钉孔是锯条拼接的销钉孔。

铁弓前端有附着铆钉和锯条残片的销钉孔。

各个销钉孔附带着1.6厘米角的方形垫圈。

销钉直径为0.4厘米。

箍(宽)1.6厘米,(厚)0.2厘米,(椭圆形短直径)2厘米,(椭圆形长直径)2.8厘米。

靠近身体一方的锯条一侧,细齿部分的背面可能是鞘,宽3厘米的部分附着木质部分。

这把锯是和《万年通宝》一起出土的。因为遭受过火灾,所以木质部分被碳化了。

(附记)关于这把锯,因为石冢久则氏、神保侑史氏的热情支持,得以详细地调查。

在此基础之上,他们允许我对此研究予以发表。但是关于这个出土锯的学界报告书还没有制作出来,因此,他们向我提交相关资料违反了考古学界的惯例。所以我认为,无论是照片还是实测图都不能发表了,这十分遗憾。此后,由于二位的积极推动,寄来照片,方得以刊载。对于石冢、神保的厚意,我深表感谢。

我马上开始着手这把锯复原模型的仿造。详细调查前试做了两回,结合详细调查后搞清的问题,又试做了两遍。首先,我来试着阐述一下此锯的最主要特征:

（1）坚固的铁弓。铁弓构造有其特点，普通弓形锯的切割长度仅为弓和锯条的间隔宽度，但如果是这个铁弓，弓是不会阻挡切割的，所以无论哪里都可以切割。

（2）锯齿从中间开始变为反方向，也就是说，拥有“相互抻拉”的齿列。

（3）齿列后面的一半较细小，前面一半的较粗大。

（4）齿形和纵向拉锯的齿形更加相似。

（5）从铁弓的构造和锯齿列看，面对面使用的两人拉的方向可以考虑采用纵向拉。

这把锯不能很清晰地看到有“交错型齿”，因为长时间在土里被腐蚀的锯有很多形态不明确的细齿。从8世纪这个年代和锯整体的进步来看，使用时是有“交错型齿”的判断是比较正常的。

我想就这把锯的使用方法和使用目的来进行阐述。这把锯是纵拉锯。这一点，由铁弓的构造便可以看出。如果是横拉锯，只能切割下宽不过8厘米的物体，也就失去了作为锯而存在的积极意义。

除此之外，这把锯的齿形可以被判断为纵拉锯齿形的向下锯齿，拥有着从中间开始以相反方向分布的齿列。这两点可以作为它是纵拉锯的决定性的证据。

从中间开始变为相反方向的齿列，无论是多么小型的锯，必须要两个人面对面拉才可以使用。这种齿列，一个人是无法使用的。此外，铁弓的安装方法，也是一个人无法完成的。原因在于，锯的重心并不垂直于锯条，所以如果是两个人就能够使用。

齿列从中间开始变为相反方向，和后来的大锯、中国的制板所用的“带框两人纵拉锯”是同样的构造。但是，其尖端粗大、根部细小的锯齿和大锯、中国制板锯大为不同。“爱宕山锯”从齿列考虑，比起普通的大锯等，适用范围要更广，可以推测它是能完成各种各样工作的锯。

铁弓无论在哪儿都拥有能够拉的结构，这是因为，对“爱宕山锯”来说，即便是宽度较窄的木板也能加工，这是以生产板材为目的的锯。

我用仿造锯来试着锯了紫檀材料。结果与预想的一样，这个实验让我们知道制作宽度较窄的小木板是可以的。

那么，“爱宕山锯”的发现可以理解为日本过去家具制造的一代辉煌。

正仓院有一个叫做“赤漆文观木佛龛”的有名的佛龛。

> “正仓院收藏物名为‘赤漆文观木佛龛’，其尺寸是高3尺3寸，宽2尺7寸6分，深为1尺3寸4分。用的是山毛榉材料，卯榫结构，正面和连接着顶板的部分使用的是上好材料，而背板的材料则差很多，但仍用了一块整板。木头的尺寸是以上面的尺寸为准，没有另外计量。”（中村元雄氏，原东京国立博物馆馆员、工艺家，书简）

只是，这一整块的山毛榉木板是如何制作而成的，成了千古之谜。紫檀、山毛榉等用“楔子切割”的手法是绝对不能制作成木板的，而且在以往的学说里，纵拉锯这种东西是室町时代不可能存在的，所以怎么样制作木板也不得而知。但是，由于“爱宕山锯”的发现，这个谜底就很容易就解开了。

也就是说，如果拥有“爱宕山锯”那种结构而尺寸更大些的锯的话，毫无疑问，那样的木板是能够做成的。按当时的技术可以制造出“爱宕山锯”，所以，也能够十分容易地加工板材。

首先制作尺寸为30厘米的“爱宕山锯”，锯条5—6根，将其焊接在一起，这种技术，“法隆寺传来锯”的端环（箍）可以证明。另外，“爱宕山锯”的端环（箍）也是用这种方法加工而成的。锯条大概可达2米多长。

其次是铁弓，和锯条相比铁弓是软铁，所以更加简单，用和锯条同样的方法可以做出比锯条长的物体。还有，用比“爱宕山锯”的铁弓更粗的1.5厘米方铁做出更坚固的方形铁弓，装在锯条上，“赤漆文观木佛龛”的整块板就应该很容易做出来了。

“爱宕山锯”是比大锯的齿列还要复杂的齿列。铁匠铺制作和大锯同样齿数的锯比较容易。如此看来，我想大体和“爱宕山锯”相似，齿列、全齿的数量相同的锯或许很早之前就存在了，这个结论被“永明寺古坟出土锯”的发现和调查所证明。

深大寺遗址出土锯（调布市深大寺）

1967年2月10日，国学院大学的大场磐雄教授给我寄来了八王子市和调布市深大寺挖掘报告的小册子，同时附了一封信，说从深大寺的遗址里出土了一把锯，很想请我看看。

被发现的锯是8世纪末的，1966年7月末在深大寺的竖穴式遗址出土。

这是一把双齿锯，两侧的锯齿有点稀疏。仔细看，是锯齿向上的压拉锯齿。锯身的后部稍宽，前部较窄。此外，茎细长，和现在锯的茎相似。无销钉孔，是在茎上装手柄来使用的锯。还有，茎的较细一侧弯曲着。从这里可以看出，或许主要使用的是细的一侧。但是锯齿的形状却没有“横拉”、“纵拉”的差异，也没有写确切的厚度和尺寸，所以不清楚。我顺便去了大场的研究室作了详细的调查。

如图1-17所示，该锯全长19厘米，锯齿部为12厘米；前部宽1.2厘米，后部宽1.7厘米，茎6.7厘米，厚2—2.5毫米，茎厚5毫米。锯齿（内弯侧）1厘米内4个半，（外弯侧）前部1厘米内4个半，后部5个半，交错型锯齿两侧皆无。

锯齿较浅，按压切断锯齿向上，内弯侧也稍微向上，锯齿好像有刃口。但是由于锈蚀，其锉纹不清晰。有多年见过腐蚀锯齿经验的人，注意到它原来或许是刃口。实际上这个1厘米内弯侧的锯齿是很稀有的齿形。

另外，锯前端的隆起处（锤炼时，有空隙的地方）呈现出剥落的状态，会被认为是有点缺陷。但是，锯身里也有变成两个剥掉锯齿的地方。茎比锯身长，无销钉孔。因为齿列也是压拉型锯齿，所以即使就这样附着手柄也可以使用，不需要销钉孔。

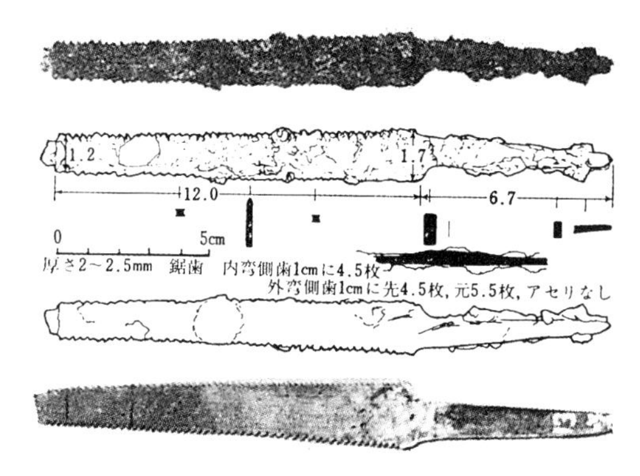

图1–17　深大寺遗址出土锯（下面为复原锯）
【图表译文：厚さ（厚度）1cmに4.5枚（1厘米内4.5个）先（前）元（后）アセリなし（无交错型齿）】

我使用复原模型进行了试验。

材料：使用切断的和钢打制的古锯。

厚度：2.5毫米。

成型，淬火，回火，用磨刀石磨好，完成锯齿精加工，把手柄安装在茎上。（实验材料）黄铜棒（因为没有青铜），厚2.5毫米，牛骨宽1厘米。

看深大寺出土锯的形状、厚度、锯齿，无论如何也难以想象它能够锯木头。

内弯侧的锉纹不清晰，所以无法判断。能够稍微做出推测的是，如果锯齿被木材所伤，就无法锯切。

外弯侧的锯齿虽然像压拉的纵向拉锯，但锯齿极浅，锯身厚，无法想象它能锯木材，虽然这并不绝对，但是用仿造锯试着拉，非常难截断。

用外弯侧的锯齿拉厚2.5毫米的黄铜棒，不超过5分钟就截断了。之后，用内弯锯齿来试着锯，黄铜棒、牛骨都能够被截断，但是只能截断较浅的，无法彻底截断。这把锯也没有交错型齿，另外，从齿形来看也是不可能的。实验的意外收获是，用内弯的锯齿意想不到地截断了。还有，截断的部分呈Y字形结构，相较于外弯侧锯齿拉的部分来说要好看得多。也可以想到利用内弯侧拉出好看的截断面。

这样的话，对两侧锯齿使用面的使用是很重要的。如果是截断金属或牛骨的话，不需要交错型齿。如果有交错型齿的话，效率会提高，但是，当时的锯并没有进步到在切割金属、骨头、贝壳的锯上设置交错型齿的程度。

我想可能是外弯侧锯齿用来切断，内弯侧锯齿用来加工装饰线。

锯身的前端较窄，后端较宽。后端较厚，前部较薄。在这里，连接茎的部分厚。因为出土锯腐蚀膨胀，所以我认为当时使用时应该大概是这个厚度的一半。即使是这样，和其尺寸比较来说还是非常厚的。

从压拉锯的使用来说其结构是非常合理的。此外，后端厚、前端薄的锯的结构是现代锯结构的先驱。因为是小型锯，所以打造时要适度调整厚薄。这道工序用磨石磨也可解决。对于锯身以前和现在薄厚的差异应该加以注意。相较于4世纪、5世纪的附带两端手柄的、用于制造随身装饰品的锯，这把锯已经十分进步了。我认为，深大寺出土锯也是用于制作装饰物的锯。

用深大寺锯的仿造锯来切割鲍鱼壳，内弯一侧的锯齿能很好地将其截断，两侧的锯齿可以截取直线，无法截取曲线。此锯难以达到回拉锯的功效。

不过我也想到了，这或许是用于加工佛具的锯吧。

关于深大寺出土锯是"压拉锯"这一点，在古代锯的考察上也很重要。一般来说，日本的锯被考虑为向身体一方拉，中国、西洋的锯被考虑为按压拉，此外，向身体一方拉被称为是日本锯的最大特征。但是，日本锯在古代也不一定全部都是那样的，也可以从两端向按压处用力，所以，导致继承了那方面的压拉锯也并非不可思议。

秋子泽遗址出土锯（岩手县北上市二子町）

作为锯状铁器在《北上市史》第276页中有所记载。第298页有锯状铁器实测图，据其所示：

该锯长10.5厘米，宽2厘米，厚1.5毫米，一端有直径2毫米的孔。

因为中间稍窄，而后再次恢复原状，所以可以知道锯身稍微有点向内弯。销钉孔在靠近锯一端里侧大概5毫米的位置处，在中轴线上，但另外一端已缺损。

就这把锯来说，值得注意的是其出土状况，出土了铁滓和木炭。我想，这大概是铁匠铺师傅的工艺作坊吧。锯的形状类似于4世纪的锯。

10世纪的锯

栗原竖穴遗址出土锯（东京都板桥区）

首先，关于这把锯，在《日本的锯》上也有记载，但因没有观察实物的机会，所以我想好好调查一次。

1967年9月9日，我访问了立教大学中川研究室的中川成夫教授，并着手做了栗原出土锯的详细调查。

在仔细观察、测量的同时，为了复原仿造，我也委托他给我寄来照片和描摹图。10月28日，照片和描摹图寄来了。我立刻用手中的钢板开始正确临摹形状。只是锯齿腐蚀变形的部分很多，那些地方我用完整锯齿的尺寸作了修改。

如图1-18所示，该锯长51.3厘米，宽3.5厘米，厚3毫米，茎长9厘米，销钉2.5厘米以上，销钉孔径6毫米，锯齿前部3厘米内5个，后部大概有6个半。锯齿有交错排列，同样也判断出有刃口。

锯前端有很大一部分突起，齿道内弯，背侧外弯。既无颈部又无

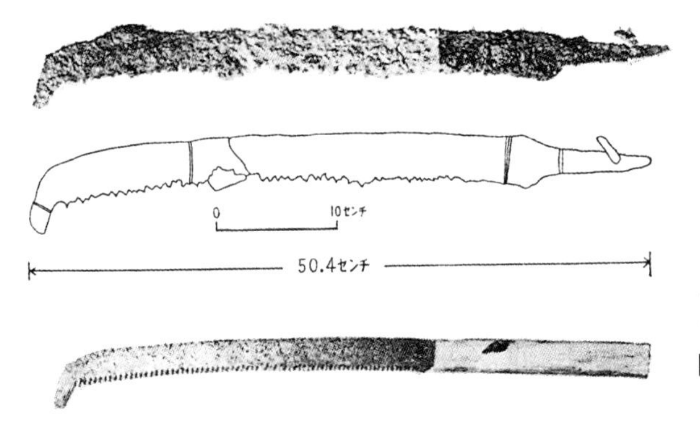

图1–18　栗原遗址出土锯（下面为复原锯）
【图表译文：センチ（厘米）】

根部，茎处有很大的销钉。齿是等腰三角形，虽然刃口的锉纹一侧已被腐蚀，不明确，但从锯齿刃上可以判断出有圆形（有刃口的锯齿因生锈而使锉纹消失，但齿刃处也有圆形）。明显带有交错型齿。这是朝身体方向拉的锯。

销钉孔非常大。装饰销钉孔和茎的连接处的直径为6毫米以上。虽然销钉是卷曲的，试着卷曲测量，出现在茎上的部分大概是2.5厘米。所以，整个销钉应该是很大的。销钉头和销钉孔的断面都是长方形，和茎紧密附着的地方像是圆的。

比较一下栗原出土锯的大小，销钉和销钉孔异常之大，销钉孔既有膨胀又有不膨胀的情况，照那样的大小考虑也是可以支撑的。

经常可以看见打销钉孔的工序，我自己也做过，大体上与和式钉相同。从销钉的钉头打入，待相反一侧的钉伸出来后盘上便完事。

如果大约是栗原出土锯那么大的茎的话，用直径为3毫米的钉子就足够了，不需要太大的钉子。柄的木质残片从与锯身平行的径面纹理处到达最高点。这个大钉子和普通的钉子的形状非常不同。此外，从茎上伸出了2.5厘米。从现在的状态来说，手柄没有被腐蚀，另外感觉钉子很长。

我对这个销钉作以下推测：如普通销钉那样打入手柄处，留在茎上。只是那样的话，决不会使用这样大的销钉。

从栗原出土锯的内弯齿道、前端鼻状突起、又细又厚的锯身、等腰三角形锯齿、极度的交错型齿等方面来总结考察，我认为这是以砍伐树木为目的而制作的大销钉。内弯和齿道确实能够切割有距离的树木，如果有前端突起，拉动的角度不会落空，可以放心用力。虽然锯身窄可以用来扎进树木的中间部分，但是三角形的锯齿的承受能力比较弱，所以还是采用既舒适又避免危险的做法比较好。还有，在锯树木时，树会剧烈摇晃，为此，或许还是一次就截断的好，那样的使用方法是适用的。于是，根据需要，为了添加2米长的手柄才附着了这么大的钉子吧。如果销钉又粗又长，只要把打入的销钉头扣好，就不会掉出，可以放心使用。想用短手柄时，只要把销钉拔出来就可以使用。所以我认为，这是一个可以按相应需要来替换手柄的大销钉，此外，在大销钉上加小销钉也并不困难。

我又试着做了仿造模型。该锯厚3毫米是因为腐蚀膨胀的缘故，我想当时使用时应该大概为1.5—1.7毫米。栗原出土锯是不用研磨的吧。

这把锯首先无法纵向拉动。所以，我认为它在特意展示其作为伐木锯的发达之处。

为了理解栗原出土锯，我认为它是一个很好的参考，所以我考察了跟这把锯差不多结构的锯。

我家墙上挂着一把江户时代初期的《喜多院职人尽绘》中的“锻造师”所用的前端突起的锯。该锯宽度很大，齿道内弯，手柄向内。我仍然会想到它是“树木砍伐用具”。此外，江户时代中期的元禄九年出版的花道书《立华训蒙图汇》中的“插花用锯”也依然有前端突起。这把锯有内弯的齿道，锯身较细，酷似栗原山出土锯。锯形状非常之小，推测是为插花而修剪园林花木用的。

还有，最近从瑞典引进的下枝专用锯，前端有鼻状突起，内弯的齿道，外弯的背面，等腰三角形锯齿，装饰部分有3个坚硬的螺旋，长近2米的手柄等，基本构造酷似栗原出土锯。只是这是把现代的锯，锯身较薄，锯齿较细，齿道内弯度更大。因为只有这样，效率才会更高。还有，茎的装饰部分安装着带刀刃的陀螺状物体。因为从树枝下顶起陀螺状的刀刃来切开，再用力一次就截断了。

之前，在《日本的锯》和《物质文化》杂志上曾介绍过栗原出土锯或许是用来截断树枝的想法，从论证来看，我觉得这把瑞典的拉树枝锯的用法和构造与栗原出土锯如出一辙，并对此产生了兴趣。

但这不可能是仿造栗原出土锯，而是偶然。而且，瑞典拉树枝锯是“朝身体一方拉锯”，所以，我们明白了西洋锯也是根据劳动的具体条件来打造的，也有这种锯。栗原出土锯是站直了使用的锯，坐着无法使用。

13世纪的锯

伊势原墓圹出土锯（神奈川县伊势原市）

1967年11月底，我收到了国学院大学大场磐雄教授的来信。大意是，因为从镰仓时代的墓地发现了锯，所以想要见一次面。我立刻去拜访了国学院大学大场研究室。把那把锯拿在手里仔细观察、测量，在此基础之上做了笔记。之后，为了研究还请求教授为我寄来出土锯的照片和临摹图，不久，愿望达成。从大场教授的说明可知，该出土锯是镰仓时代的，也一并出土了鞘和濑户的陶器，这两个也一定都是镰仓时代的物品。

如图1-19所示，该锯为碎片。前端锯齿侧较短，背侧较长，有倾斜，前端缺失。

锯的背侧前端长7.6厘米，齿道方向前端至拼条处长6.4厘米。齿道长5厘米。宽（前部）4.6厘米，（后部）3.8厘米。（茎后部）长2.8厘米，茎前端长1.2厘米，锯根至锯颈的部分，厚2毫米。前侧厚4毫米。茎前端缺失部分（从销钉孔开始缺失）长5.2厘米，箍（端环）宽1.5厘米，直径大概为2.8厘米。锯齿：齿道5厘米内13个齿（2厘米内5个），齿形呈等腰三角形。有刃口，交错排列。齿道外弯。

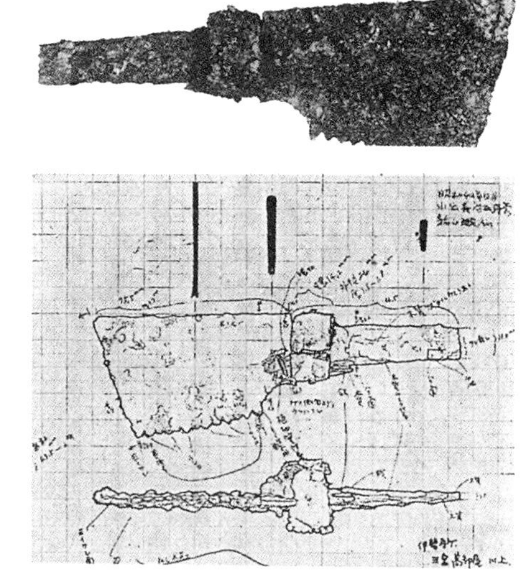

图1–19　伊势原出土锯（下面为复原锯）

锯齿纵向拉出碎片，就是所谓的“碎齿”的状态。背面是直线，拼条用锉打磨得很光滑，木质残片附着在箍的下面。

出土锯的锯身前部（茎）虽然有缺失，总体上即使有腐蚀膨胀，但依然能看得出大概形状。

锯身2毫米、周围拼条4毫米的厚度，显示出原本的厚度就不准确。

这个出土锯应该是有销钉的，带箍的锯柄大概也是有销钉的。在现在缺失茎前端的地方虽有销钉孔，但是我觉得正是因为有孔才导致其进一步被腐蚀的。

我开始着手制作伊势原出土锯的复原仿造锯了。顺序是，首先在宽的厚纸板上用尺子画一条锯背的直线。在那条线上分毫不差地把实测图上的锯的背面粘上,整个锯的轮廓线就出来了。

齿道外侧呈外弯曲线。这样看来,如果是外弯曲线,就应当是很大一个圆圈的一部分。无论齿道是直线、内弯或是外弯,如果这个齿道现无法自然连接延长的话,这把锯都是不能够使用的。直线齿道理应不会突然内弯或外弯。这与外弯或内弯的齿道线的情况也是相同的。这把锯的5厘米的外弯齿道线,可以照这样延长下去。于是,外弯的齿道线与背侧的直线相交处可能就是曾经的锯身前端。

我第一次试着画了复原图,在图1-20右侧的实测图的原锯的前部将穿着线的针刺入,在齿道线处也把纤细的针刺入,这样的话,把原来刺入针的线沿着刺入齿道线上沿着外侧延长。外弯的齿道线自然地保持曲线延长,并在延长线上用细针刺下固定,使弯曲线不被破坏。从背面的直线到交叉点开始延长,在线上做上标记,就成了复原图的形状。对茎的复原是在从茎尖变得细微开始的,沿着之前那条细线,用尺子测量,正好是24厘米左右的交叉线。无法想象这样的长矛般的茎。因为茎的前端带着普通圆形的交叉曲线,所以缺损部分大概是5厘米。然后,从锯身的大小来推测,将茎的长度考虑为10厘米左右是比较妥当的。

复原图完成了,用剪子剪出纸型。把纸型按在厚1.5毫米的钢板上画出轮廓,用凿子凿出形状,锯齿的数量、形状和出土锯的相同。

我试着使用了复原仿造锯。估计结果是比现在的锯要钝得多,前后拉动的速度也比较慢,切口很难看,使用之后发现,果然如此,这个形状比起中间部分,前端无法使用。把前端齿改为向下齿形也不行。这样形状的锯一定是使用锯身前部,所以,比起中间部分,如果前端根本无法使用的话,就不得不重新考虑锯的形状。

如果将出土锯的齿道外弯线作为大圆的一部分来考虑的话,我

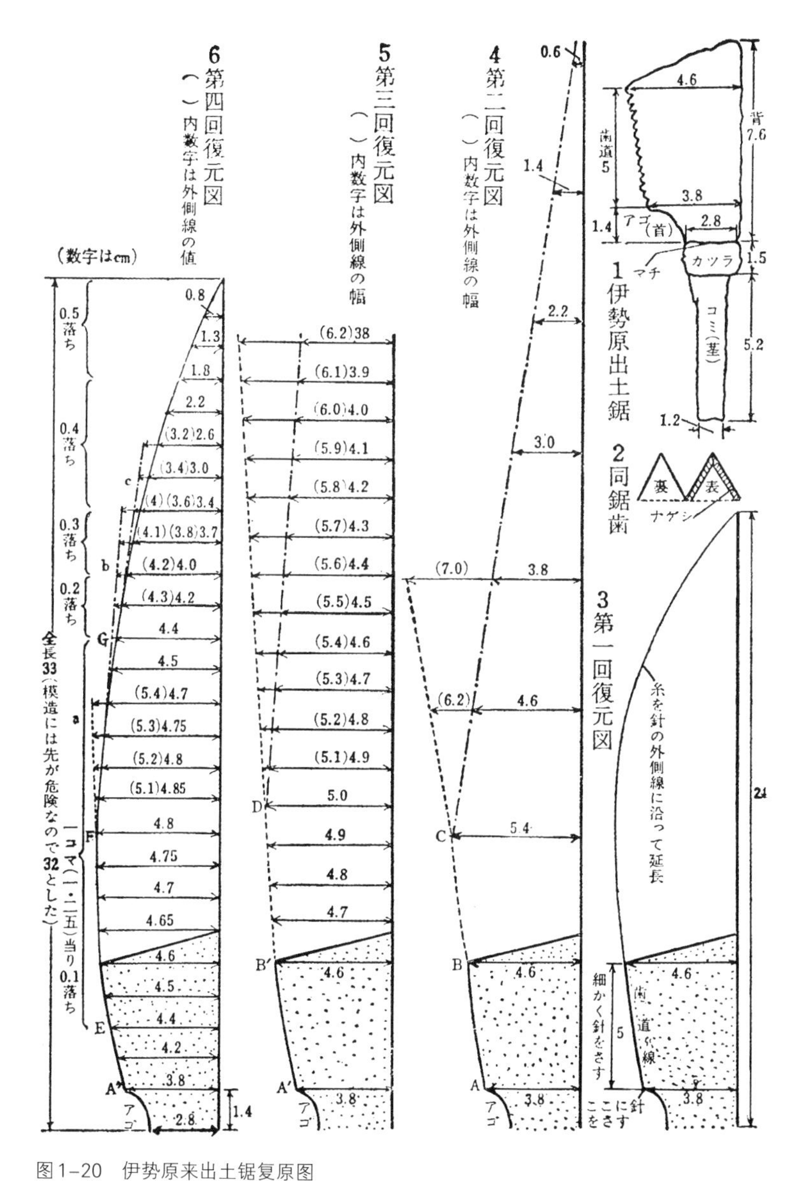

图1–20 伊势原来出土锯复原图

【图表译文：数字はcm(单位为厘米) ( )内数字は外歯の位(括号内数字为外侧线的宽度) 復元図(复原图) ナゲシ(刃)】

并不认为是绝对错误的，但比起仿造锯的中间部分，前部太圆，也无法使用。

作为第二次试做，我绘制了图1–20中的图4。锯根部宽3.8厘米，前部宽4.6厘米，齿道长5厘米。因为它的宽窄差是8毫米，从那个比例来说，每长5厘米都会增加8毫米的宽度（点线部），如图4所示，因为从根部的A点开始15厘米处的宽是6.2厘米，所以从距锯根10厘米、宽5.4厘米处的C点以后的齿道变成了直线。从外弯的齿道线考虑，齿道如点线般延长是不合理的。

因此，如果距B点5厘米处的宽为5.4厘米，10厘米处的宽为4.6厘米的话，如像点划线所示那样将宽度减掉，这样的话，C点会非常突出，作为锯形来说会很不自然。

第三次复原，我考虑把B点的线照原样延长，每1.5厘米拓宽1毫米的话，自然的齿道线会出来吗？但是如果这样的话，从D点处每1.5厘米增减1毫米的宽度的话，齿道将会像图1–20中的图5那样大体变成直线（点线和点划线）。这样的话，齿道线不会自然地连接。

第四次试做，我注意了出土锯原尺寸的大实测图，进行更进一步的详细考察，发现了很重要的东西。出土锯5厘米的齿道线，前部和后部并没有以同样的宽度变化。前端宽4.6厘米，后端宽3.8厘米，中间部分大概是4.4厘米，知道了大概从中间附近到后端的宽度与中间到前端相比有突然变窄的倾向。

假设是如下数值，把长度为5厘米的齿道线4等分，每一节变为1.25厘米。从那个中间点到稍微前端的地方，大概长度为每节0.5—1毫米的幅度变宽。但从E点到后端，每节以约2—4毫米的宽度变窄。因为腐蚀严重，所以数值并不绝对，只是大概。于是，第四次复原图如图1–20中的图6所示，从出土锯的E点到前端，每节只延长1毫米试着增加了宽度。此外，从E点到后端，每节减掉2—3毫米。

这样的话，距锯根A"10厘米处的F点的宽变成了4.8厘米。每节宽增加1毫米的话，如图6中点线a那样的齿道，会变为直线。这个齿道的外弯线并没有连接，很不合理。于是，不得不考虑4.8厘米宽度是这把锯的最大值。严谨地说，F点附近稍微有些凹凸，但是我想大体就是那个程度。

更进一步从F点开始每1.25厘米变窄1毫米的话，外弯的齿道线虽然会自然地连接，不过如果到C点（距锯根17.5厘米处），每一节相当于变窄1毫米的话，如图6所示，会出现像点划那样的直线，齿道便无法自然连接。于是，改为C点每节变窄2毫米，那样一来，齿道便可以自然连接。

如图6所示，进一步从宽4厘米处向前端减3毫米，从宽3厘米处向前端减4毫米，从宽1.8厘米处向前端减5毫米，齿道就保持外弯自然连接（见图6中b，c）。此外，背侧的直线和齿道一侧的曲线交叉部分是位于距拼条33厘米处的。

这样，复原图就完成了。我认为做成了满意的实测图，于是按照它来复原仿造。

求熟人帮忙锻造锯，把用和钢打磨的古锯切断作为材料使用，尺寸定为32厘米。比仿造图短1厘米，这是因为要做出锯齿，如果前端太细会有困难，乃不得已而为之。

淬火的话，作为“水淬火”也会把前端作为主要部分。在炉子还不完善的时代里，这种方法是最合理的。我想，淬火是很容易的。拼条周围厚2毫米，锯身大概厚1—1.2毫米。因为会腐蚀膨胀，所以我认为这样的厚度是正确的。用扁铲将锯身修理出大致形状，所有的做法都是按照我所指示的。

不久，复原仿造锯就邮寄来了。我马上拿过来检查，将细微部分作了调整，认真地清理了锯齿，此外还安装了手柄。

下面，我着手进行了仿造锯的切断实验。

材料是用作梁的松木，20.6厘米×12.2厘米的矩形方木，大概长40厘米，为了锯掉它我用了19分钟，但因为它是弯着被锯掉的，如果直着锯的话用18分钟或者10分钟就能锯掉。锯前后拉动起来的速度比现代锯要慢。再者，比起锯身中间，前端也如预想的一样能够使用。

使用锯时因为是短柄，无法采用像现在的锯那样用右手抓住尾部的长柄、左手握着前端来拉的方法。如果是两手重叠在一起的话，就无法牵引。此外，要稍微举起右手来使用，因为锯身前端不宽，所以如果不向下压锯，锯是不会下去的。从这点来说，和右手肘稍微向下压的使用方法是不同的，这是源于锯构造的不同。因为现代锯多半前端宽，是直线齿道锯。齿道外弯的现代鱼头锯和"伊势原锯"相比较，虽不是一直外弯，不过从使用方法上看，依然要举起右肘。

切口和现代锯相比很难看，此外，切断面和现代锯相比也有不同，容易拐弯。从切断速度、切断面整齐度、切断面的正确度3点来看，比现代锯的品质低下。用和现代的大概同一尺寸的1尺1寸拉锯（齿道33厘米）切割同一物品来看，用了16分30秒。从切断面的整齐度、正确度、劳动力的轻便度、速度等来看，现代锯更胜一筹。两者相比较，参见表1–1。

表1–1 "伊势原锯"和现代锯的特点比较

	伊势原仿造锯（横拉锯）	现代1尺1寸锯（双齿，锯齿与横拉侧的比较）
长度	32 cm（齿道30.6 cm）	33 cm（齿道）
宽	4.8 cm	14 cm
厚度	1—1.2 mm	前端0.9 mm，后端1.1 mm
锯齿	2 cm内5个	2 cm内有7个以上
齿形	等腰三角形，有刃	朝下的齿有刃，带上齿的拉切锯
淬火	水淬火，用铲子粗糙地铲光	油淬火，用砂轮磨光

出土锯的总括

我试着对以上全部的出土锯进行了考察，然后还想就出土锯的进化来阐述一下自己的想法。

按照以下5项来思考出土锯的进化顺序：

（1）锯的形式。

（2）锯齿形和齿列的状态。

（3）从销钉孔、茎、木质残片必然得出的装手柄状态的推测结论。

（4）锯的厚度。

（5）从包括以上各点所有能够想到的锯在使用中所处位置来猜测出土锯，基本上没有以完整形式出土的。

因此，我以接近比较完整的物体为中心，进行复原仿造，一边积累经验，一边进行考察。

首先我想说的是，我不是考古学家，而是住在街头以修锯为业的匠人。所以，制造修理了很多锯，观察了很多人使用锯的作业，和同族以及同业者聊了很多，有大量记忆。基于这些知识，我想通过复原仿造锯以便确认锯的构造、进化，也想描绘一下古代出土锯的进化现象。所以，和古坟年代未必完全一致。我对古代锯的进化序列的考虑如图1-21所示。

1河内蚂蚁山锯（5世纪），2金藏山锯（4世纪），3黄金冢锯（4世纪），4八幡冢锯（4世纪），堂山锯（5世纪），6园田大冢山锯、永明寺锯（6世纪），7金铠山锯（7世纪），8爱宕山锯（8世纪），9深大寺锯（8—9世纪），10栗原锯（10世纪），11伊势原锯（13世纪）。

如“河内蚂蚁山锯”那样的单齿锯比双齿锯要古老，这很容易理解，从制作锯的立场上看，双齿锯从技术上来说就很难。没有手柄，有鞘，但也是很古老的，是一个手柄部分无支撑物的锯。从使用仿造锯

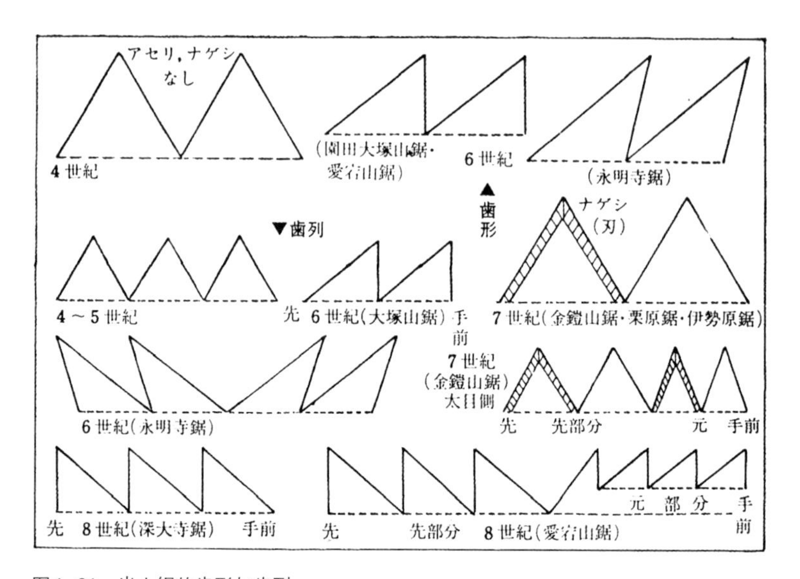

图1–21　出土锯的齿形与齿列

【图表译文：アセリ・ナゲシなし（锯齿无交错排列、无刃口）　ナゲシ（刃）　先（前）　手前（跟前）　太目（粗齿）　元（后）】

的结果来看，用物体的凹凸边前后摩擦切断对象，这种状态的使用方法便得以再现。虽然这只是想象，不过难道“河内蚂蚁山锯”不是酷似石锯的使用方法吗？

其次，列出“金藏山锯”的理由是：首先，它是双齿锯，手柄附着在两端，不是鞘，但是，两侧锯齿的齿数相同，没有稀疏差异。从使用、制作方面的进步可以明确知道它是双齿锯，如果在两端装上手柄的话，可以比“河内蚂蚁山锯”截断更大的物体。两侧锯齿数相同是作为双齿锯的最原始特征。

下面，我们来看看“黄金冢锯”，它是和前者相似的双齿锯，手柄附着在两端。如果要列举出和前者不同之处的话，两侧锯齿有稀疏差异，锯身有宽窄差异，较细的一侧有内弯。销钉孔的位置比中轴线要偏离较粗的一侧。尺寸和前者大体相同，幅度较宽。从功能上看，如

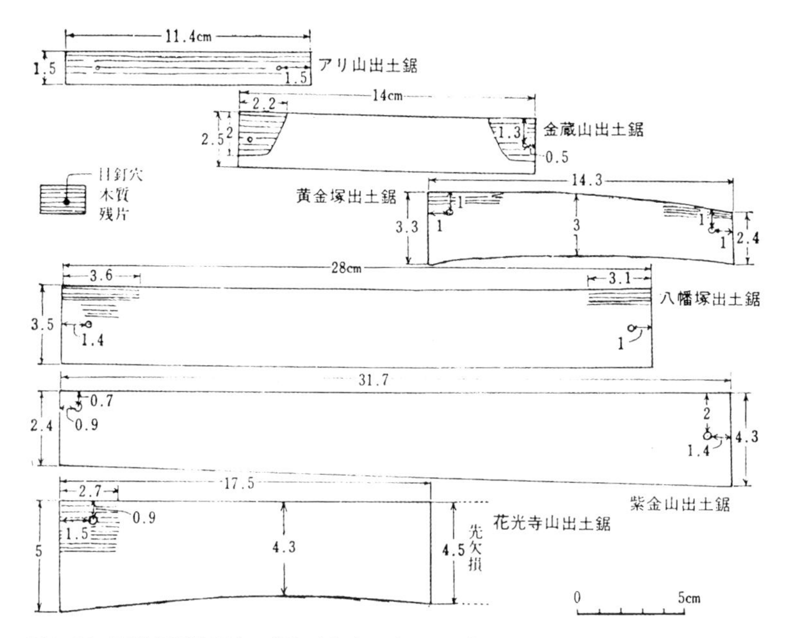

图1–22　两端柄锯的形态　销钉孔与木质残片的比较

【图表译文：アリ（蚂蚁）　目釘孔（销钉孔）　木質残片（木质残片）　先欠損（前端缺损）】

用力等都使用了窍门，两侧锯齿附上稀疏差异，在功能上就有分工。

下面，举一下“那须八幡冢锯”的例子。这把锯也与前两种相似，是拥有两侧手柄的双齿锯。两侧每厘米粗齿数、细齿数，大体和“黄金冢锯”的相等，锯身较大，如果其他都基本相同的话，那么，从截取大物体的使用和制作方面来考虑，是相对进步的。另外，前后手柄的差异也渐渐呈现出来了（茎出现的先驱现象）。

下面，举一下“堂山锯”的例子，在这把锯的锯齿上出现了特意磨出的刃口，说明逐渐开始出现了使木材横拉的窍门。

此外，这个时代的锯除了这些外，还有“竹野产土山锯”、“花光寺山锯”、“紫金山锯”、“堺大冢山锯”（全部是4世纪的锯）。

“竹野产土山锯”有能够被判定为手柄的东西，这个可以说是类似茎的东西的雏形。“花光寺山锯”的细齿侧有木质残片。我想，该锯主要是用粗齿侧，这一点和主要使用细齿侧的有柄“黄金冢锯”和“八幡冢锯”不同，是比后者更进步的一种锯。“紫金山锯”是大型锯，锯身有宽窄差异，销钉孔的位置从中轴线处偏向一侧，这把锯一端是粗柄，另外一端附着细柄。把以上所说的进行总结，两端的手柄功能向被分工为手指尖和手掌的倾向产生和发达。双齿锯的两齿，主要有被分为使用侧和副侧的倾向，可以理解为：为了使锯齿变强而产生了内弯的齿道线向一侧倾斜的齿形的先驱现象。逐渐产生了茎。在“堂山锯”上出现了原始的齿刃。

后世的锯的重要内容特征，逐渐萌芽产生。还有，出现了大型、小型锯，并有分工。

下面，谈谈“园田大冢山锯”。这把锯具有了大茎，出现了区别齿道和茎的拼条。锯齿出现了向身体一侧倾斜的纵拉齿形。

6世纪的“永明寺锯”是制板用纵拉锯的原型。后世互相抻拉的两人使用大锯形态的第一步就是从这把锯开始的。该锯被看作是，较4世纪大型两端手柄锯的形态更加进化的产物。齿形向一侧倾斜和相互抻拉也可以理解为比“花光寺山锯”的内弯齿道更进一步的产物。

下面，来说说“金铠山锯”。原始锯的两侧锯齿拥有和现在的双齿锯一样的功能差异，两端手柄的双齿锯作为相当不同的双齿锯出现。齿刃的窍门，我认为是“堂山锯”、“园田大冢山（碎片）锯”、“金铠山（粗齿侧）锯”作为锯被继承和发展的产物。茎的出现可以体现在“竹野产土山锯”、“园田大冢山锯”、“金铠山

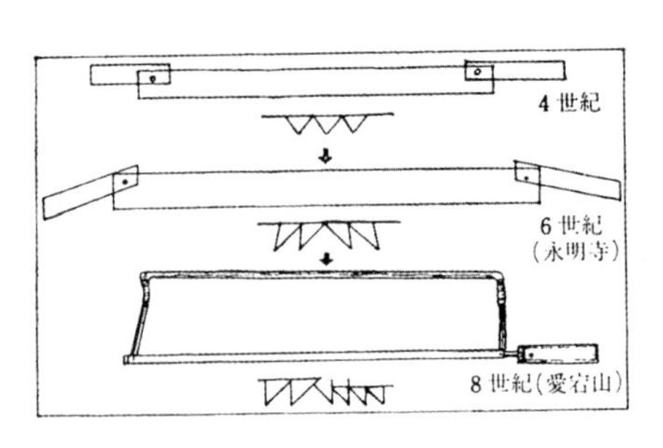

图1-23　两人纵向拉锯的出现与进化

锯”的系列上。

下面，来说说“松井田市爱宕山出土锯”。这把锯从齿列来考虑，是“永明寺锯”进化的产物。相比后者，容易使劲，能够以很高的效率切割出很好的木板。梳齿状拉锯到现在也和“爱宕山锯”的铁弓制造的锯相同，这把锯是带有铁弓的弓形锯的原型。

“深大寺锯”是有茎的压拉双齿锯，作为压拉锯，它具有合理的构造。

其次，我认为“栗原锯”是锯树枝的锯，展示出其后向伐木用锯的方向进化。

“伊势原出土锯”出现了锯颈和锯根的原始形态。我认为它是《倭名类聚抄》中的“刀型锯”的进化产物，是典型的现代横拉锯的原型。

这20把出土锯清楚地讲述了日本锯的发展史，从古代到中世，锯持续地进步，此外，现在锯的基本形态都被认为是从古代开始逐渐产生而发展的。

我想试着提及一下出土锯的分布。首先，4世纪的7把锯里有6把是关西的，仅有一把出土于关东。在这6把出土自关西的锯中，大阪府的有3把，冈山县的有2把，京都府的有1把，均由古坟出土。关东枥木县有1把。

5世纪的锯，关西有2把，关东有2把。关西：大阪府和冈山县各1把；关东：静冈县有2把。

6世纪的锯，在关西的兵库县有1把，关东山梨县和埼玉县各有1把。7世纪的锯是从长野县出土的。

8世纪的锯是从群马县被发现的。7世纪以前的锯是从古坟出土的，8世纪以后的锯是从居住遗址被发现的。从东京都出土的也有1把，所以关东有2把。

10世纪的锯，从东京都出土的有1把，13世纪的锯是在神奈川县被发现的。

4世纪、5世纪的锯从关西出土的绝对多，6世纪以后的出土锯逐渐向关东转移，7世纪以后的锯在关西还没有发现。此外，也没听说过被发现在九州或四国的锯，还有至今为止，发现地居多的是太平洋沿岸，日本海沿岸的很少。

仅限于至今出土的例子来看，6世纪以后的锯，在关东地方逐渐有所进步。

6~7世纪以后，明显地感受到有祖先气息的锯，几乎都是从关东地区被发现的。

这到底是怎么一回事呢？我觉得，关西优势从6世纪后就被压制，但是，不能以它为原因判断关西地区当时锯的发展缓慢。我想，曾经存在过和被保存下来是两回事。6世纪以后的锯没有从关西被发现应该也有古坟的衰减、埋藏观念的变化等原因，但好像从居住遗址也没有发现过。

我之所以能从关东的居住遗址发现很多先进的锯，姑且不说贵族的装饰品，像锯这样的与人类生活密切相关的实用品，再加上关东地区这样并不在意古董的地方，其进步的可能性更大，看到明器土俑的民众姿态，更能让人产生这样的想法。

从出土锯的交叉进化系列中的构造、功能方面追寻下来，是如下情形：

（1）大型制版用纵拉锯方向系列：花光寺山锯（大型，细齿侧有内弯齿道）、永明寺锯、爱宕山锯、带框的大锯。

（2）工匠用具纵拉锯系列：竹野产土山锯（出现了茎的萌芽）、园田大冢山锯、金铠山细齿侧、中尊寺绘经纵拉锯、现代的纵拉锯。

（3）工匠用具横拉锯系列：堂山锯、金铠山锯粗齿侧、伊势原锯、现代的横拉锯。

（4）带鞘锯系列：河内蚂蚁山锯、竹野产土山锯、八幡冢锯、奥坂随庵锯、现代的带鞘锯。

（5）伐木用锯系列：金铠山粗齿侧、栗原锯、现代的伐木用锯。

外来锯的研究

法隆寺外来锯

这是战争时期的事，东京上野的博物馆举办了“法隆寺展”。那时，我被放在会场角落的古代锯感动了。通过玻璃箱看到的锯，其细部已经无法看清。那以后，我再也没有看见那把锯。

战后，我开始进行锯的研究，得到了仿制法隆寺外来锯的照片，然后把实测图放在前面，一边思考，一边开始热心探求，并用手中的钢材试着复原。就此屡次与该博物馆考古科的三木文雄氏进行了探讨。

1964年11月6日，我终于见到了甚至连做梦都想看见的法隆寺外来锯。那天是阴天，风很大，我从频频落叶的宝物馆后门进入馆内，当相关人员取出锯放到我手里时，我好像见到了久未见面的老友般高兴激动。

所谓“百闻不如一见”，完全是这个感觉。一切疑问都消失得无影无踪，但又涌上了新的疑问，我试着写了这些。

法隆寺外来锯作为传世古锯，是很稀有的东西，1300年前，传说法隆寺创建时，圣德太子用这把锯拉了柱子，为此，人们把它作为宝物小心保存，现在已成了国宝。

锯的尺寸如图1-24所示，下面对细部进行详述：前部用凿子凿出的地方有9个齿痕，其中，后部的6个有摩擦割断的痕迹。6个方孔，从后边的孔到前端的孔超过了7.2厘米。孔宽2.6厘米，切割端（前端）

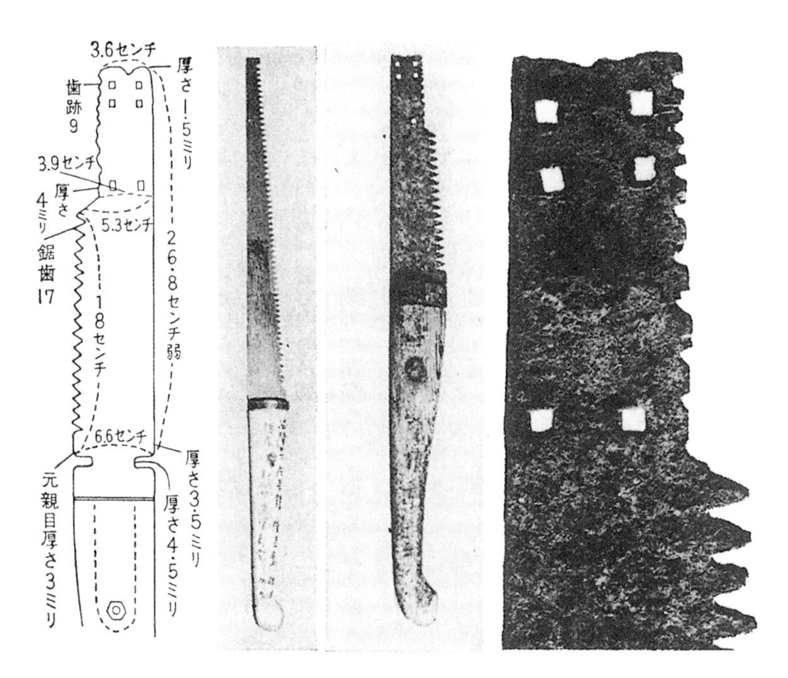

图1–24　法隆寺外来锯　从左开始依次为实测图、复原仿制锯、外来锯、放大照片
【图表译文：センチ（厘米）　厚さ（厚度）　ミリ（毫米）　センチ弱（厘米以下）】

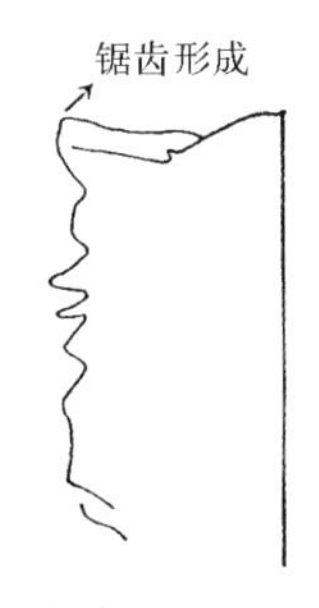

有“割齿痕”，在前端第4齿痕的地方。6个孔为四方形，也有弯曲形的。锯齿右侧为用锤子冲打出的孔，茎的后端宽大概为3.6厘米，厚约5毫米，茎的拼条部分是过火之后用锉刀修磨成形的，形状整齐。锯身未经研磨，其前端很薄，这不是切削而成，是用锤子将其敲打变薄的。手柄的材质好像是日本扁柏，柄尾部内曲，拼条侧由粗到细削成圆形，用伞形销钉固定在尾部。

锯齿呈向下的三角形，没有刃口，交错程度较大。所以，从照片看感觉有刃口。齿根被磨得很圆。只是，后端大概3个锯齿的地方的齿根不圆，摩擦程度与普通锯齿相同。17个锯齿的大小完全一样。

根据观察进行分析，首先，如何造出锯齿？我认为，是用凿子凿出来的。当时的锯没有淬火（大型锯的全锯身淬火是最近才能做到的，现在造锯齿也在淬火前进行），即使有相当的厚度，但要做出像外来锯那样稀疏的锯齿也并不是难事。只是外来锯的厚度甚至达到了3毫米，或许能切断骨头了。就算这样把锯身炼到很薄，可是还是能够很容易地切断，我想使用凿子凿出稀疏的锯齿是明治中期的事。从文部省史料馆藏的牌匾切割锯的齿形，可以很清楚地看到用凿子凿过的痕迹。所以，我认为，锯齿是先用凿子凿出大概形状，再用锉刀修制成的。

考古学家说，将大半齿根打磨至圆形可以考虑为大锯。齿形为等腰三角形，无齿刃。后端的两枚连续的锯齿齿根和普通锯齿的一样。我开始理所当然地认为齿根的圆度有增加的倾向。后端的锯齿用来深拉，前部的锯齿在深拉后发挥作用。但如果是那样的话，不将后端锯齿变细，会很糟糕。这把锯的齿列没有稀疏差，此外，前端较细，用后端较宽的部分来拉，也有点儿无法想象。在这里，我难以就这把锯的圆形齿根的使用做出判断。

关于锯身前端的6个方孔，我提出了“这把锯一旦折断了，可以接上使用，把前端较薄的部分重叠起来，用钉铆上，所以，这个孔的作用，就是为铆钉预留的孔”的铆钉说。

我们来检测一下这个说法到底是对是错。首先，调查一下有没有这样的例子。结果显示确实有断了后用铆钉连接的锯。但这种锯，只限于图1-25的虚线内，在其他地方一次都未发现用铆钉铆过的锯。所以无论采用何种方法，都不可能使用铆钉。此外，出现在前端变薄的靠近锯齿割痕、6个孔附近的锯身，无论哪一个厚度都相同。把锯重合起来用铆钉铆上，从技术上来说是极其简单的。但是，作为锯的使用则不可能，因此这就成了无意义的事。

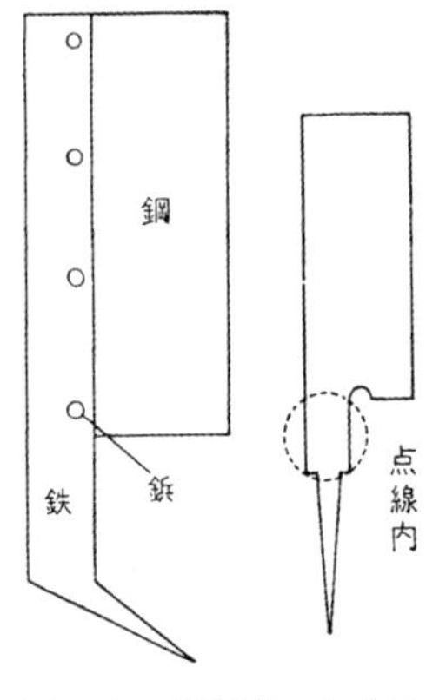

图1-25　铆钉锯　在右图显示了可铆钉的部分

【图表译文：鋼（钢）鋲（铆钉）鉄（铁）点線（虚线）】

举一个把锯身加铆钉的实例，那是前拉锯，无论是伐树工人还是木匠以前都用过。虽然锯很重，拉起来费劲，但其坚固耐用，制作也不难。为什么制作了这样的锯？因为当时钢材很贵重，并且制作大型锯的炉子、铁砧等尚不发达，所以很困难。和铆钉锯相比较，把传来锯的方孔看作是铆钉孔，无论如何有些牵强。后面的孔与前端4个孔非常接近，如果后面两个是铆钉孔则没有意义。

因为这把锯非常厚，所以没有必要费劲地用铆钉，折断的部分应该是可以焊接的，也很好用。这个技术的可能性可以由传来锯柄上的箍来证明。厚度为1.5毫米的箍是把带状物的铁片加工成圆形，端部焊在一起而成。所以，这把锯的前部也没有不能焊接的道理。

锯前部有9个齿痕。这个地方的锯齿呈向左的状态，是用凿子凿出的。其前端宽为3.6厘米，后端宽为3.9厘米。后部的锯齿上仅留有少许锉纹，而锯前端则留有很深的锉纹。对9个齿痕进行测量，和完整的17个锯齿的稀疏程度相同。此外，除去前端，6个里有2个可推测为有摩擦的齿痕。原来的齿痕很深，而后来锉过的则较浅。齿形有大小，锻造锯时，先设置一定数量的锯齿，再一分为二锉出其两倍数量的锯齿，从前端的第2个和第3个中间准确地锉开。完成的17个锯齿根部和齿痕根部的深度不一致，齿痕一侧深，这是不断用锉刀修磨的结果。

此外，前端的4个孔的周围突然变薄，好像是略微加热之后敲打变薄的，然而是先弄薄还是先开锯齿的呢？应当是先弄薄的，距离前端宽约一半的地方有被切割过的痕迹。之所以变成两个是因为锻造时出现了空隙。这把锯后端较宽，前端较窄，其两侧线如果延长大约有80厘米长。

关于法隆寺外来锯，据前叙述可以得出以下结论：

这把锯只是锻造锯，未经淬火，也没有研磨。因为制作技术尚不发达，整把锯较窄，前端也很窄，后端较宽。其次，柄端茎根部拼条之处的装配很费工夫，这可以理解为是这把锯的特点。

从用途上看，如果是大树的圆木，能够被锯断，但锋利度差，拉锯费劲，切口不整齐，难以按规定的尺寸加工，或者说基本上是达不到精度要求的。

这把锯在起到某种作用之后，我想不如让它做一些比较现实的工作。因为那种工作，锯前端变薄，作为齿痕，作为6个方孔保留至今。齿数和厚度及深度有很大关系，如果就这样用这把锯去做普通的工作，会因为其太厚、锯齿太稀疏而无法使用。然后，把1个锯齿摩擦切割成2个锯齿。因为使用了已经造好的锯齿，所以摩擦切割的地方会突然变细。用锯的前端的第4、5、6、7个的锯齿来细分，变成七三分的切割锯齿，用前端的第2、3个的两个锯齿来细分成小齿，就会以自然的大小连续地进行工作了。细锯齿只能锯薄板。所以，现在把没有缺失的前端部分敲一下伸展成大概1.5毫米的厚度。薄木板和细锯齿有密切的关系。因为使用在那样的工作上，齿痕的锯齿根部很深，并没有和完整形式的锯齿根部一致。此外，原来使用过的正方形孔从附近到两边都需要非常大的力度。我想，这就是锯断裂的原因。厚度在3毫米以上的没有经过淬火的锯一般是不会断裂的。断裂的原因首先是因为它变薄了；其次，在变薄的锯齿的较细处用力，那里有空隙，承受不住拉压的力度，断裂是必然的。

断裂的锯是不能用的。如果一定要寻找些什么用途的话，那么考虑后的结果可能是用凿子凿出9个锯齿。

用锥子把锯齿右侧处四角形的孔穿透，背面有小孔。我认为，在这把锯中，这个孔便是它最后的工作。完成把前半部分变薄的后续工作其实是这个孔的作用。虽然不知道这个孔起何作用，但不是作为锯被使用，我设想了一下，或许是为了其他用途而使用铆钉的吧。原因在于，各个孔的位置并不能被理解为是铆销钉孔的位置。

6个孔虽然是歪着布置的，但每3个孔都以宽度相等的距离以直线形式竖着排列着。此外，4个前端的孔和2个原来的孔之间距离相差很大。这样排列起来的孔，没有就这样被放置的道理。

在建筑法隆寺时，也用了铁钉。当时的钉子是又长又大的方钉。我认为，建造这样的建筑物是很慎重的事。首先，在钉钉子的材料上打墨，以墨线为基准，在销钉孔上做标记，然后在那个记号上用灼热钢棒打孔，或者用钉子钉，开了孔之后再把钉子打进去。在巨大的木材上打孔，大概就是这样的吧。

这把锯的方孔的作用应该是把销钉孔正确地打在钢材上吧。我想，应该是根据使用6个方孔的差来指定位置的。有孔的那部分和宽度大致相同，为此，直到钢板嵌入，用凿子去掉锯齿。而因为宽度大概相同，就可以没有必要用锉来打磨，便留下了现在的样子。虽然不能作为锯来使用，但可当作一种接近辅助计量器具的道具而使用。

或许这把锯在修理寺院时还能用得着，折断了之后还可回炉再造，但却不可思议地被保存下来，经历了一千多年的岁月。

我试着仿造了法隆寺外来锯。一把锯是将和钢打造的古锯予以改造后仿制的，另外一把锯用现代钢板切开仿制，再现了当时的形态。后者复原的长度如以下记载：外来锯拼条一侧宽6.6厘米，18厘米前部锯齿处宽5.3厘米。因为两侧是直线，无论把它延长到哪儿都能够交叉。我想，这是此锯可能形成的长度。只是，这样以绘图样来取得尺寸的锯，实际上应该并不存在。如何能够接近于实际的锯来推测？

泛泛地考虑一下，结果是想到了锯齿的深度。如果复原锯齿的深度以1厘米来计算的话，应该可以做出决定。从测量的结果来看，锯齿的深度大概是9毫米到1厘米之间。锯宽1厘米处加工出深1厘米的锯齿无法成立，这是无需证明的。这样看来，宽从1厘米开始就不存在了。无论宽度多窄，如果没有2厘米的宽度的话，1厘米深的锯齿是无法造出来的。所以，说成是宽2厘米的地方能够设置锯齿的最长限度比较好。下一个是，完成后能否使用的问题。如果在宽度过窄的地方弄出锯齿的话，会因为裂纹而断裂。

对此，我来列举一个拉冰锯的例子。如果减小拉冰锯锯身宽度，使锯变窄，接近锯齿的深度的话，会因为产生裂纹而无法使用。它的限度大概是锯齿深1厘米、锯身宽1.5厘米的比例。如果在这之上减少宽度的话，裂纹会变多，锯只能被废弃。这个也可以作为法隆寺锯复原的参考。拉冰锯的厚度较小，宽度较大，锯齿较粗糙，不锈钢较硬。可想而知，法隆寺锯正与此锯相反，因为它非常之厚，所需的拉动力度也是非常之大的。此外，就截断对象来说，冰和木头的话，还是木头比较硬。

从这一点考虑，我试着做了前宽2.5厘米的法隆寺锯能够使用的最大限度的仿造锯。只是，法隆寺锯的手柄前约2厘米处叫做主齿或颚齿的锯齿难以造出。此外，仿造锯的前端也使用了和它同样的东西。原孔有保护锯齿的作用，如果在之前，我会考虑到为了保护而有一层必要的途径。制图后，我求铁匠朋友用3毫米的钢板制成了。3毫米厚度的锯在现代来说是稀有的厚度，我想最大的圆形锯也没有那种厚度的。

复原锯完成后，我用它来锯截面为20.6厘米乘以12.2厘米、长40厘米的松梁废木材，两人交替进行，一共用时21分37秒。切口凹凸不平，拉动速度非常之慢，劳动力甚大，且切开面不整齐。使用时发现了法隆寺外来锯的锯齿角度是按压着就能非常顺利切断的。这是从这把锯的全部构造来考虑的。所以，古代的横拉锯并不是朝着身体一方拉动就能够切断，需要按着拉。

为了把握法隆寺外来锯的特性，比较一下可以想到的6种锯，简单地说明一下这些锯的特点。

（1）法隆寺外来锯的仿造锯。

（2）伊势原出土锯的仿造锯（13世纪）。

（3）栗原出土锯的仿造锯（10世纪）。

（4）井原西鹤《樱阴比事》所载的仿造锯。

（5）伏见手锯（大正时代，现代钢制造）。

（6）现代1尺1寸双齿锯。

在这6种锯当中，比较重要的是（1）、（3）、（4）、（5）。这些锯较长且大，锯齿也比较稀疏。首先是比较切断物体所需要的时间，（切同一物体）（1）使用了（3）的2倍多的时间。此外，（1）用了（4）的7倍的时间。（1）和（5）相比，所用的时间是后者的大约10.5倍。

说这个数字差是法隆寺外来锯与现代锯的差还为时尚早。原因在于，现实不得不推测出有更大的差。现代的伐木用锯要比大正时代的（5）进步一个等级。如果用了如今的改良锯，这个差距或许会增加到15倍以上。在这之上，因为法隆寺锯是并不坚固的锯，锯齿的磨损也要快一些。综合这几点来看，使用者的劳动力将会消耗甚大，应该有约20倍的差距。

用法隆寺仿造锯试着拉了松木方，仅仅拉了7.7厘米就花了5分钟之多。从这把锯的构造来说，作为纵拉锯是不可能的。

将法隆寺外来锯和古坟出土锯在齿形上相比较的话，前者的齿形和4—5世纪的出土锯的齿形相同，即等腰三角形无齿刃的锯。前者和后者的区别仅在于是否具有交错齿列，而后者的齿形是扩大型的。“园田大冢山锯”(6世纪)的锯齿和现代纵拉锯的锯齿是一样的。此外,“金铠山锯”(7世纪)的粗齿侧为有齿刃的等腰三角形,这两锯相比较也是甚为原始的锯齿。

法隆寺外来锯的粗大伞状销钉,直径约1.8厘米的盖板配上两端作为销钉的直径为8毫米的铁棒。它并不是像普通销钉那样弯曲着接上的,我想这个销钉的制造和组装是依照以下方法来完成的。首先,用铁来制作圆棒,在适当的长度下切断。一端像盖那样的销钉头用棒槌敲平。这样之后,用筷子夹起盖状的钉头,另一端放在炉子里加热。此外,组装的茎是在手柄上安上箍,嵌在上面。组装的手柄的销钉孔附近用水沾湿,销钉一直加热到一端出火花为止。从炉内拿出来后,迅速地将成为销钉头的前端部分用水浸湿。然后,迅速通过销钉孔将销钉头部灼热的一端打磨好。用棒槌大概敲打三四下,逐渐在钉头定型。完成后浇水。我想这个销钉是用以上方法制作而成的,看了这个就会明白,这是个高度的技术工作,对实用锯来说其实有些用不着花这么多工夫。

法隆寺外来锯的手柄是很长很大的,仿造之后发现,作为实用品的手柄,过于花费心思。我认为,那个形状多少也有用来装饰的成分。

从法隆寺外来锯的整个形状来看,相比古坟时代的锯更加长、更大、更进步。但是,就齿形来说,还是延续了4—5世纪锯的齿形。

销钉和手柄都没有实用性,可以考虑是用来给人看的一种权威性的东西。圆形齿根也可以被认为是为了庄严、给人看而存在的。

探索了很多,结果我认为,法隆寺外来锯是作为仪器而开始被制作出来的。但后来想从实用的角度来使用是否就会失败呢?

我认为,8世纪左右比法隆寺外来锯具有更加卓越功能的横拉锯和纵拉锯都是存在的。那把锯的构造或许和“永明寺锯”相近,应该是两个人拉的形式吧。这种形式的锯制作起来比较简单,也不耗费材料。在此基础之上，我想应该能极好地使用。要确认这种锯的实在性，还是对法隆寺等建筑物里大柱子切断的部分进行详细考察比较好。如果是研究切痕，应该相当清楚锯的构造和使用方法。我最近试着做了并加以实验，结果不出所料。

正仓院藏"白牙把水角鞘小三合刀子"的锯

我早就知道正仓院有收藏的锯，然后求朋友帮忙，想做调查却没有实现，中途放弃了。

没想到1974年1月27日，我带着工艺家中村元雄氏的介绍信来到奈良国立博物馆，见到了冈崎让治课长，就研究工作方面聊了很多。那时，冈崎拿出《正仓院御物图录》说："有这样的锯的照片，如果作为参考能用得上，马上给您复印。因为无法看实物，这个是实物的大照片。"

这确实是我多年盼望的锯，有了正确的实物大照片的话，就可以做复原仿造锯了。我万分欣喜地重谢后就告辞了。

名称是"白牙把水角鞘小三合刀子"的锯。(白牙把是象牙制的柄，水角鞘是水牛角制的鞘，小是指小型，三合刀子是三组刀具的意思。)

如图1-26所示，该锯身长7厘米，宽6毫米，柄长5厘米。

1厘米内的锯齿有13个(1寸长度内有40个以上)，齿形呈等腰三角形。

无交错齿列也无齿刃，齿道大致呈直线型，背面前端向锯齿一侧弯曲着。锯身是用锉磨制而成，手柄稍微内弯，前端用镀金的铜制成的箍镶嵌着。

我回到家后立刻开始做，用材料把和钢制的古锯切断，处理好形状后开始用锉来薄薄地打磨锯身。锉出锯齿，因为没有象牙，所以用

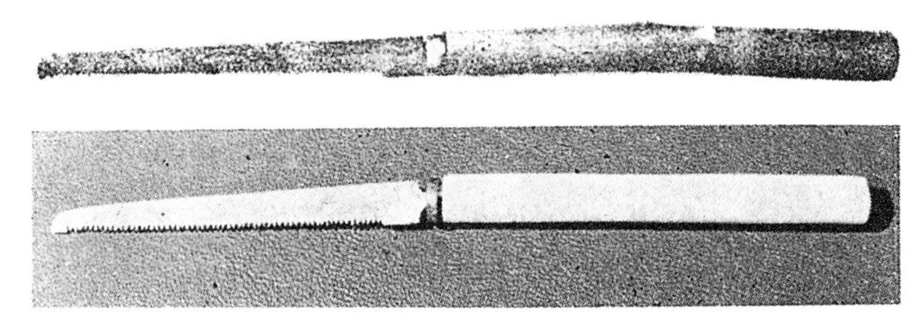

图1-26 正仓院藏“白牙把水角鞘小三合刀子”的锯(下面为复原锯)

替代品做手柄,也做了箍之后组装上了。如果什么时候有机会的话,我想做一个真正的象牙手柄,并用镀金铜箍组装上看看。

每1厘米长度内锯齿有13个(一寸长度内约有40个)的锯首先让我很吃惊。现在齿最细的锯是“带壳体锯”的锯齿,9寸长的带壳体锯(齿道8寸)每1寸长度有28个。8寸长的带壳体锯,(齿道7寸)每1寸长度有30个锯齿。一般来说,越古老的锯,锯齿越稀少。现在,前面所记载的锯也有1寸长度只有2个锯齿那样的细疏程度。罕见的是,居然也有1寸长度含36个锯齿的锯。即使现在的梳齿状锯也有1寸长度含40个锯齿的,那也是很少见的。

如此细的锯齿能制作出来,需要相当薄的细密的锉。当时,已经有了那样精致的锉刀的制作者,现在,管这种极小的锉叫“罂粟目”。与制作齿纹稀疏的锉在技术上有着明显的差异。

锯身是研磨制成的,凝聚了多年的技术,形状和现在的单齿锯大体相同,锯身的后端部分没有锯齿,前部有少许。这一点和镰仓时代的“绘卷物锯”相比,还是更接近于现代锯。锯背面的前端面向锯齿一侧有弯曲。这也接近于现代的鱼头锯。齿形是等腰三角形,无论是按还是拉都能切断。

这把锯是显赫贵族所携带的物品,所以是花了很多工夫制作而成的。所以我认为，和当时一般的锯比起来，这是制作得非常好的一把锯。和5、6世纪的出土锯，与法隆寺外来锯相比较也是十分进步的（锯的进化，从小型锯开始，然后是中型锯，而大型锯一直很落后）。

这把锯被装在水牛角制的鞘里，非常豪华，当然，其目的不是为了干活用，我想应该是显赫贵族为了装饰打扮之用。从具体用途来说，可能是在锯切位于香炉里用于焚烧的细小的香木时使用的。

锯无论造得多么华丽，它的本质和庶民所使用的东西的距离都不远。比如，即使这把锯，用的是象牙手柄、镀金铜箍、水牛角鞘等一些东西，庶民并没有听说过吧；此外，这样精致的锯或许和庶民无缘，但是，像梳齿状拉锯那样的东西，他们都一定做过、用过。所以，将这把锯的奢侈品部分去掉后，能看出当时小型锯的形态。还有，细长得像小刀，名叫“小三合刀子”也就是“三组刀具”。

平安时代的《倭名类聚抄》有着“锯像刀有齿”的记载。确实是“如刀、有齿”的锯，证明了《倭名类聚抄》记事的正确性，锯的形态不消说，还包含它的名称。

第二章

中世、近世锯的进步

大型锯的出现

大截锯

两个人用来面对面把圆木破开的锯叫做大截锯。大截锯即“大以歧利”(《和汉三才图会》),意思是大型锯。这把锯从很久以前就存在了。

1970年夏天,电视上播映了大津的圣众来迎寺所藏的《六道图》。在那幅图中,鬼使用着犹如大截锯的东西。瞬间的画面,并不能看得很清楚。那时,我立刻给来迎寺写了信,回信说:“如果8月15日能来的话,就能看到。”次年8月15日,我访问了该寺,也得以调查了那张图。那张图是《六道图》中的“第三墨

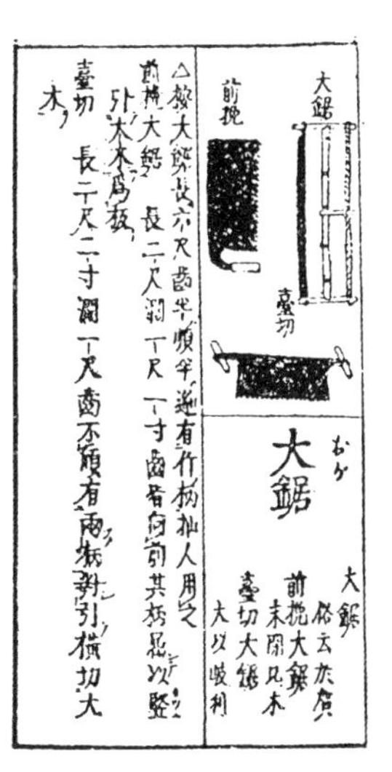

图2–1 《和汉三才图会》的大截锯

图2-3 《日本山海名物图会》中伐木人的大截锯

图2-2　喜多川歌麿画 《般若角切图》中的大截锯

图2-4 《勇鱼取绘词》(文政12年版)大截锯

绳地狱”，鬼在亡者身上打下墨绳，旁边有两个鬼用锯在横向切割亡者。（参照卷首插图）那把锯是把大概和小胳膊差不多粗细的树枝卷上，在弯曲如弓状的两端安装着锯条的物体。（以下，我想称有颈部和茎的锯的部分为锯身，没有颈部和茎的锯的部分为锯条。）我能大概描绘出弓状的东西是树枝。锯齿为等腰三角形，被描绘得又大又细长。齿道是直线。

我当即试着做了。复原仿造的尺寸与原图的锯和人的尺寸相比是扩大了，这样的话，锯宽和锯齿变得过大，根本无法使用。我改正了这点，完成了用水煮过后弯曲的树枝两端做成的木弓。这把锯的齿形和现代大截锯的齿形基本相同。

下面，我来列举一个把树枝弯曲成弓状装配在锯条上的例子。在日本现代锯中没有那样的例子，江户时代的绘画中也没有描绘过，但是，在外国却有很多。

我在电视上看见过非洲人用这样的锯，是一个人按压着使用的。中国也有，到最近在烧窑业使用了锯木柴的锯，除此之外也有这种形式的物体。西方也在很早以前就有了。这样的话，该两者，乍一看是一样的，只是好像也有少许不同。那就是，看了木弓的形状就会明白，树枝只是弯曲，中间部分会像山的形状一样高高突起。如果装配在锯片上，弓的中间部分和锯条就可以留出间隔。这个距离越大，锯条就越不稳定。如果想要缩短这个距离，让两者接近的话，锯的使用尺寸必然要减小。

我姑且想把“来迎寺锯”的弓叫做中间低的梯形器具，这样的话，弓的中间部分和锯条接近，能够稳定地截断物体。因为这样的木弓的形状并不存在于自然的树枝中，仍然可以考虑为煮沸两端，将其弄卷曲。但是手柄部分是否木质，弓部分是否铁制，若要确切地推断也存在疑问。

来迎寺是惠心僧都所开创，和净土教有很深的关系，听住持说，

《六道图》出自镰仓时代，是巨势弘高的传世之作，非常漂亮，是重要的文化财产。根据这些，从镰仓时代锯的所有的构造和使用方法来看，可以考虑大截锯的雏形已经出现。

室町时代中期，在《圣福寺之绘图》里，也有大截锯的出现。两个人锯圆木，测量一下这把锯，以人体比例来推测尺寸的话，大概长80厘米，宽5厘米，齿道是直线，手柄部的位置并不明了，锯身两端安装着横柄。此外，还画着细小的弓。小型，宽度较窄，齿道也是直线，因为组装了弓，像现在的大截锯那样，既不能锯很粗大的圆木，效率也没有提高。弓是铁质的，手柄可以考虑为木质。这把锯和圣众来迎寺所藏的《六道图》中的锯相比，首先从构造上来看，非常相近；其次，它比江户时代的《和汉三才图会》中的大截锯要朴素得多，但是，也具备了像后者那样进步的基本构造。

下面，我引用东大副教授杉山博氏的论文《藤泽的大锯引》(《日本历史》1970年11月，第1页）来进行阐述。据该书记载，森家文书就是在弘治元年12月22日（1555年）的北条氏虎印判状。

16世纪的森家文书记载了关于“大锯引”的情况，就此，杉山氏写了“大锯引也被写为大切引”，下面又写道“前几日锯制大木板，还将制作较小的规格”。

据此来看，这把锯很明确是纵拉锯，而且书中写着“一手两人”，所以是两个人使用的锯，称这把锯为“一弦二弦”。所以，这把锯带有连接锯条的连接绳，是带有边框的大锯。在这里，虽然杉山氏说的是指大拉锯，我认为我和杉山氏的解释并无出入，但有少许缺失，我想补充一下。

“大切”是大型锯的意思，是切割大型木材的锯，“大锯”为大型的纵拉锯。前者是两人用的“无边框”横拉锯，后者是两人使用的“带边框”纵拉锯。此外，这两者是雌雄关系，无论缺少哪一个都不行。在这里，横拉的“大切”用来做基本的工作，加工木板时，首先把一定长度的圆木锯开，然后竖着锯。所以，有只用“大切”锯来做的工作，但是不用“大切”只用“大锯”的工作是无法想象的。因此，说藤泽的大锯街是“大型锯的街”，是指包括横拉、纵拉两者的“大锯街”的含义吧。也就是说，“大切”应该是大型锯的总称。所以，在杉山氏的论文里，叫做“大切”的锯，我想是包括横拉大截锯和纵拉大锯这两者的。证据在于，在文章中出现了“大锯引”也被写成“大切引”的情况。通常，多数管横锯叫做切，纵锯叫做拉，所以我认为，被写为“大切引”的是用大截锯横锯，如果写作“大锯引”，应该是用大截锯纵锯。在作业上说，这两把锯叫着同一个名字，所以应该非常难分吧。据杉山氏的论文，我知道了大截锯活跃于室町时代末期。在《圣福寺之绘图》上，也描述了大切锯和大截锯的情况。

江户时代中期的《和汉三才图会》中的大截锯（大以歧利）两端柄的安装部分呈锻造的形态，并不是像后世的大截锯用那样的铆钉连接起来的。此外，齿道线接近直线，其尺寸为，背后长2尺2寸，宽1尺，两柄相对，横切大树。在这里我试着仿造了一下，和现在的大截锯相比，对于长度的比例来说，宽度较大，齿道是直线，我认为是一把不好用、效率很差的锯。

再次回顾《来迎寺六道图》中的锯，这把锯无法锯切尺寸在弓和锯条间隔以上的物体。所以，只能是向特殊方向发展，或者想象是锯骨头，使锯进入绘画题材。

我还想到，像《圣福寺之绘图》的大截锯那样构造朴素的小型大截锯可能从古代开始就存在了。

大截锯在江户时代花了很多工夫进行改良，这可以从图2-5至图2-10的大截锯图来理解经过改良的几点：

（1）宽度比例变长。

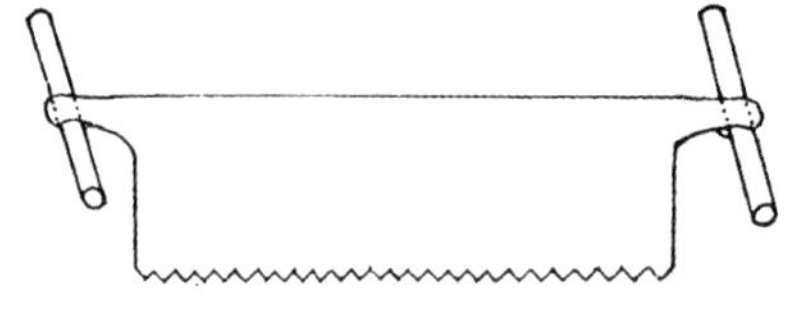

图2-5　正德(1711—1715)《和汉三才图会》

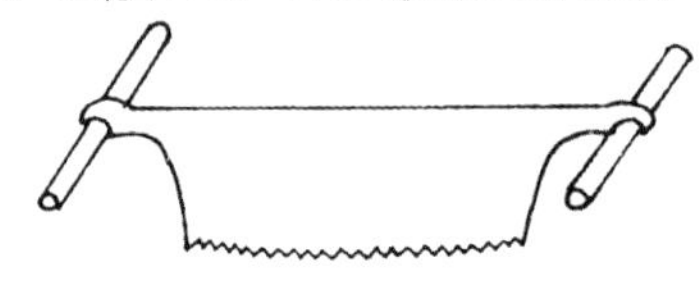

图2-6　宝历(1751—1763)《日本山海名物图会》

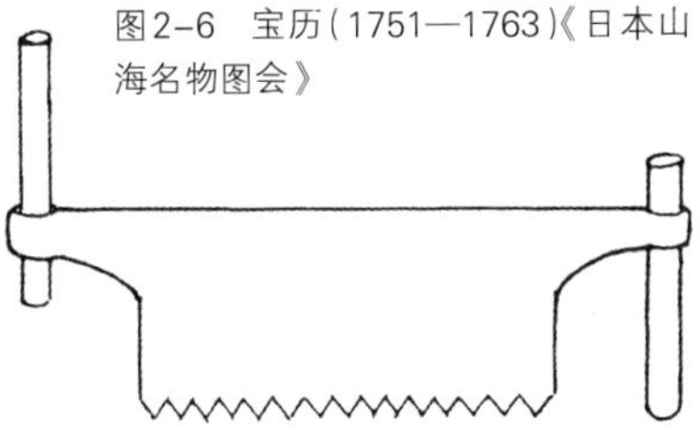

图2-7　歌麿《般若斜切图》

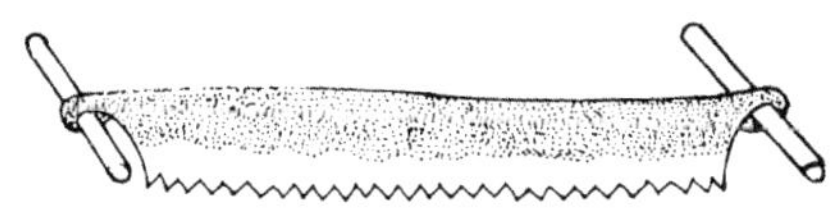

图2-8　安永(1771-1780)《肥前州产物图考》截骨锯

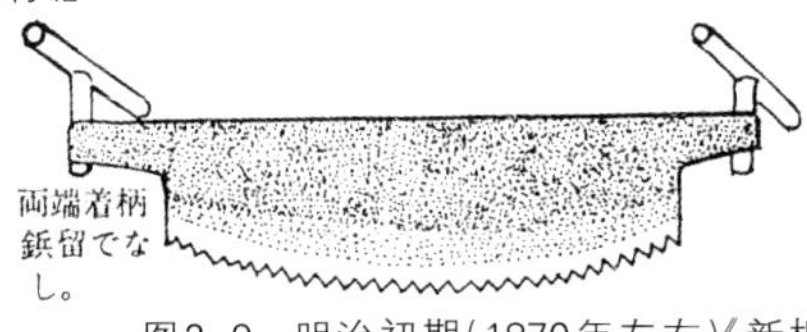

图2-9　明治初期(1870年左右)《新板伊势辰版》《家职幼解》

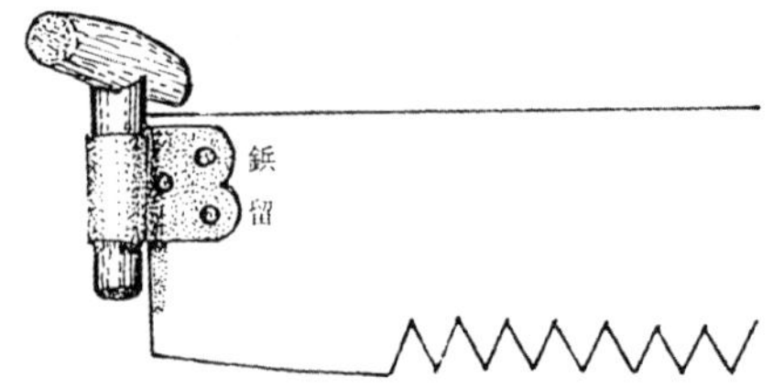

图2-10　大截锯的两端安装部与齿道线的变化

(2) 齿道线变成外弯曲线。

(3) 手柄部从锻造成型变为铆钉连接的环形。

为什么要这样来归纳这三点呢? ① 能够剖开大圆木。② 齿道如果外弯,根据使用者弯腰程度,其按力、压力都会自然地用于锯。比起大锯,更需要下这样的工夫。③ 为了手柄部的稳定性。

如图2-9所示,《家职幼解——伊势辰板》的锯大体与现代的大截锯相同,是明治初期的东西。这把大截锯的两端手柄部的构造和现代锯相同,都是锻造,此外也没看出有铆钉连接的痕迹。

大锯

使用者两人面对面、有纵拉构造的锯叫做大锯,大锯是"大掛"的简称,"大掛",也就是像钩子一样挂的词汇产生了。具有这个构

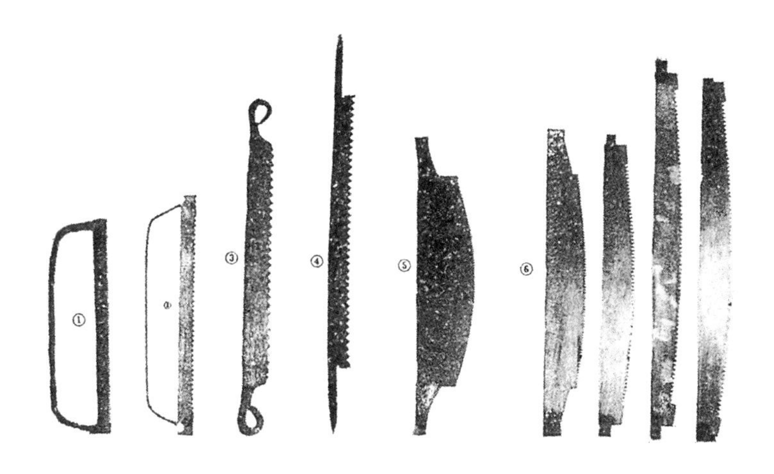

图2-11　大截锯的变迁（复原仿造锯）①来迎寺六道图锯　②圣福寺绘图锯　③鲸绘卷骨挽锯　④北斋南柯梦锯　⑤有铭首和铁锯　⑥现代钢锯

造的所有的锯，包括6世纪的永明寺古坟出土锯和8世纪的松井田爱宕山遗址出土锯。在研究出土锯的地方有详细记载。

具有这样构造的锯并没有简单地灭绝，虽然未曾发现文献、绘画，但是我认为它们是通过平安时代至镰仓时代慢慢进步而来的。

中国、西洋也有很多这种形式的锯。但是，和日本锯相比，其两端的手柄部分有显著的不同。

如图2-12所示，①、②是“惠林寺锯”和“石峰寺锯”的仿造锯。该锯两端的安装部分和③、④、⑤两端的安装部分在构造上有显著的不同。

中国也有比这些锯的安装部分的构造更朴素的，那些锯都是在锯条两端打孔的做法。所以，日本、中国有关锯的装配我想都是从那样朴素的手法中开始慢慢发展起来的。

“爱宕山锯”的锯条两端是用铆钉连接的，现在中国的带边框锯的那部分多采用拴来固定锯条。

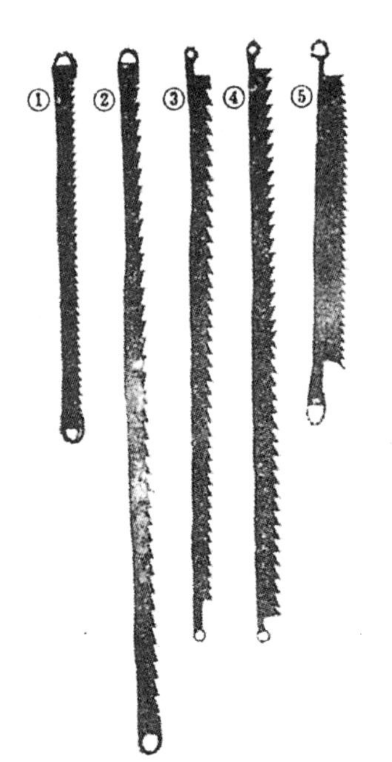

图2-13 《三十二番歌合》锯木图

图2-12 大锯仿造锯 ① 惠林寺 ② 石峰寺 ③ 三十二番歌合 ④ 和汉三才图会 ⑤ 肥前州产物考段切锯

我来阐述一下大锯结构的变化。

室町时代中期的《圣福寺之绘图》中的大锯，是把圆木高高立起，由两个人用锯切割，所以有和“惠林寺锯”一样的齿列。只是安装锯条的两肋的边框前端加了绳子。像《三十二番》、《和汉三才》中的大锯那样的锯条和绳中间并没有画出“梁”这样的构造，锯条绝对无法展开。两肋的边框支撑着梁，绳子系着锯条。那么，为什么要加绳子呢？我想那是为了能把锯条放在正确的位置上的简单构思。两名使用者根据高低来使用，下面的人利用体重将绳固定住，这样的话，锯条不会被弄倒。因为纵拉锯是加工板材时用的，能够准确地截断应该是很重要的事，所以在这里添加了这样的窍门。这把锯能比“爱宕山锯”锯更大型的木材，在这之上，轻便的除锯条以外的东西可以由使用者自己来做。所以这把锯价格便宜，适宜普及。只是，这把锯和后世大锯相比较，较短、宽度较窄，可能加工的板材非常厚。如果不是那样的话就无法使用。和人体比试着做了长1米、宽5厘米的锯，但现实中使用的锯应该更短。

在《三十二番歌合》中的大锯的锯条和绳子中间画出了“梁”。它是上下使用的，锯齿向下，后部的锯齿很细小。从“爱宕山锯”的齿列来考虑是理所当然的。用梁来稳定锯条，比前者要进步，锯的尺寸也变大了。

江户时代中期的《和汉三才图会》中的大锯在绳上扎紧，扎紧的一端插入梁。锯条张紧地展开，一定没有偏离位置的情形。这把锯在拥有高低平面的对面使用。齿列从中间开始呈相反方向。日本大锯的梁是把竹子两端剜掉贴到框架上的。看样子这把锯的框里并没有附带榫，未发展成中国大锯的构造就中断了。

根据《圣福寺之绘图》锯、《三十二番歌合》锯、《和汉三才图绘》锯的顺序（见图2-14），也可以从框架结构来推测出大锯的发展过程。

前文所述的大锯齿列有两种形式，一种是从中间向两侧延伸的形式，例如“永明寺锯”、“爱宕山锯”、“和汉三才图绘锯”和遗物“惠林寺锯”、“石峰寺锯”。还有一种齿列是“全部向下齿”，我想《三十二番歌合》中的锯就是这样的。这两种形式无论是在西方还是中国都存在。

《三十二番歌合》中的锯前面较宽，后面较窄，从锯齿也同样可以看出前端较粗疏，根部较细密。从“永明寺锯”、“爱宕山锯”到室町时代的大锯的进化都是追寻着这条细小的线索的，有以下报道：“被认为是前田侯爵家的治承养和时所写下的古写本色类抄有叫做《张锯》的书。”（《明治前日本建筑技术史》，日本学士院编，第229页）

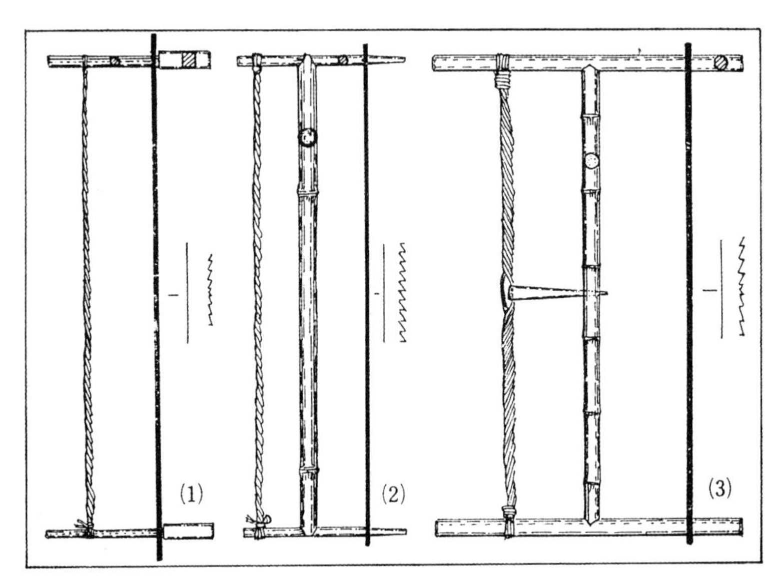

图2-14　大锯框架的进化　(1)圣福寺　(2)三十二番歌合　(3)和汉三才图会

被记载为“张锯”的锯,是“爱宕山锯”式,抑或是“圣众来迎寺六道图”式、“大锯”式,还是在锯身装了弓的“张弦弓形锯”式,不得而知,总之可以很容易地想象出在锯条和锯身处安装了木弓或铁弓。这样从构造看来,可以知道曾经有“爱宕山锯”和室町时代的大锯连接后的锯的样式,刚才列举的四种形式的锯全部都有。

“爱宕山锯”和有木质框的大锯相比,素质大不相同。在制作上也是相当需要技术和工夫的。在这里,如果要变成大型的锯,所需材料则要加倍,用起来也一定很重。这一点对于这把锯的普及来说一定是一大障碍。只是这样的形状不能把弓做成木质的。木质的不会勒紧锯条,虽然并不知道追寻了哪条路径,但是直至室町时代,大锯从铁弓变成木质框也应当普及。

遗物锯有山梨县盐山市的“惠林寺大锯”、兵库县神户市淡河的

图2-15　山梨县盐山市　惠林寺藏大锯

“石峰寺大锯”、富山县“五山村大锯”。我亲自考察了“惠林寺大锯”和“石峰寺大锯”。

如图2-15所示，“惠林寺锯”是织田信长在兵火之乱后寺院重建时所使用的（公元380年前）。这把锯在明治年间遭遇了火灾，锯身凹凸变化厉害。呈“膨胀”状态，锻造粗糙。两端虽有环形箍，但那是焊接过的东西，是一个有剥离部分的脆弱构造。中间部分齿形磨损严重，这是不断使用的证据。虽然并没有留下边框，但确实有过边框，因为没有边框是不能用的，其次，它也未经打磨。

“石峰寺大锯”也有“膨胀”现象，想必未经打磨，虽然锈蚀严重，但比例均衡。打造工序也比“惠林寺锯”先进，没有太多被锤打的痕迹，可能只是用砥石研磨过。齿形没有破损，其次，宽度也没有减少。两端的环是焊接的，较为脆弱，还有剥落的部分，没有留下边框。

从这两者的各方面比较来看，“惠林寺锯”的制作相对简单，还有它的实际使用次数很多，因而磨损严重。

我认为，“惠林寺锯”比较古老，“石峰寺锯”稍微新一些。据石峰寺住持奥川良观说，因为在江户初期寺院进行过大整修，他认为这是当时用过后放在那里的，所以没有磨损。

边框存在的意义也根据时代的不同而变得不同了。完整的“边框”构造应该是长锯条，可以装上又硬又薄的锯条。这样反而有可能

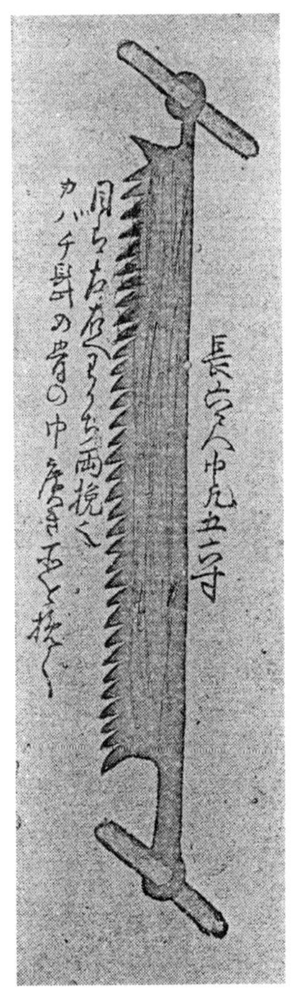

图2-16 《肥前州产物图考》段切锯

从边框的发达状况来推测锯条的发达程度。

“惠林寺大锯”长132厘米，宽5.5毫米(应为厘米)，厚却也有2—2.5毫米，与大尺寸相称。根据《三十二番歌合》、《和汉三才图会》之前所述，如果大锯有手柄部分，就不需要边框，也有那样的大锯。那么为什么要加框呢？这是因为锯的两端是结构较为软弱的环，不加框就难以使用，同时也是为了使锯条处于正确的位置。初期大锯的形式，其边框并非是为了支撑单薄的锯条，遗留至今的锯也极为厚实。

如前所述，“惠林寺大锯”的厚度，如果具有《三十二番歌合》、《和汉三才图会》中的大锯的厚度的话，就不用加边框，而实际上这样的锯曾经存在。加工鲸须的“段切锯”也是这种构造，“段切”一词，可能是“大切”的俗称。如图2-16所示的构造的锯是“上下切”，大的有7尺，小的也有3尺。大锯就这样不断进化，经过江户末期乃至明治初期。

前拉锯

制板用大型纵拉锯一般被称为“前拉锯”。这也并没有错误，需要稍微补充一下：“前拉锯”是为了表现“前切”的动作的词而成为一种锯的固定名称。那么“前切”到底是什么意思？锯的使用者从正面拿起锯来拉，这个姿势不能操作手柄长的锯。其次，这个姿势可以“锯得又长又准确”，可以持续耐劳地拉很长的距离。前拉锯在木匠、建材行业中被通称为长度“1尺2寸”以上的锯。而需要“持续长距离准确地拉”的主要是纵拉锯。因此，大型制板用纵拉锯，作为仅用这种姿势而广泛使用，逐步发展起来的。

那么在横拉锯中，是否包括前拉呢？从“伐木用弯柄刀锯”的结构看，则是横拉的前拉锯，且为大型、很宽的“横拉前拉锯”，尽管数量很少，但确实存在。在此根据俗称举例谈谈“纵拉前拉锯”。

“(前略)齿皆向前能将前其柄弯屈以纵向锯大树为板”。(《和汉三才图会》)

不知从什么时候开始出现了向着身体一侧弯曲、用两只手握着，采用“前拉”的作业方法的短柄锯。从《中尊寺绘经》中我发现，人们用“前拉锯”来加工板材。

“(前略)中尊寺内藏有中尊寺写经(根据其内容、抄写时间等的不同，又被称为中尊寺一切经、绀纸金银交书经、绀纸金字一切经等)，在卷首封面环衬页，不仅有讲经图，还绘有风俗图，非常独特。金银交书的施主是清衡，而金字的施主则是基衡。前者是在永久五年(1117年)至天治三年(1126年)写就，后者据说是安元二年的文字。(后略)”(文部省史料馆，原岛阳一氏书简)

绘经是12世纪初期平安时代的东西。那幅画的正中间画着我认为是金色堂的佛堂建筑物，面向前方的右侧，一个工匠正用两手握着弯曲的手柄，锯一块木板，从和人体的大小比例来看，大约为六七尺大小的厚板。锯齿虽然没有详细刻画，但是从其整体形状和使用者的姿势来看，毫无疑问画的就是使用纵拉锯的场面。

锯的宽度较窄，尺寸较长，是细长纵拉锯。和人体比较，我想是比现在的1尺2寸(齿道为1尺5分)更长的锯，绝对不是小型锯，装手柄部分向身体一侧拉动，呈现出仿造锯的形状(参见116页图)。

那么，是否有和“中尊寺锯”（姑且取的名字）类似的锯呢？其实现在还有很多，我在年轻时也做过很多把。首先，最相像的有专门做洋车的木匠使用的纵拉锯，来锯出逐步弯曲的车轮。我记得锯的尺寸大约为1尺23寸（42厘米），锯身前宽2.5厘米，后宽大概3.5厘米。这把锯的锯颈部很长，无茎。颈部上斜着安了手柄。这个柄叫“撞木柄”，木匠和木材加工业使用的大型纵拉锯，就是先把纵拉锯的茎去掉，之后装上撞木柄来前拉。

木匠或木门窗作坊所用的宽度很大的纵拉锯，与专门做洋车的木匠所用的宽度窄的纵拉锯相比，后者比前者既节省了做锯的材料，制作起来也容易得多。我试着仿造了“中尊寺锯”。

长43厘米，齿道34厘米，宽5厘米，齿数（前侧）4厘米内3个，（后侧）1.9厘米内2个。

我立刻试用了，发现很好用。这种锯，即使在技术不高、缺少材料的条件下依然能制作。我并不认为仿造锯和“中尊寺锯”的构造是绝对相同的，但是相当接近了。

之前，我在平泉博物馆发现了用金色堂建造当时所遗留的材料制成的纵拉锯，从锯口齿形来看，可以推测为现在的尺寸。如此看来，平安时代即存在着“大型纵拉锯”和“小型纵拉锯”是毋庸置疑的。

按照“中尊寺”是“前拉锯”的初型来推测也应该是没错的。8世纪也出现了如“爱宕山锯”般构造的“制板用纵拉锯”，12世纪初叶产生了“中尊寺锯”更是理所当然的，如果说没有的话才会相当令人费解。我想，这种形式的锯在当时来说应该是相当普遍的。

在原埼玉县立博物馆馆员大冢和义氏的协助下，我仔细考察了江户时代初期的《三芳野天神缘起绘卷》（1973年9月6日）。

如图2-17所示，该幅画中画了3把前拉锯，前面竖着横木，木材靠在那里正在锯，那把锯是弓形锯。何以得知呢？因为锯身和弓之间的

图2-17 《三芳野天神缘起绘卷》里描述的前拉锯(江户时代初期)

侧面画着立着的树干。其次,还描绘了锯好材料的锯切设备。如果这不是“弓形构造的锯”的话,是不可能有这样的状态的。除去弓形以外的锯身形状部分,与该图中所画的木匠使用的“树叶半裁型锯”非常相似。锯身从外弯齿道线到前端都画了锯齿。锯齿被画成向下的,前面相当之短。虽然柄是内弯的,但这个角度并没达到很曲折的程度。弓被组装在细细的锯身前端和锯根的曲线上的背面。从锯身到锯根和手柄的形状可以看出,这并不是弓形锯,最后判断为张开弦的弓形锯。3把锯都是同样的形式。我测量了该画卷里的锯(括号内的数据为该复原锯的尺寸的10倍)。

全长大概6.5厘米(65厘米)。细目:锯身为4厘米(40厘米),锯颈至锯根宽4毫米(4厘米),柄长小于2厘米(20厘米),锯身宽5毫米(5厘米),锯齿到弓的宽度为1厘米(10厘米)。

我立刻切了钢板,开始做复原仿造锯。

弓是为了加强锯身用的,我想是因为锯身宽度较窄的缘故,也有

用它来达到加固的目的。这样的话，

（1）弓必须比锯身厚，如果锯身是1毫米的话，弓必须要达到2毫米以上。

（2）但是，弓如果太厚的话会有困难。为什么呢？那是因为弓太厚，就会担心其是否能用。

首先，把四寸角绑在木头上，我试着锯了下，结果是可以顺利锯的。锯了大概一尺左右稍稍有点儿发涩时，在锯入口处打上楔子，就可以轻松地锯开了。图上也描绘了打上楔子的样子，因此得知这把锯可用。齿形交错的程度也必须较大，通过这个实验，能够得出以下结论：

（1）锯身前端外弯曲线部分的锯齿不能用，所以必然会舍弃。

（2）这样形式的锯，齿道直线化是必然的。

（3）前端较宽，且前端重量较大的锯的效率很好，可以正确地锯切。

（4）因此如果算上锯宽，颈部与锯身处的根部在逐渐增大，颈部也和全锯身同样增大，如果颈部较长可以截断较大的木材。

（5）作为（1）（2）（3）（4）的改良，增加锯的重量。其次，为了更有效地发力，采用“使其柄弯屈以纵向锯大树为板”的姿势。手柄应该是越来越向内。

“三芳野天神锯”的使用方法并不完全是前拉锯的用法，更像是伐木用长臂锯的使用方法，正好在两者之间。“三芳野天神锯”也可以作为前拉锯的雏形之一。

前拉锯被发现于江户初期至中期之间，基于上述总结，我认为在《人伦训蒙图汇》中曾经出现过。在这之中，我发现了一些关于技术进步在锯制造者的立场上很重要的参考资料，在这里来阐述一下。我在少年时期听亡父说：“过去，在前拉锯里面，有在锯身中间纵向用铆钉连接的锯。”

大概在昭和十二三年，南千住的木匠石川源二郎氏拿了一把铆钉前拉锯，求我帮忙开锯齿。石川氏出身于南千住老木匠之家。那把锯是超小型锯，用黑色和钢打磨而成。背面接近直线。战后，当我开始进行锯的研究时，访问了和他同姓氏的人，也询问了对方的锯，已不复存在了。

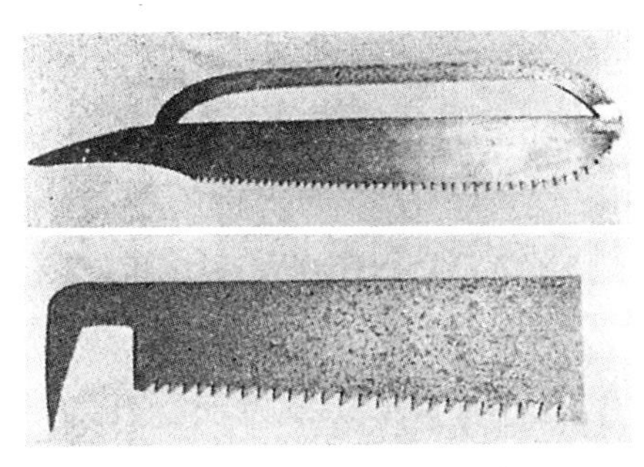

图2-18 《三芳野天神缘起绘卷》的前拉锯（上）与《人伦训蒙图汇》的木锯（下）（均为复原仿制）

1972年10月末，我访问了盛冈农林博物馆，我在展品中发现了铆钉前拉锯。我和馆员谈话后做了调查，馆员对此一无所知。在这之后的数月里，从农林博物馆传来了发现和这把锯同样形式的锯的消息。最近，在东京工业设计师秋冈芳夫所收藏的锯中也发现了铆钉锯。紧接着，在群马县沼田市的弟弟渡边五郎处也发现了铆钉锯。他们把这两把锯都赠予了我，农林博物馆的两把锯和秋冈氏所赠的锯的尺寸记录如下。

如表2-1所示，比较一下这3把铆钉前拉锯的重要部分，农林博物馆所藏锯称为A、B，旧秋冈氏所藏锯称为C。锯齿数按照A、B、C的顺序依次稀疏，颈部长度依照A、B、C的顺序逐渐变短，如表2-1所示。C的颈部与茎的界限部分不明显。我认为，C是最古老样式的锯，锯身也非常之厚，这三者都是在东北地区被发现的。

表2-1　A、B、C一览

A	B	C	
51.7	49.7	50.4	齿道 (cm)
13.0	11.7	10.0	颈部长度 (cm)
30	24	22	锯齿 (主齿共) (个)

铆钉前拉锯的锯齿用钢制成，背面则用铁制造而成。锯齿和背面是用分别制作的铆钉连接而成的。为什么造了这样的锯呢？

（1）钢和铁比，是非常珍贵的。

（2）制造大型锯在技术上的困难程度。

（3）制造大型锯需要耗费劳动力和材料。

钢的珍贵程度，现代人无法想象。首先需要稳定的大型砧子、改良炉、大型风箱这三个条件，这个改良并不容易。此外，制造前拉锯需要将近10人的劳动力。如果工厂手工制造业没有一定程度的工业化规模是做不了的，当然，也需要资金。那么，铆钉锯的情况是怎样的呢？背部和颈部及茎都是用铁做的，如果是结合了钢板来铆的方法，铆钉虽然需要花工夫，但也有以下好处：① 可以用少量的钢来完成；② 铁非常便宜；③ 容易锻造；④ 如果是用铆钉，人数少也可以完成。此外，锯齿部分的钢磨损后，可以去除铆钉，重新制作锯齿部分。这个方法在“材料获得困难且高价”、“所有相关技术低下”、“无法积蓄资金”的阶段，对前拉锯的制造来说，不得不被认为是最聪明的制作方法。

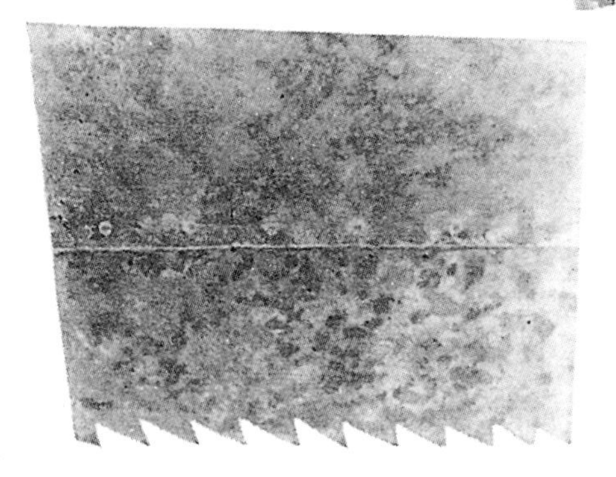

图2-19　铆钉前拉锯　下图为放大的照片

我认为，和现在遗留了相当多的和钢做的前拉锯相比，铆钉锯从技术上说是这个阶段之前的方法。此外，约在江户时代中期很宽的大型锯估计也是用这种方法制造的。还有《和汉三才图会》、《人伦训蒙图汇》中的前拉锯也是用“铆钉式”的方法制造的。

那么，把铆钉锯放大到中间，对这阶段前和阶段后的锯来作考察，如前面所述“三芳野天神锯”必然有向前拉锯变化的原因，下面，我想谈谈该锯的制造方法。这把锯的制作技术比铆钉式的技术更加简单，不浪费材料，需要的劳动力也很少。明治时代的和钢制前拉锯的制造需要10个劳动力，如果是铆钉式的话，只需要其半数的劳动力就够了。“三芳野天神锯”或许只需要3个人就可以完成。

从使用效果来看，① 大树制板，② 效率，③ 切断面，④ 从一根圆木得到板的张数，⑤ 劳动量的轻重，这些特点按明治时代和钢制前拉锯、铆钉前拉锯、“三芳野天神锯”的顺序来看，效果越来越差。

“三芳野天神锯”无法锯大树，如果要锯大树，还要像前文所述那样，需要改良。这把锯的弓是用焊接和铆钉铆的，两个都有可能，并不是很难。所以，或许铆钉与焊接的两种锯都有。锯身如果够宽，则不用弓，如果能把弓变宽，接上锯身，就诞生了铆钉锯的原型。大概是因为曾经经历了这样的过程，才有了铆钉前拉锯的诞生。

其次，“三芳野天神锯”也有可能是弓形锯。我观察了锯身到锯颈移动的形状和弓的组装，判断出其属于“弓张开弦的形式”。但是，也可以用铁制造茎、颈、弓后安装锯条。总之，没有实物，那些地方都无法判断。

下面，我来试着追溯一下铆钉锯与一阶段之后和钢制前拉锯的技术关系。

和钢制前拉锯锯齿部分用钢制成，背面以及颈部、茎部分用铁制作而成。大概是锯齿部分和背面分开来做，把两处结合，在中间加以

图2-20　北斋《富岳三十六景》“远江山中图”的前拉锯

焊接而成的。按照这种方法制作的锯，锯身较宽，而且比较重，所以或许只是在两三个地方铆上铆钉，然后再焊接而成的。焊接后再将其敲平，这样就可以制作出比铆钉锯更大、更平、更薄的锯。所以，我认为后者是铆钉前拉锯制作技术发展进步的产物。如果按时代来划分的话，我想应该是：江户初期，“三芳野天神”型前拉锯；江户时代中期，铆钉式前拉锯；江户时代末期、明治时代中期，和钢制前拉锯；明治时代末期、大正时代，现代钢制前拉锯。

和钢制前拉锯也根据时代的变迁而有着以下变化：

（1）宽度变大，特别是前端变宽。

（2）背面变成外弯的曲线。

（3）切线退到后侧变成倾斜的线。

（4）颈部变长。

（5）相对锯身中轴线，茎的部分几乎弯成直角的“人伦训蒙”和

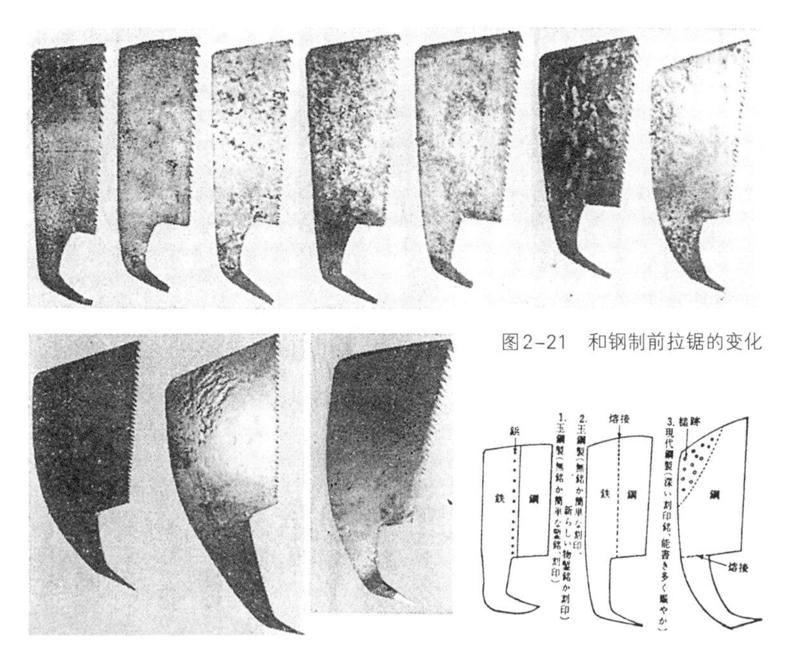

图2-21　和钢制前拉锯的变化

图2-22　现代钢制前拉锯

图2-23　前拉锯的构造

【图表译文：鋲（铆钉）　鉄（铁）　鋼（钢）　熔接（焊接）　槌跡（锤痕）　1. 和钢制前拉锯（无铭或是有简单的凿铭、刻印）　2. 和钢制前拉锯（无铭或是有简单的刻印、新物凿铭或刻印）　3. 现代钢制前拉锯（刻印深、功能多、样式新颖）】

“和汉三才型”锯的茎逐渐向外展开。

（6）变成普通的大型锯。

背面接近直线，切线为正方形的古老形状前拉锯在房州被称为“方形道具”，在枥木县被称为“鹿沼道具”，带有产地色彩。还有背侧外弯的新型锯被称为“蟾道具”，意思是说，像蟾蜍后背那样弯曲着。从“方型”到“蟾型”逐渐发展而进化。

图2-21上的锯的变化，全部是正确的，效率高，锯没有摇摆，锯的尺寸有了相应的效果，为减轻劳动力而下了工夫。

前拉锯是制板用的，所以如果不能准确地锯开木材，就不可能

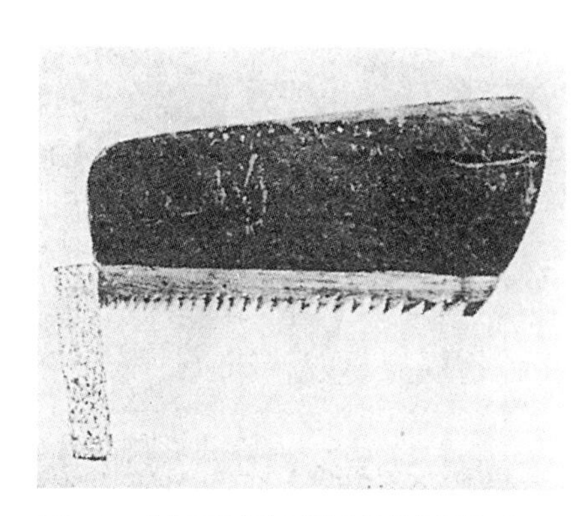

图2-24 《家职幼解》里描述的前拉锯模型

得到好板材，这些从经济上看也很重要。因此，自古以来人们一直追求比普通的伐木用锯更加先进的锯。为此，在铆钉连接处有一部分用铲刀削掉的痕迹。

从明治时代中末期开始，现代钢制的大型前拉锯出现了。它的背面侧弯、呈流线型，颈部加长，宽度较大，茎部分更加向外伸展，全钢，背面的前端木棒有集中敲击的痕迹。颈部在锯根中焊接。相比旧的锯，如果在同一尺寸下，现代钢制前拉锯的齿粗大，锯身也较厚。无锯铭或者还是采用相当简单的锯铭，增加了凿铭、刻印铭，末期使用了大量的刻印铭。

明治初期，还发现了《家职幼解》(歌川国辉)中描绘的锯的形态。背面一侧应该是用铆钉铆的吧，我也未见过实物。

榛名神社供奉锯和切芯大锯

1967年晚春，我从朋友处得知，群马县榛名神社供奉着一把很有趣的锯，立刻让大儿子拿着照相机去调查了。

如图2-25所示，那把锯被放在巨大的匾额里，匾额被挂在面向大殿左侧的门框上。虽然有三把锯排列在栏杆处，但面向右侧的第二把锯是大正时代的，资料价值不高。有资料价值的是这之中最大的锯。匾上写着“明治十八年九月，本国吾妻郡川户村愿主吉泽平七”。锯尺寸(不能直接测量，在以下格子中做了箭头来测量)如下：

齿道为2尺7寸(89.1厘米)，锯颈2尺6寸(85.8厘米)，前宽1尺有余(33厘米)，后宽8寸(26.4厘米)，颈部宽及锯根处6寸(19.8厘米)，

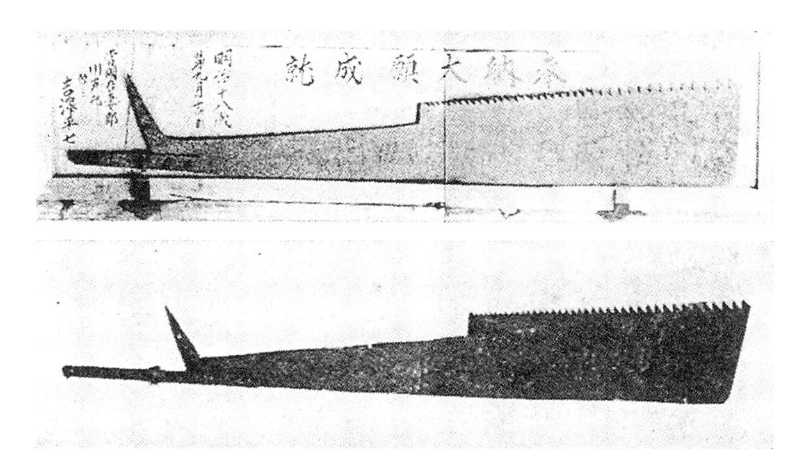

图2-25　群马县榛名神社的供奉锯(上)与仿造锯(下)

厚约2.5毫米。锯齿,前后主齿共39个。前粗后细。齿形:纵拉齿形。

颈前端背侧,具有销钉孔的短铁片上附带环形箍的铆钉,茎与弯柄刀锯相同。这把锯的茎处有短柄,长方形薄铁片上安着长柄,打上销钉,由两人以上拉动。

背面是直线,前侧的切线向背面后退。我想这是实际使用的锯,造得很结实。右侧的两把是供奉锯,可以看见锯身各处的厚度。

锯齿不太向下,因为大型锯如果牵扯太多将无法拉动。有两个手柄,这大概是因为原来只有弯曲的茎部,但一个人难以拉,所以才铆上长方形铁片由两个人一同拉的。如果从开始就是两个人拉,也可以用火锻造。

这把锯是为了把大树截成两半而使用的。因为要切割树中间的芯,所以被称为"切芯"。锯颈之所以非常长,是因为只有这样的尺寸,才能锯动大直径的树木。匾额上写着"大愿成就"。不仅如此,在锯身上也用凿子凿了这几个字,这可能是因为用这把锯成功地把巨大树木加工成木板,所以才供奉在神社里的。

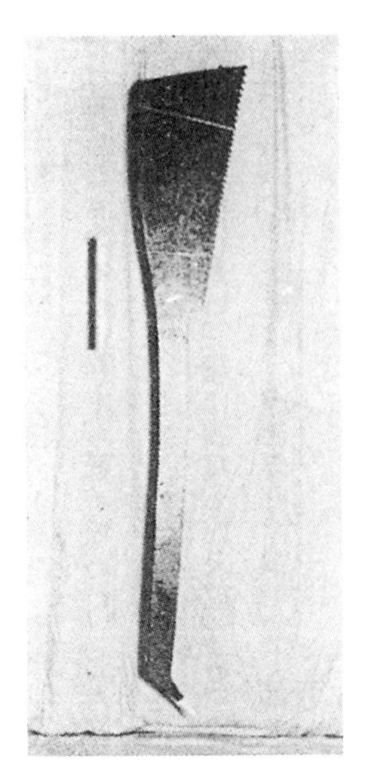
图2-26　切芯大锯

这样的切芯大锯虽然数量不多，但的确存在着。在栃木县喜连川町早乙女的佐藤氏所藏的切芯大锯，是在大正十年左右因为受人之托，处理巨大木材而特意制造的，但并不是新做的，是把旧和钢制前拉锯切断焊接而成。测量其前端46.4厘米处附近有焊接痕，还有在离锯根42厘米处附近的前端也有焊接痕，粘了硼沙。锯身前部是纵拉锯，用相对新的和钢打磨，后部是横拉锯，用旧和钢打磨而成，从中可以知道那时锻造的状态。切断了两把以上的锯进行焊接就变成了大型锯。

大正时代，虽然出现了机械制板，但巨大树木非常之大，无法将其拉到机械的加工台上。这样就需要大锯，因而制作了这把锯，也有其他类似的锯。

如图2-26所示，切芯大锯的尺寸为：全长179厘米，齿道为69厘米，锯颈长98.4厘米，茎的部分为13.6厘米，前宽30厘米，后宽12.6厘米，颈部后端宽10.1厘米，颈部前端宽6厘米。锯齿：（前）2厘米1个，（后）0.7厘米1个。无锯铭。

前拉锯的制造方法

关于前拉锯的制造，有专门的铁匠铺。栃木县的铁匠铺在鹿沼。为此，把锯木材的前拉锯称为鹿沼道具。此外，把从明治到大正时代在关西被制造完成的、大型后侧有圆形现代钢打造的前拉锯称为“蟾道具”。

用来打磨前拉锯的铁砧大概有150—187克，砧口纵向长0.33米，横宽0.165米，高大约有0.39米。形状为底部很宽的富士山形，低埋着。用了7个徒弟来打造，师父没有用锤，而是面向徒弟用两根铁筷子把下面夹住放好，算上吹风箱的共有9人。徒弟离开铁砧一段距离，排列成月牙形来打造。大锤的柄很长，风箱为4尺至4尺5寸(1.32—1.485米)，用两只手把着吹。

鹿沼道具前拉锯，锯齿部分是用钢，背面和颈部及茎的部分使用铁制造，把它们熔化而成，最后用长扁铲做出形状。

因为鹿沼并不生产现代钢，所以在明治三十年代左右就绝迹了。原来在鹿沼市铁匠铺富助家当学徒的渡边利作给我讲述了其少时师父健在时的事(据渡边利作的谈话笔记)。

伐木用锯

伐木用锯的出现并不是在远古，很久以前或许斧头是主角吧。锯在成为伐木主角的时候，从加工工具慢慢演变成基本的生产工具。

有关出土锯明确地使用在伐木方面，我认为应该是从栗原遗址出土锯开始的，只是，这种锯也不可能处理大型树木。但随着时代的变迁，伐木用锯也越来越被作为一般用锯而普及了。这是有旁证的：《信贵山缘起绘卷》里就有用柴刀砍下树枝，捆在一起的场景。而在《慕归绘词》(14世纪中叶)里，可以看到柴火切口整齐地被堆放在一起，这就是用锯来截断的证据。

伐木用锯有两种，一种是茎笔直而装有柄的“长臂锯”，另一种是茎部分弯曲的“弯柄刀锯”。

10世纪的栗原遗址出土锯的茎是长臂锯的式样，但内弯齿道更应该有弯柄刀锯式的效果吧。12世纪初的“中尊寺院绘经锯”就是使用弯柄刀锯式的手柄。所以，可以认为两者都是很久之前就存在的。

绘画里的长臂锯有《喜多院职人尽绘》里的藁细工师锯(江户时代初期)、《大和耕作绘抄》的消防锯、井原西鹤的《本朝樱阴比事》中

图2–27　北斋《庭训往来》里描述的弯柄刀锯

的“俄木匠是都费”锯(江户时代中期)、五桝庵瓦合的《职人尽发句合》中的伐木用锯(宽政)。

比较来看,我们可以知道锯从树叶半裁型到之后的齿道直线型的变化。锯身前端立在外弯曲线上的锯齿退化消失,变成了齿道直线的切线角。大型锯的颈部的进步缓慢,这也和铁匠铺技术有很深的关系。

在绘画中,伐木用弯柄刀锯基本上没有出现,只有葛饰北斋的《庭训往来》中有用弯柄刀锯切割树枝的记录(见图2–27)。这把锯背面是直线,齿道是直线,锯颈非常短,茎在锯身中轴线对应的直角处弯曲,酷似《人伦训蒙图汇》中的前拉锯。该锯与现在的弯柄刀锯比起来非常不好用。

还有,明治时代初期的《伊势辰版道具绘》中的弯柄刀锯,其茎和颈部的分界处与长臂锯的茎一样有着弯曲的形状,这种形状遗留下来的锯现在也存在。可以说,由此可见,弯柄刀锯的普及是比较新生的事物。

弯柄刀锯的出土物较多,比较研究一下,可以知道是相对古老的,

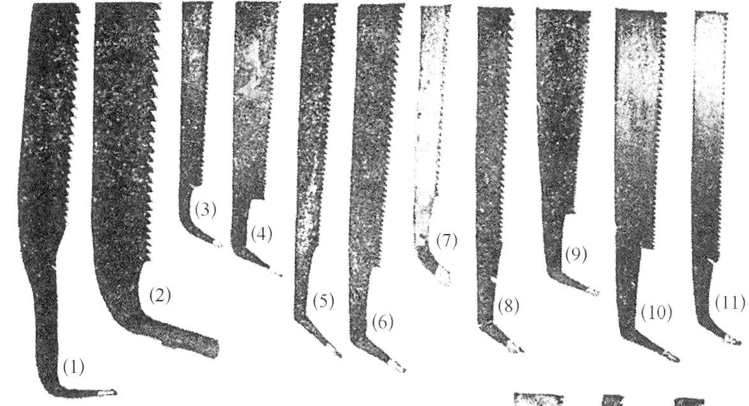

图2-28 弯柄刀锯的发展

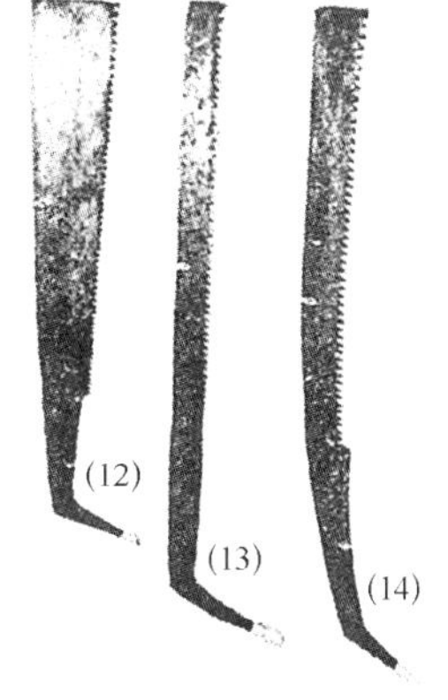

接近北斋型。因为可以想象到出土物中有比北斋时代还要古老的锯，可能在江户时代中期就全都存在了。图2-28中的弯柄刀锯是从江户时代中期到现在为止发现的弯柄刀锯。可以看出，是从伐木弯柄刀锯进化而来的。

从(1)看来，锯面有褶皱和条纹，材质的凹凸非常明显，厚度也有2.5毫米。满是锤子的敲痕，后端要比前端宽一点，背面的直线到前面突然弯曲。茎处对着锯身中轴线弯成直角。锯颈很长，不协调，后端锯齿从第一齿开始测量，在16.5厘米处有接缝。在颈部背面28.38厘米处的接缝重叠着，这个很长的锯颈部分是改造出来的。在炼和钢打造大型锯时，用杠杆按原样把锯颈和茎的部分接起来而没有接缝。如果有接缝，就是改造过的证据了。所以无论锯颈的形状多么不自然，接缝很长这应当是技术的不发达所造成的。我想在改造锯颈之前，这把锯很像《庭训往来》中的伐木锯。其实，也有和这把锯接近的锯颈很短的锯，还有茎处有销钉孔，我想这也是旧的形式。

这把锯是在飞弹白川村搜集而来的，为了建造白川村的大屋顶式房屋，要锯下大树才能完成。不过，这把锯的颈部很短，不好用，在这里需将锯颈接续到足够长。这个工作一定是在锯刚完成后不久就开始做的，可能是江户时代中期的锯。

(2)是享和年间的锯，在茨城县的深山里被发现的，相比之下，要比(1)先进。全部有11把“和钢制粗制锯”按新旧顺序排列，各自的形状有条不紊。锯齿也变得细小，材质也是薄而平整。凸起逐渐变少，这表示用钢做锯的时代开始出现了。锯颈只是一般长度，背面呈圆形。这系列最新的(10)、(11)等是明治四十年代的锯。

3把用扁铲打造而成的和钢锯(12)、(13)、(14)都是在油中淬过火的。粗制是“淬火”系统的锻造法。无论是粗制法还是采用后面的方法都是经过仔细打磨而成的。在用油淬火的锯中，(12)、(13)两把是旧的，(14)是新的。(13)是亡父的师傅中屋作次郎的作品，大概是明治二十五至三十五年间的“油淬火锯”。(14)是大正时代的锯，做得非常薄，照片省略。弯柄刀锯的前端部分非常长，一般的锯这部分都很长，只是这把锯的这部分特别长，为了从一侧来锯圆木而作。

用和钢粗制的锯的形态并不是现在这把锯刚产生时的样子。我想，将几把旧锯切断后焊接的形态才是大正时代的锯。

图2-29中用现代钢造的锯，①中的3把是大正时代用进口钢，经扁铲加工而成的。②是昭和中期用扁铲加工而成的。③是战后用机械制造的锯。④是在土佐山田市完成的“现代钢粗制锯”，在同一地点粗磨制造的大型锯里发展着独立的技术。⑤是战后用现代钢机械制造的锯，这把锯整个都是用油淬火，机械制造打磨的。锯齿一侧非常硬，背面则很软。锯齿一侧厚，背面薄。像这样的软硬、薄厚有差异，在大正时代以前的铲加工锯中也见过，但和这把锯比较差距不大。

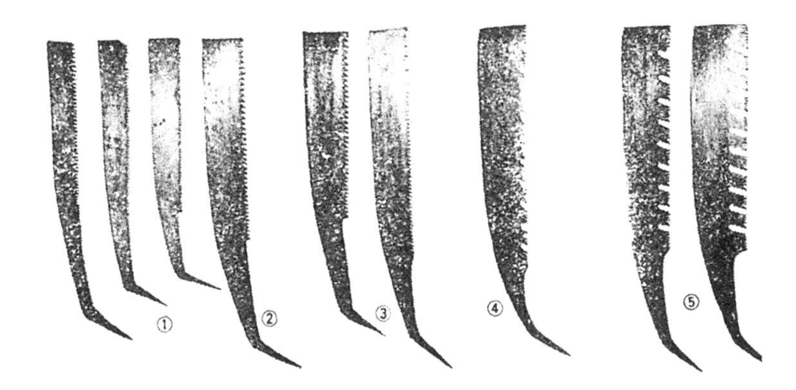

图2-29　现代钢制弯柄刀锯　①② 铲精加工锯　③ 机械精加工锯　④ 土佐粗制窗锯　⑤⑥ 机械精加工窗锯

这把锯的制作达到了当时的最高水平。锯齿4个一组，深深地凹向锯身，也叫做窗锯，是为了排出木屑。有3个横拉的锯齿，1个纵拉齿。用3个横拉齿来截断，1个纵拉齿为了把木屑排出而制作。齿道有两尺长（60.6厘米）的大型伐木用锯，① 全锯身用油淬火，② 全锯身打磨，③ 采用组合式齿列，已经达到了相当高的工艺水平。土佐粗制锯（图2-29中④）的齿形并不是原来的，好像是经过改造的。因为只有这把锯的齿列用了"全齿水淬火"的方法。

《大和耕作绘抄》（江户时代中期）中有一个大名消防队前进的场面，当中画了一把很长很大的锯（见图2-30）。后端宽度和前端宽度差不多相同，齿道外弯，但也有直线化的倾向。粗大的锯齿立着，虽然前端弯曲部分也画着锯齿，但非常不明显。我想，应该是因为这是木版画的缘故吧。这样的情况之后还会增加，这把锯如果实际使用起来，前端很显然已经不能用了。所以，在逐渐退化的道路上，锯齿大概是用来装饰的。锯根是曲线，锯颈很短，有拼条，在柄上有箍，要比制造一般的锯花费更多的工夫。长柄是为了消防灭火时使用的。这把锯

图2-30　石川流宣《大和耕作绘抄》

图2-32　五桝菴瓦合《职人尽发句合》

图2-31　西鹤《本朝樱阴比事》的“俄木匠的都费”

的整体形态让人感觉是在显示大名的权势和威风。

再看《本朝樱阴比事》的“俄木匠的都费”中描绘的锯(见图2-31)。这把锯和《大和耕作绘抄》的锯比较来看，前端是方形的，齿道、背面都是直线。锯颈短小，锯根斜着向柄的方向伸展。这把锯跟前者比很好用，该体系的锯都是在五桝菴瓦合的《职人尽发句合》(宽政)中所描绘的(见图2-32)，全部都是现在的伐木用长臂锯的原型。

图2-33中③是和钢粗制锯，在这个资料里是最古老的锯。④⑤⑥的材质是和钢，用扁铲加工的锯。⑦是用大正时代的进口钢制造的锯。⑧是伏见的“伏见关东锯”，这也是和前者差不多时代的锯。⑨⑩是昭和初期的现代钢铲精加工锯。其他的都是战后的长臂窗锯。

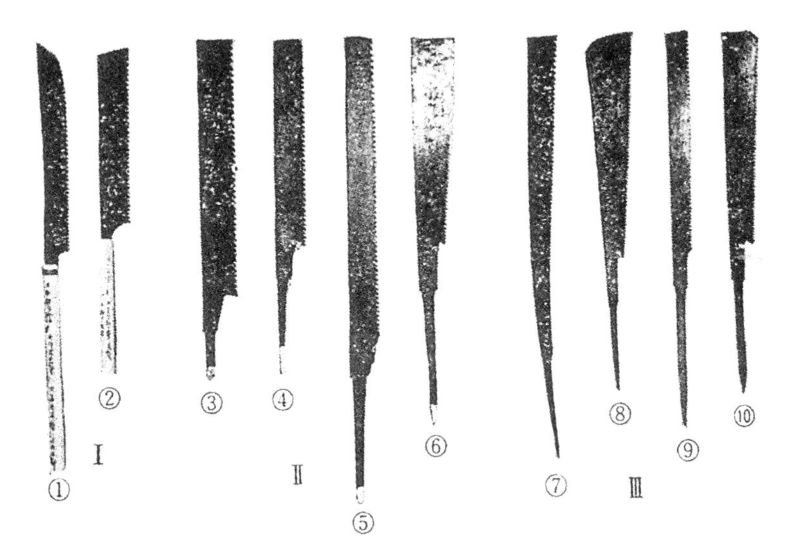

图2-33　伐木用长臂锯　Ⅰ仿造锯　Ⅱ和钢锯　Ⅲ现代钢锯　①《大和耕作绘抄》②俄木匠的都费　③粗制锯　④⑤⑥铲精加工锯　⑦长颈长臂锯　⑧伏见关东锯　⑨⑩长臂锯

小型锯的发展

纵拉锯

大家都说在日本，到室町时代为止还没有纵拉锯。我也有这个疑问，但是在资料不足的情况下，并没有进行充分的研究。为此，在前著《日本的锯》里这部分比较混乱。这之后，我详细考察了园田大冢山古坟出土锯、永明寺古坟出土锯、松井田爱宕山遗址出土锯，疑问迎刃而解。日本古代有很好的纵拉锯，应用广泛，考虑到它的构造和齿形，“园田大冢山锯”是后世“工匠用具纵拉锯”的先驱。“永明寺锯”和“爱宕山锯”有着“大锯型”锯的原型构造。在此之上，“园田”、“爱宕山”两锯是用来锯硬木的，“永明寺锯”拥有适合截断软材质的齿形。早在6世纪，纵拉锯便发展得相当快了。

《中尊寺绘经》扉页的画，描绘了中尊寺的建立过程，其中有面向右前方处的长板正在被截断的情景。把锯放在身体的正前方，手柄在原来处弯曲，和前拉锯的使用方法相同，身体姿势也相同。画是简笔画，没有画锯齿，但我认为，这就是“纵拉锯使用图”。

这个方法即使现在也被木匠、建材业的木工手艺人使用着。还有，其操作姿势和用法都和造船以及造人力车是一样的。按画上的人体比例关系来看，也绝不是小型锯。尺寸可能比现在的1尺2寸纵拉锯（齿道1尺5分）要长。锯身细长，和这把锯很像的是“造人力车”的纵拉锯。我立刻做了这把锯的仿造锯进行试用（见图2-34），这样的锯，做起来容易，所以，即使在技术还不发达的阶段也很容易做成。试用的结果是，该锯用途很多。

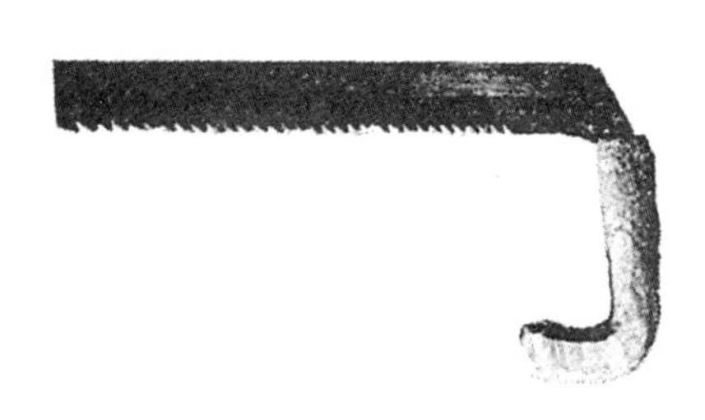

图2-34 《中尊寺绘经》仿造锯

我也发现了这种锯的实际证明。1972年11月1日，访问了平泉博物馆的我进门之后，在尽头的玻璃箱子里发现了展示的废弃材料，我大吃一惊，立刻见了斋藤馆长，说了此事，对它进行了详细调查。

那件废弃材料是修建金色堂时留下的椽子（见图2-35）。上面清楚地留有截断的痕迹。

图2-35 中尊寺金色堂遗材 （左）具有明显的纵拉齿 （右）有横拉的锯齿

从截断痕迹的间隔考虑，可以断定，大概是现在的1尺左右的锯那么大。

《中尊寺绘经》里记载了在类似金色堂的建筑物前使用纵拉锯。此外，从椽子上发现了纵拉锯的锯痕。凭借它可以很明确地说，在修建中尊寺时，就存在了纵拉锯，无论是大型的还是中型的，在建筑方面已被广泛应用。

同时我还发现了面向法隆寺梦殿正门（镰仓时代）左侧门板上的纵拉锯的痕迹，另外还发现了宇治平等院对开门板上的“上框拉锯”的痕迹，只是，这两例都不一定确实是中尊寺的锯（见图2–36）。但因为有中尊寺那两例，可以认为存在着这种锯。

当然，纵拉锯确实存在于镰仓时代。1973年11月7日，我访问了奈良的法起寺大修理现场的主任堀内启男。在他的引领下作了调查，发现了镰仓时代修葺时大梁上留有纵拉锯的痕迹。同年11月9日，我访问了京都博物馆美术院雕刻修理所的西村公朝氏、酒依清太郎氏。据酒依清太郎说：“我确实记得在镰仓时代的佛像上看到过纵拉锯的痕迹。应该是在醍醐三宝院的仁王的桧柏木材里。还有，藤原时代的岩手县花卷市的成岛毘沙门堂等也可以作为参考。”

其次，在绘画中可以判断出是纵拉锯的，在伏见桃山时代的《京洛风俗图屏风》里曾经出现过（见图2–37）。它有外弯的齿道，背面内弯，前端细，锯头部分斜着，也有无齿的部分，变成尖头锯。从这把锯的形态和齿形来看，我想是纵拉锯。

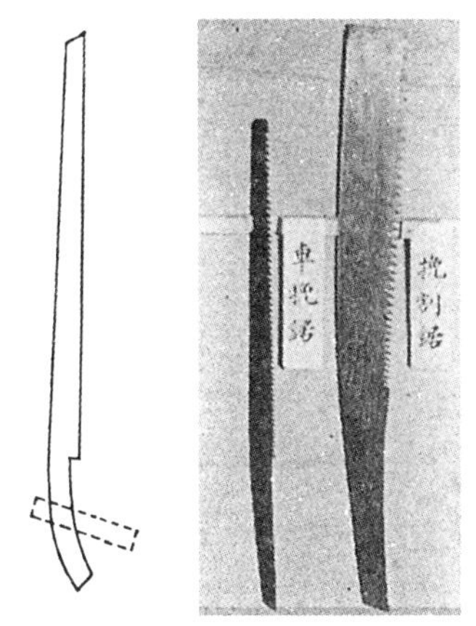

图2–36　钟槌柄　拉切锯和车匠用锯

在《人伦训蒙图汇》中的木匠，使用着和现在非常接近的锯（见

图2-37 《京洛风俗图屏风》(东京国立博物馆藏)

图2-38)。只是，锯颈细，和锯身相比柄较短，从齿形上看，很明确是纵拉锯，前面宽，后面窄。画得很像《和国诸职绘尽》中的做人力车的锯。齿形虽然不是很明确，但首先应该考虑是纵拉锯。

《和国诸职绘尽》中木屐匠的锯是纵拉锯(见图2-39)。这把锯的齿道外弯，背面内弯，锯头从背面前端到齿道是斜着切割的线。从明治到大正时代的纵拉锯，是背面内弯、一端反过来的形状。齿道外弯的纵拉锯除了造船木匠的“研磨”之外，到现在为止还没见过(但现在的锯的背面也是外弯的)。锯颈很短，柄也很短。而且，前端和后端相比稍微宽些。

《绘本士农工商》中的木匠是横拉锯，桶匠和木屐匠也可能是纵着拉的(见图2-40)。虽然三者的齿形相似，但木屐匠的锯是用来锯桐树的，如果横着拉，按这个齿形来说是不容易锯断的。桶匠好像也是纵向拉，木匠把板横着拉，只是这些锯的锯齿一直黏在之前的弯曲部分上。仔细注意看，前端有一部分没画齿。桶匠的锯在这一点上很明确。在这里也能看出鱼头锯的前端弯曲部分的齿道正逐渐退化。

《绘本士农工商》中的木屐匠和桶匠、《和国诸职绘尽》中的三个木屐匠、《人伦训蒙图汇》中的木匠所用的锯，和《和国诸职绘尽》中做人力车两人用的纵拉锯一眼看上去就是不同的(见图2-41)。首先，

图2-38 《人伦训蒙图汇》的木匠

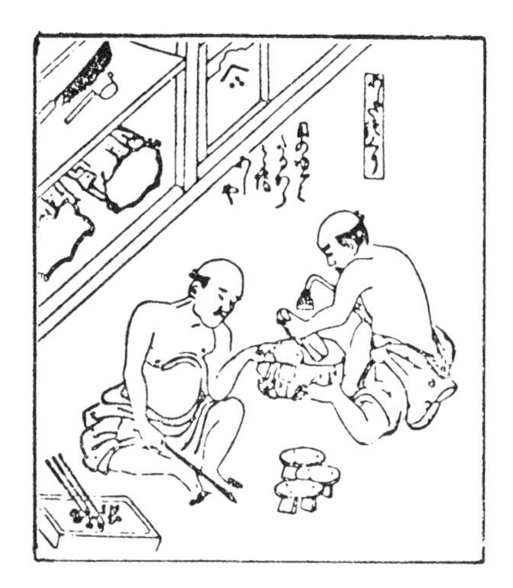

图2-39 《和国诸职绘尽》的木屐坊

图2-40 《绘本士农工商》的木屐坊和制桶坊

图2-41 《和国诸职绘尽》的车行

后者的齿道是直线，前三者的齿道是外弯线，前三者的前端和后端都没有差异，后二者的前端较宽，后端较窄。锯头处前三者为弯曲线，后者呈方形。后者的形状，因为在抻拉时，力是从中间部分集中到前面的，所以，无论是速度还是切断面的正确度都是非常好的。从而知道了木匠所用的纵拉锯从过去逐渐演变到现在。还有，对于前者来说，齿道外弯线和锯头线的变化也是在缓慢中进行的，所以正逐渐演变成新型的。

《和汉三才图会》描绘了两种鱼头锯，右侧的是“齿道外弯”、“背面呈直线”的“擦合锯”，左侧的是“穴拉锯”（横拉）（见图2-42）。“擦合锯”是用来研磨船外木板，使其密封的锯。上面也写着无论哪一把都是造船锯。现在的“擦合锯”是左边的穴拉锯的形状。但是，《和汉船用集》中的“擦合锯”和《和汉三才图绘》中的锯是同样的类型，所以“穴拉型擦合锯”出现得应该更晚些。

同样《和汉三才图会》中有对“老鼠形”的描绘。“小而长七寸许头方者以雕梱沟”，正好是现在的大概8寸单锯齿（齿道7寸），“头是方形的锯被用来拉梱（即门槛）上的沟”。这样的话，这种锯就是叫作“上框锯”的锯。如果是上框锯的话，齿道应该是外弯的，出土物也是一样的。我也做了一把，把“老鼠形”简称为“老鼠”，是8—9寸的纵拉锯，用于门窗、锯家具的榫，也锯其他细小的东西。这把锯由于齿道是直线的原因，所以并不能按《和汉三才图会》中所记载的方法使用。这一点，《和汉三才图会》也许有误。

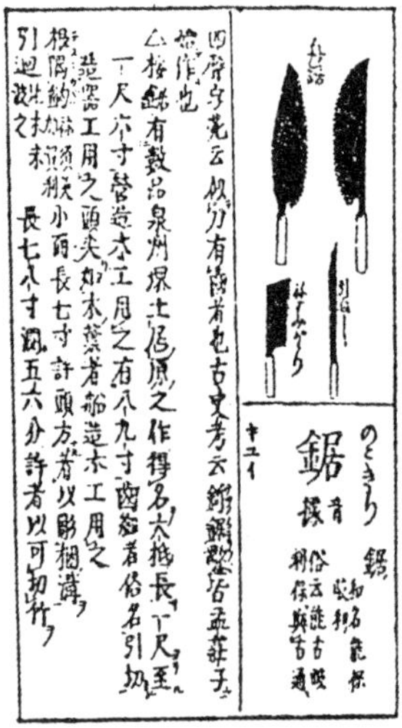

图2-42 《和汉三才图会》的锯

下面列举道学书，通俗经济文库的《町人身体柱立》中做箱子所使用的锯（见图2-43）。这一大一小的两把锯和现代纵拉锯虽然十分接近，但其齿道是直线，锯颈也伸展着。锯头从背面到齿道一侧都呈斜线。大型的锯从锯根到后部主齿的前端呈钥匙状弯曲，和《绘本士农工商》中桶匠锯的锯根很像。看了这把锯我明白了，这种锯是完全踏寻着前一代锯的足迹在变化。现在的锯根与中轴线成直角，但在明治时代，有人只把纵拉锯按照原来的方向朝下使锯根形成一个显著的斜面。我也看过多次，虽然不明白其具体目的，但考虑应该是从《绘本士农工商》、《町人身体柱立》中的纵拉锯的形式系统中选出来的。

图2-43 《町人身体柱立》的箱子作坊

《和国》的木屐匠、《绘本》的木屐匠和桶匠、《町人》的木箱匠的纵拉锯虽然一直在变化，但也都有一处共通点，那就是前端和原端的宽窄差异小。可以想象到锯头一直保留着旧的形状，这四种锯是坐着拉的。

此外，《人伦》中的木匠、《和国》中制作人力车的纵拉锯也有共通之处。这就是前端宽，后端窄，锯头对应中轴线呈直角。这一点之前虽然也阐述过，但我想关于建筑方面的使用锯应该是更早一步发展到近代的。

纵拉锯作为“工匠用具”，有很强的专业化倾向。江户时代有着关于纵拉锯的丰富记录，这是锯的技能分化发展的证据（见图2-44至

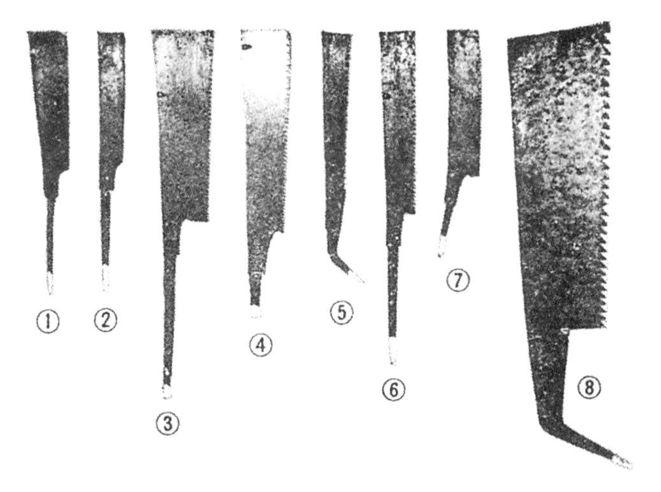

图2-44　江户末期至明治时代的纵拉锯　①~⑥和钢制铲精加工锯　⑦该上框锯　⑧和钢粗制锯(大锯)

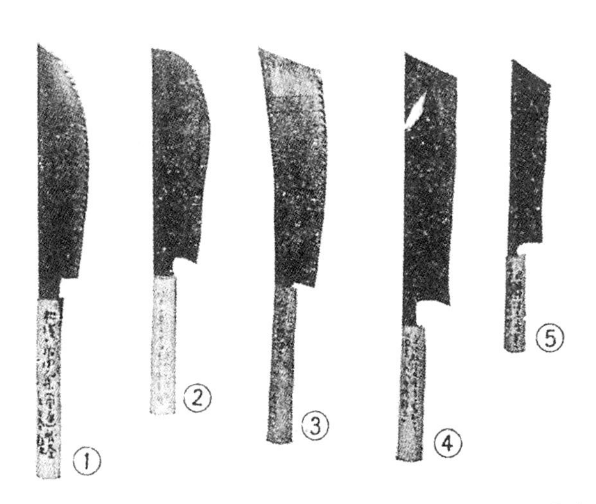

图2-45　江户时代的纵拉锯(复原仿造锯)　①《和汉船用集》船木工　②《绘本士农工商》　③《和国诸职绘尽》木屐匠　④⑤《通俗经济文库》

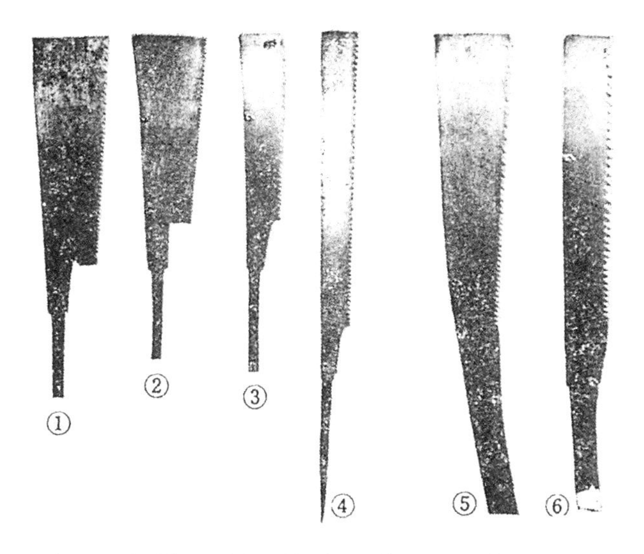

图2-46　大正至昭和时代的纵拉锯　①—④ 现代钢纵拉锯　⑤ 现代钢铲精加工（大块面积）　⑥ 和钢制铲精加工（大块面积）

图2-46）。纵拉锯的发达也显示出手艺人可以更加经济地使用木材去作业，扎实地提高了社会生产力。

横拉锯

“工匠用具横拉锯”已经在7世纪的“金铠山古坟出土锯”中可以找到原型。在古坟时代，我认为通过历史时代的发展锯并没有绝迹，但除了镰仓时代“伊势原镰仓时代墓圹出土锯”外并没有发现其他遗留的锯，从古建筑和陈设品来看有很多这样的锯。

1973年11月，我去奈良法起寺调查时，堀内主任一边指着创建法起寺时（天武天皇创建）的遗物材料的大梁切口，一边说：“因为锯得这么准确，所以即使经过岁月的侵袭露出了木纹，以致看不清楚锯痕，但毫无疑问这是用锯拉的，其他的切割器具能切割得如此准确是难以想象的。”这是我从“爱宕山锯”开始，研究了正仓院藏的“白牙把水角鞘小三合刀子”的锯，进行仿造之后肯定的。因为有那样精巧的锯的制造技术，所以也出现了相当多的建筑用横拉锯。当时，锯圆柱、方木材的横拉锯是什么？推测的结果在出土锯的部分曾经叙述过。

在中尊寺金色堂的遗留材料上有横拉锯的锯痕。测量的结果是，大约有3.5毫米厚。因为材料很小，所以也知道了当时的锯相当厚。

虽然从镰仓到室町时代的画卷上都画了锯，但那些都是横拉锯。在《天狗双纸》、《当麻曼荼罗缘起》、《春日权现灵验记》、《石山寺缘起》、《松崎天神缘起》、《大山寺缘起》等中都描绘了这种锯(见图2-47至图2-49)。

图2-47　锯的使用图(当麻曼荼罗缘起)

注意看的话，《当麻曼荼罗缘起》中的锯，后端部分

图2-48 《春日权现灵验记》

图2-49 《松崎天神缘起》

未画锯齿。除《当麻》以外的其他的画中的锯，其锯齿全都一直画到柄的位置。为什么会变成这样呢？把它和《伊势原出土锯》比较一下就可以理解了，我想这是显示了原始的金属手柄和锯根部的发展过程（见图2-50）。

将画册上的锯测量一下长宽，以人体作参考将其扩大仿造，试着使用。结果是，根本不能用。因为长和宽的关系，以及背面是直线、齿道是外弯的形式，按照图的锯宽来做实验，对于材料来说，根本锯下不去。大体上，对于齿道为30厘米长的锯身来说，超过5厘米的最大宽度是无法使用的（试着在齿形上下工夫，稍微加些宽度就用不了）。

所以可以推测，画册上描绘的锯，实际上其宽度要比图上的锯窄得多。这样的话，像《石山寺缘起》锯那样的没有颈部和锯根部，背部呈直线，齿道外弯，宽度小，锯身只连接柄的形态的锯，正如《倭名类聚抄》中的“锯有着如刀的锯齿”的文章中出现的形态的锯。仿造的结果，首先可以肯定以下几点：整体都很厚。特别是，茎更厚一层。和锯

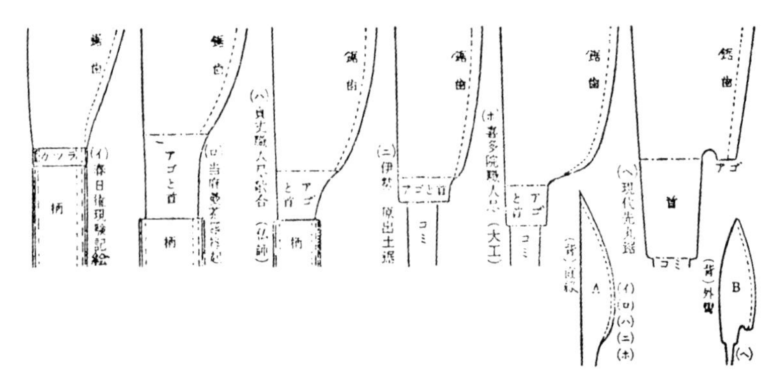

图2-50　横拉锯锯根(颚部和头部)的变化

【图表译文：鋸歯(锯齿)　アゴ(锯根)　首(颈部)　アゴと首(锯根与锯颈)　コミ(茎)　先丸鋸の首とアゴの変化(鱼头锯锯颈与锯根的变化)　(イ)春日権現霊験記(①春日权现灵验记)　(ロ)当麻曼荼羅縁起(②当麻曼荼罗缘起)　(ハ)貞丈職人尽歌合(仏師)(③贞丈职人尽歌合(做佛像的匠人))　(ニ)伊勢　原出土鋸(④伊势原出土锯)　(ホ)喜多院職人尽(大工)(⑤喜多院职人尽(木匠))　(ヘ)現代先丸鋸(⑥现代鱼头锯)　(背)直線((背部)直线)　(イ)(ロ)(ハ)(ニ)(ホ)(①②③④⑤)　(背)外彎((背部)外弯)　(ヘ)(⑥)】

身相比，着柄处非常细。此处细有细的好处，虽然不厚也就没有用来支撑锯身的力量。因为，如果这个部分太厚的话，可以用锯的尺寸就会变短。从这些问题看，画册上的锯和现代锯相比，是把切断速度慢、切断面不规则、效率低的锯。

那么，效率高的锯应该是怎样的呢？首先，锯需要有宽度。但如果锯加宽的话，接近柄处必然不能用。于是，这个部分的退化形式就是《当麻曼荼罗》的锯。退化部分的锯颈和锯根呈现原始形态的是"伊势原锯"。我想这样的变化无论是从地域上还是时间上来说都耗费很多，也是逐渐变化的。

从锯制造者的角度来考察，如果是绘画中的锯那样的形状，做起来简单，锯也实用。虽然当时的锯应该比现在要贵重，但那也只是挂在木匠腰间的，所以也普及了，价格应该不会特别昂贵。我认为，必须向大众所能承受的价格方向发展。

到了室町时代，明显地出现了锯根和锯颈。“伊势原锯”并没有区分出这两者。作为出现了锯根和锯颈的锯，可以列举出《七十一番歌合》中做佛像的匠人使用的锯（见图2-51）。奈良法轮寺藏《圣德太子御一代记屏风》（室町时代）中描绘的锯也出现了锯根和锯颈。

图2-51 《七十一番歌合》做佛像的匠人

诞生于室町时代的、在狂言舞台上用的锯，展示了刚开始出现锯根和锯颈的样子（见图2-52）。野村万藏先生给我看了他父亲画的《闻草》的狂言锯图。狂言这种艺术形式推崇古老的东西，习惯上要画得极为精确，因此我看了其中锯的画像，即使不能说画得绝对标准，但确实是保留下了其基本的风貌。

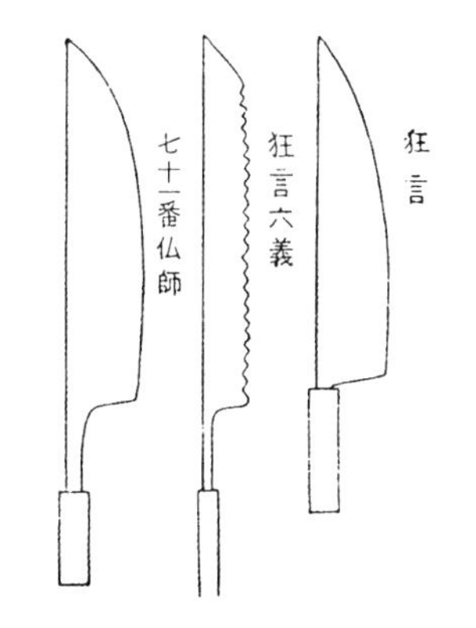

图2-52 比较图【图表译文：从左至右依次为七十一番做佛像的匠人、狂言六义、狂言】

从这个时代的画来看，被认为是小型锯的物件的锯根和锯颈都已成型。大型锯则正好相反。这个倾向的普及出现在江户时代到明治时代期间。小型锯总是快一两步发展，而大型锯在制作技术上有显著的困难。

著名的《喜多院职人尽绘》，画了大约6把锯，手艺人用的4把锯按照添加前端宽的样子所描绘。齿道线直线化的倾向比较强（见图2-53至图2-54）。“树叶从中间呈半裁式形状”的锯如果不窄的话，

图2-53 《喜多院职人尽绘》里描画的锯
【图表译文：番匠師（木匠） 桶師（桶匠） 琴師（琴匠）】

锯全身就不能用。所以，如果增加宽度的话，首先后端部分不能用，那里将变成锯根和锯颈。这些在前面已经阐述过了，就《喜多院职人尽绘》的锯来说，锯根有幅度变宽的倾向，齿道线接近直线。这样的话，前端弯曲部分的锯齿必然不能用。前端弯曲部分画有锯齿，但可看出已经接近退化了。《喜多院》型锯比《七十一番佛师》锯更进一步提高了效率。

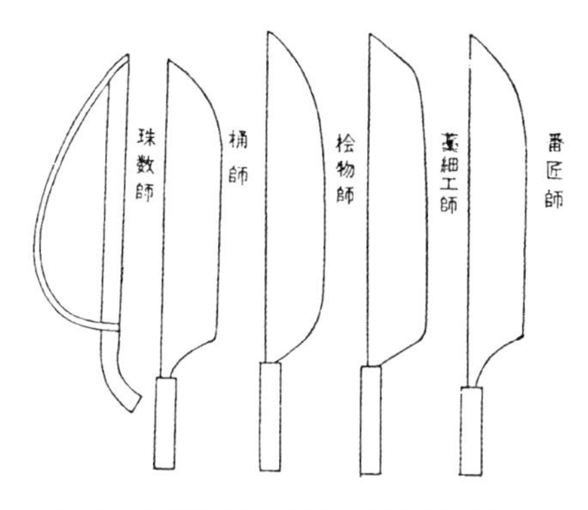

图2–54 《喜多院职人尽绘》里描画的锯
【图表译文：从左至右依次为制作佛珠的匠人、桶匠、制作圆盒的工艺师、麦秸工艺师、木匠】

纵拉锯中已经出现了像《京洛风俗图屏风》中所绘锯片前端呈斜角的锯，所以这种变化也可以说是理所当然的。

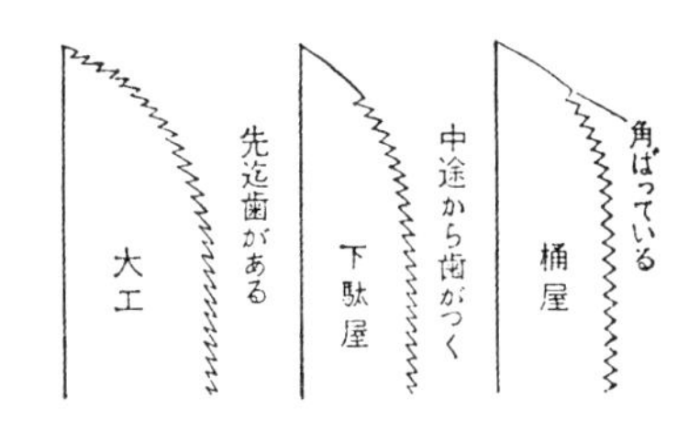

图2–55 锯的前端的变化(《绘本士农工商》)
【图表译文：大工（木匠） 先迄歯がある（锯齿一直到锯片的尖头部） 下駄屋（木屐坊） 中途から歯がつく（锯齿与锯片尖头部有段间隔） 桶屋（制桶坊） 角ばっている（有棱角）】

奥村政信的《绘本士农工商》中木匠使用的横拉锯，是《喜多院》型的幅度很宽的锯（见图2–55）。我试着仿造来看，从前端弯曲部分开始就不能用锯齿了，不得不考虑为是一种装饰物。江户时代中期的《士农工商风俗图屏风》也描绘了木匠用的横拉锯（见图2–56）。虽然那把锯的前端是弯曲的，但那里并没有画锯齿。也就是说，那部分的锯齿退化了。这种锯在《和汉船用集》中被称作“锋切”。意思是前端被锋利地切断，那部分从背面到锯齿侧像是斜着切断的形状，都没有锯齿，这个过程是从江户时代开始的。

图2-56 《绘本士农工商》木匠

只是，横拉锯从江户中期开始，出现了大型和超小型之分，没有居于两者之间的类型。此外，还出现了特指小型横拉锯的词汇。

在《和汉三才图会》中有“细齿者，俗名切拉造器工用之”的字眼，是制作木箱的匠人使用的。《人伦训蒙图汇》的琴匠用了如图2-61那样的锯。

《职人尽发句合》(见图2-58)(宽政年间)中制作细木器的木工使用的是图2-63中⑪那种样式的锯。这把锯明显地进步了。只是，虽然有锯根，但锯颈被木柄罩住，看不见。我认为，虽然出现了锯根和锯颈，这是向现代锯发展的证据之一，但具体是怎样呢？回答很简单，制造琴或者箱子必须用桐木，这是肯定没错的，还有，这在当时也是极薄的锯吧。如果不是这种锯，是不能做琴或者做桐箱的。

《和汉船用集》中写着“锯切，或曰有八九寸，齿细者，俗名拉切”。这把锯指的是现在的8寸拉切锯和9寸拉切锯。两者的齿道均为7—8

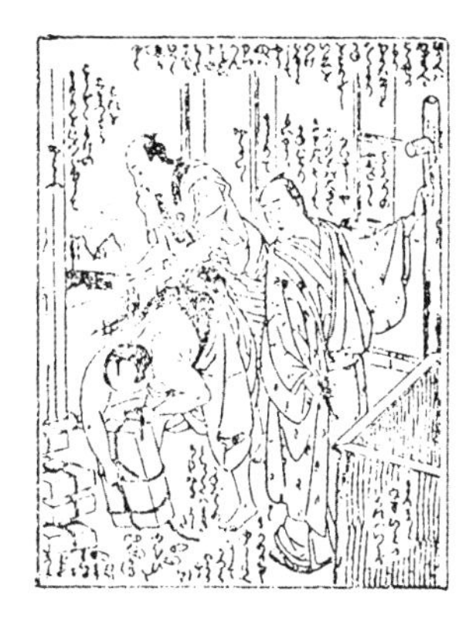

图2-57 《莫切自根金生木》木匠

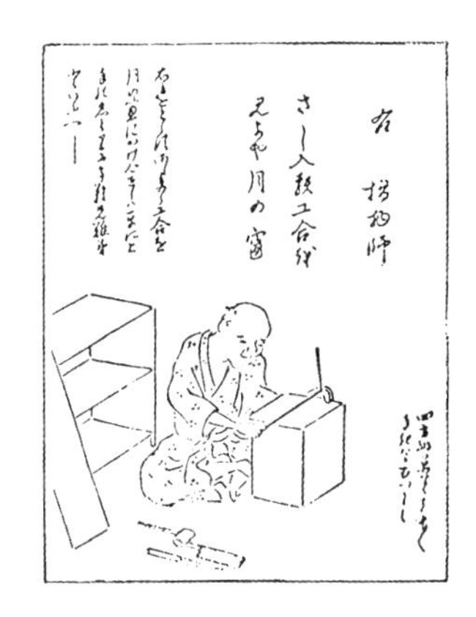

图2-58 《职人尽发句合》制作细木器的木工

寸。理由是，锯的公称尺寸是根据到木柄部位的拼条为止测量出的尺寸而确定。江户时代中期至末期，其“研磨”的技术还不像明治时代那么发达。所以当时虽然利用“研磨”技术试着将锯片打薄，但是锯的各部分薄厚拼接得还不是很好，如果把锯颈拉长，就会出现弯曲的危险，于是人们就在锯根上安了木柄。现在制箱子的匠人也有将锯颈插入木柄的倾向。琴匠用锯和制作细木器的木工用锯，展示了江户时代中期至中末期的小型拉切锯的形态。另外“齿细者”还表明当时已经出现了现在的“拉切齿形”。

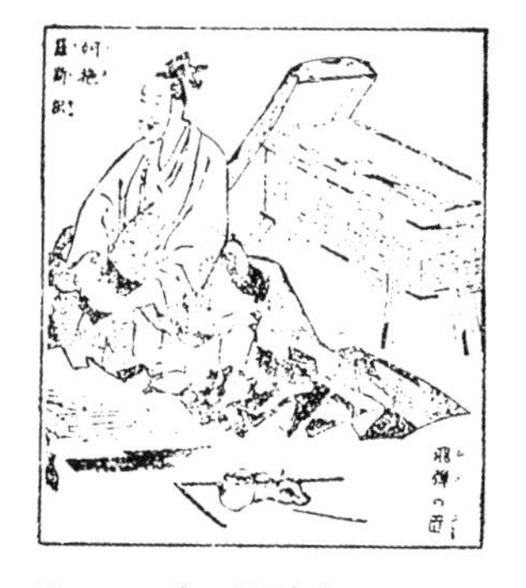

图2-59 《飞驒匠》木匠

《和汉船用集》中写着：“细齿锯，燕居笔记曰接工用，读kofukura，俗称modoki，较拉切锯的锯齿稍大，为仿拉切锯。”（见图2-60）

“modoki”的另一汉字写为“擬”，意为“模仿”。也就是说“细齿锯”就像是“梅擬”、“雁擬”那样，与某物非常相似，或是模仿某物而制作的。因此，“较拉切锯的锯齿稍大，为仿拉切锯”的意思是，模仿

图2-60 “kofukura”型锯（京都桃山八幡宫藏）

8、9寸的小型横拉锯制作的大型拉切锯。

“比横拉锯锯齿细小的锯叫上框切”。

当时，存在一种主要用来切割上框（即门楣）两端的锯。现在用9寸或8寸的拉切锯。在建造精美的建筑时使用带有锯身的9寸或8寸锯。现在应该已经没有“上框切”这个词了。

《和汉船用集》中描绘的拉切锯，一把是树叶半裁型，一把是锋切型的样子。前者与琴匠锯相像，而后者则与制作细木器的木工锯相似。但后者齿道外弯，和制作细木器的木工锯的直线化不同，制作细木器的木工锯更先进。

此外，书中还记载“方头者家工用。始于近期。故称锋切。”意思是：最近出现了方形的锯，这种锯是盖房子的木匠使用的。这种进化很容易理解，当时的趋势是逐渐进化成切断速度快、切断面准确的锯。这种类型的锯叫锋切锯。

将“细齿锯”称为“kofukura”，意思是与“树叶半裁型锯”相比，这种锯的齿道线有稍稍外弯的倾向。《和汉船用集》中，虽写着“锋切锯”是从近期开始使用的，但是追溯绘画中出现的锯，这一发展趋势早在江户时代初期就已出现了。

葛饰北斋的《飞骅匠》（见图2-59）所画的锯，齿道是直线，锯齿头（齿锋）呈直角，锯颈、锯根、孔、拼条全都画了出来，大多是现代拉切锯的形态。只是锯颈较短，背面是直线。这把锯从文化方面来看基本和现代拉切锯没什么变化（见图2-61）。

从画中看锯的木柄，也是越来越长的，这一点从明治到现代都是持续变化的(见图2-62至图2-63)。战后木匠用锯的木柄也变长了。使用木柄较长的一侧时只要用力,效率就会上升。因为木柄长的话,茎就长,镰仓时代的锯柄确实短了,所以才在茎上安装了销钉。江户时代遗留下来的锯也有带销钉的。

所以,茎的发达也很重要。从带着销钉孔的茎开始,慢慢发展为没有销钉孔的茎。使用方法也不同,画上的锯是右手在前按压锯的背面,左手握着短柄使用。仿造后试用的感觉确

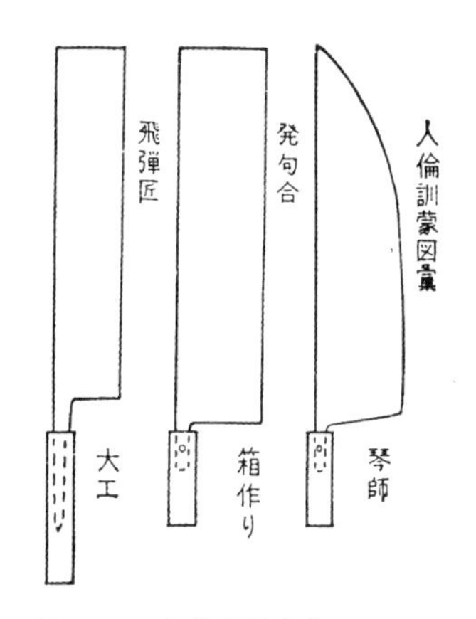

图2-61　切拉锯的变化

【图表译文: 飛騨匠(飞弹匠) 発句合(发句合) 人倫訓蒙図彙(人伦训蒙图汇) 大工(木匠) 箱作り(制箱) 琴師(琴匠)】

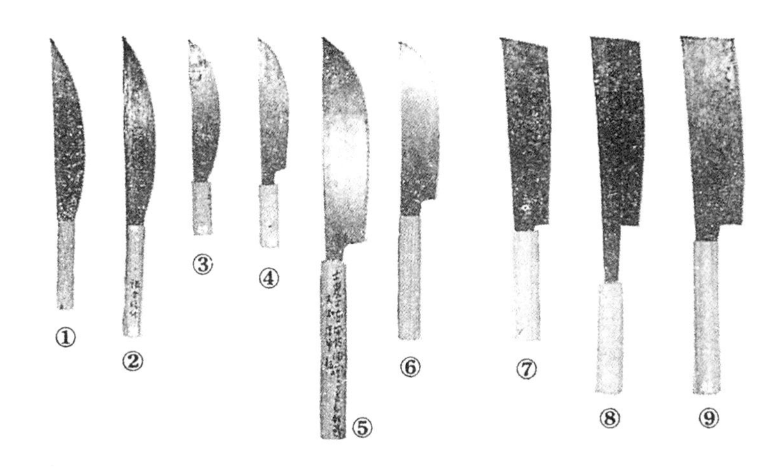

图2-62　横拉锯的进化(复原仿造锯) ①《石山寺缘起绘卷》 ②《当麻曼荼罗》 ③《职人尽歌合》做佛像的匠人 ④《七十一番歌合》做佛像的匠人 ⑤《士农工商风俗图》木匠 ⑥《和汉船用集》切拉锯 ⑦《人伦训蒙图汇》 ⑧《和国诸职绘尽》弓匠 ⑨《和汉船用集》切拉锯 ⑩ kofukura型锯(京都桃山八幡宫藏) ⑪《职人尽发句合》制作细木器的木工 ⑫《飞驿匠物语》

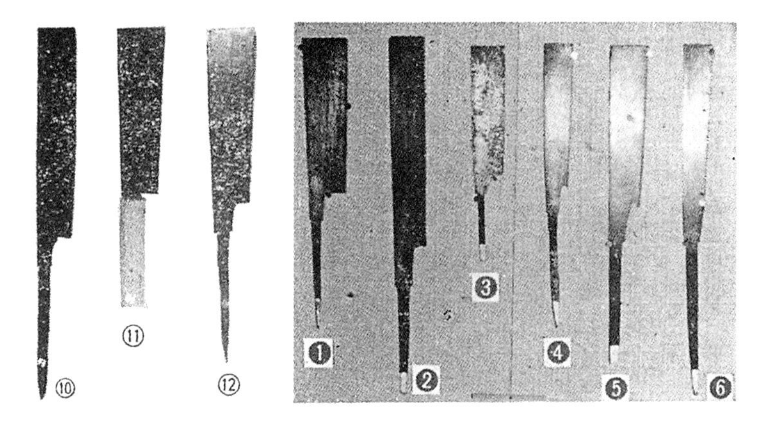

图2-63 ① 明治初期和钢制铲精加工锯 ②~⑥ 和钢制铲精加工锯

实如此。当时的刀型和树叶半裁型锯做成这样是合理的。如果没有这种使用方法，锯无法拉切。此外，当时的锯无论是按压还是抻拉都能用。

现在把长木柄放在左手前，右手握住木柄的后端来拉锯。《绘本士农工商》的木匠就是以这种姿势来工作的。在江户末期的画中，《飞骅匠》型拉切锯的使用很盛行。

护鞘锯（带壳体锯）

在锯身的一侧安装鞘，来增加强度的方法曾经在古坟时代的出土锯中就看见过。江户时代中期的《人伦训蒙图汇》（见图2-64）、《立华训蒙图汇》中画有最早期的护鞘锯（在锯背面安上的“鞘”，通常被叫做弓弦，我想这个并不正确。本来就应该叫鞘。弓形锯另有其物，为了不弄混故而称为护鞘锯）。

“象牙拉锯”、“茶杓拉锯”、“梳拉锯”都是该物。《立华训蒙图汇》中的锯，虽然用途不明，但却具有相同类型的构造。

比较一下这四种锯的锯身，鞘非常大。此外，鞘被画成了白色。

图2-64 《人伦训蒙图汇》护鞘锯

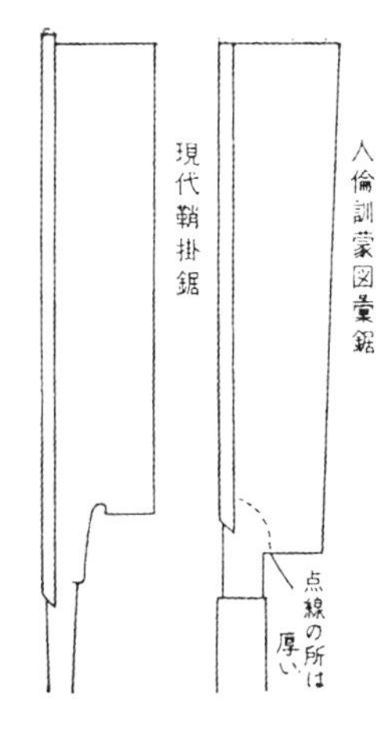

图2-65 护鞘锯的变化

【图表译文：現代鞘掛鋸（现代护鞘锯） 人倫訓蒙図彙鋸（人伦训蒙图汇锯） 点線の所は厚い（虚线的部分较厚）】

仔细看，铁被画成了黑色，木头被画成了白色，所以可以把这个判断为木鞘。因为如果是用铁做的，像图中那种大鞘，就当时的锯的重量来看是无法负担的。把这种锯和现代锯进行比较，就可以发现如下特点（见图2-65）：

（1）到锯头处一直都有鞘（《人伦》）。

（2）鞘从锯头处延续至前端（现代）。

（3）鞘一般从锯颈中间切开（《人伦》）。

（4）鞘伸长至拼条下（现代）。

虽然只有这些不同之处，但这和锯身的进步有密不可分的关系。从这个鞘的变化，我们可以理解锯身的进化。

《人伦训蒙图汇》的鞘在锯颈中间断开，表示这把锯的颈部厚。此外，木质鞘如金属质鞘那样，没有连接，所以，整把锯必然是厚的。鞘幅度很宽，也很厚。锯的颈部较短，木柄也很短。和现在的锯比较，效率并没有提升。但就当时来说，是最精巧轻薄的锯。虽然锯齿很少交错排列，但也是能用的精加工锯。然而，没有鞘则用不了。把这把锯复原仿造来看，安装了木质鞘，可以很好地使用。只是，木质鞘不如铁质鞘和钢质鞘结实，用不上力。锯身也比现在的同类锯厚很多。

《彩画职人部类》（安永年间）中的锯被造轿子的匠人所使用。它属于竹拉锯，和前四种锯不同。虽然尚不确定，但能感觉出用的是铁鞘。

我想就出土的护鞘锯做详细阐述。我曾与茂木町的关根俊一一起拜访过茨城县御前山村的古田土一峰（1969年）。

古田土氏所藏的两把带护鞘的锯，形状相同。根据和古田土氏的谈话内容得知，那是为了修葺该村的鹿岛神社的社殿所造的，被供奉在神社中，但被后来的同姓祖先收藏了，现存有享和三年（1803年）修理社殿的记录。

古田土氏所藏的护鞘锯：

（1）齿道长21.3厘米，前宽6.7厘米，后宽6.5厘米，锯颈长3.1厘米。锯颈宽（锯根部）2.7厘米，（该拼条）2.3厘米，茎长11.4厘米，锯齿每2厘米有14枚。鞘宽2.5毫米（钢鞘），厚度约0.4毫米。铭：中屋长作（精通切割技术）。和钢材质，用扁铲造出。

（2）齿道长20.75厘米，前宽5.9厘米，后宽5.1厘米，锯颈长4.1厘米，锯颈宽（锯根部）2.7厘米，该拼条1.9厘米，锯齿每2厘米有14枚。鞘宽2毫米（钢鞘），厚度约0.4毫米。铭：中屋某某（名字不详）。和钢材质，用扁铲造出。

这两把锯的齿形都是普通拉切锯的形状，有上齿。这种锯被统称为8寸护鞘锯。

和现在的护鞘锯比较来看：

（1）可以说鞘异常的窄、薄（现代鞘很宽很厚）。

（2）鞘和锯头平行（现代鞘的前端比锯头突出）。

（3）鞘的根部终止于锯颈长度的中部附近（现代鞘经过锯颈到达拼条的前端）。

从锯身各部分和现代锯比较来看：

（1）锯身板材厚。现在的9寸单齿锯大约有0.5毫米厚。

（2）锯齿粗大，1寸长的锯齿有22个，和8寸单齿锯相同。

板上有凹凸，做得不精细，可以说是粗制滥造的一把锯。有一个鞘被竖着折断。这把锯的鞘的安装构造虽有木质和金属质的区别，但很像《人伦训蒙图汇》中的护鞘锯。

再来说说1971年11月荒川八丁目的木匠井口祐吉氏赠送给我的锯。

齿道长19厘米，前宽5.5厘米，后宽4.6厘米。鞘宽0.6厘米（钢鞘），厚度为0.13厘米，锯颈长3.6厘米，茎14.1厘米（有销钉），齿道每2厘米有22个锯齿。和钢材质，用扁铲造出，通称"7寸带壳体锯"。时代为明治中期。

这把锯比享和时代的锯进步得多。鞘前端和锯身的切口线平行。因为该锯保留了古老的形式，所以没有像现在的锯一样凸起的部分。

下面比较一下从大正到昭和时代的护鞘锯的变化。

大正时代9寸带壳体锯：

齿道长24.8厘米，锯颈长4.8厘米。鞘宽8毫米，厚度为1.6毫米（软铁）。锯齿2厘米内18个，现代钢制造，鞘为手工制作。

昭和时代（战后）9寸带壳体锯：

齿道长24厘米，锯颈长5.5厘米。鞘宽1.1厘米，厚2.2毫米（软铁）。锯齿2厘米内20个。现代钢制造，鞘为冲压而成。

昭和时代的锯只介绍了普通的，和古老的锯相比，鞘的宽度、厚度都有所增加，变得很重。鞘的材质从钢变成软铁。锯身的颈部变长，

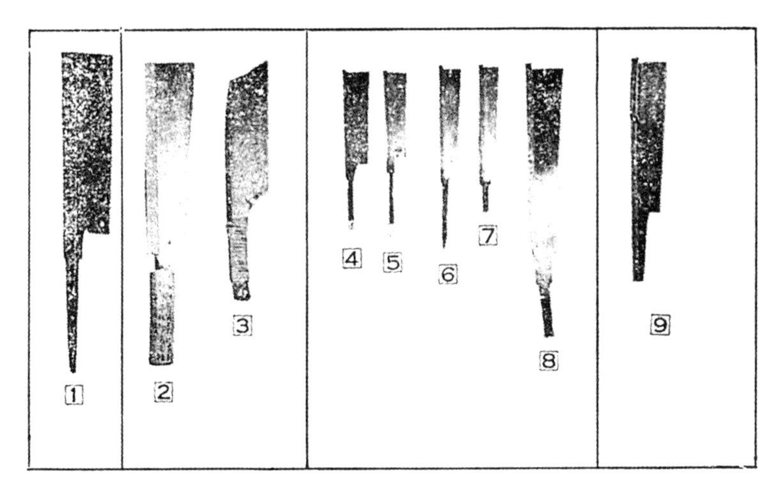

图2-66　木质护鞘锯的进化　① 享和时代的和钢制铲精加工锯　②《人伦训蒙图汇》中的象牙、茶杓拉锯　③《彩画职人部类》中的龙屋锯(②③均为复原仿造)　④⑤ 明治初期、中期的和钢锯　⑥⑦ 现代钢锯　⑧ 木屐匠的间拉锯　⑨ 弹簧钢锯

锯齿变细。要了解有这种倾向的锯，我们先把享和与明治初期的锯来比较一下就明白了(见图2-66)。战后这种倾向进一步加强了。

和鞘的重量成反比，锯身的板材变薄，锯齿变细，锯的硬度增大。此外，护鞘锯中还有“蚁锯”和木屐匠的间拉锯。“蚁锯”被用来锯木屐的齿。这把锯的尺寸和9寸带壳体锯相同，宽度稍大，也较厚。锯齿3.3厘米有22个，齿形是有刃口而较宽的尖角齿。间拉锯作为木质护鞘锯是最大的锯了。

间拉锯(还有其他大小种类):

齿道长46.2厘米，前宽9.9厘米，后宽7.59厘米，锯颈长7.92厘米，锯齿3.3厘米有6个，铭：中屋才二郎。扁钢材质，铲精加工。制作于大正末期至昭和初期。

护鞘锯是制作技术最难的锯，把木板削得如纸片薄厚，将不规则的木片整形，做好鞘组装上。每寸长度锉出28—30个锯齿，最后，即便全神贯注地加工制作,也未必就能做出一把好锯。

比如,属于极为枯燥的开锯齿工作。即使是用两手拿锉刀来锉锯齿,一天也只能完成两三个锯齿。这个活如果不是经过一两年磨练的人是不让插手的。

从明治时代到大正初期,钢鞘出现了。熏出黑色并染上颜色,这之中也有用鹿角来完成的人。鹿角只连接鞘口到锯身的距离,这样锯就很轻。这个鞘如果不是钢的话绝对做不了。首先这把锯是一件艺术品。这样的锯在细木作坊使用,如果要制造复杂的门窗构件就必须要用轻便精巧的锯。

在古坟出土锯中也有护鞘锯的齿形。但到了江户时代中期,护鞘锯还不是普通木匠都能用的,而是用来制作珠宝盒的。在江户时代中期以后,护鞘锯开始和建筑制造业共同发展普及。

护鞘锯也叫“道付”,或“道突锯”,文字全部采用假借字。如果用汉字写,应当写作“胴付”,但从其使用来说,用这个字更容易懂。无论是加工拉门还是防雨窗板,用这把锯拉过的切口必须组合在木头的侧面嵌入(这样的工作主要出现在细木作坊,木匠称其为“装胴”)。所以,装了胴的锯就是切木头的锯的意思。使用者的锯的名称大部分都是根据使用场合而起的。即使是和护鞘锯同样形式的锯,在木屐匠那里被称为“蚁锯”,而衣柜匠则把纵拉的护鞘锯称为“榫锯”。亡父说铁匠铺把它称为“搭弦”,这是正确的,但我觉得难以理解。把安在锯身的鞘叫做弦,令人质疑,或许是因为这种锯原本和弓形锯有很深的渊源吧。

弓形锯

把弯折的铁弓与锯条铆接起来使用的锯一般叫做弓形锯,简称“搭弦”。只是,调查了画中的锯以后,我发现它们虽然非常形似,但在构造上却存在着不同。

这种锯安装弓的目的是为了使细锯身颈部和前端更结实。前者是在铁弓上搭上弦的样子（这种情况下锯条即相当于弦），是标准的弓形锯。只是，为了使有茎的细锯身更结实而安装了铁弓的锯，我认为将其叫做“弓张锯”应该是正确的。我想，当时已经出现了这种结构的锯，但是现在，弓张锯形式的锯已经消失了。

最早的弓形锯是8世纪的“爱宕山出土锯”，这种锯在其后如何发展我们不得而知。但是，这种结构令人惊叹的锯，不可能完全消亡。

《色叶字类抄》（治承~养和年间，1177—1181年）中记载有“张锯”的名称。从这一名称可看出，与“爱宕山锯”形式相近的“弓形锯”或“弓张锯”，当时或许还没有消失。在8世纪到12世纪的400年间，从“爱宕山锯”的构造来看，出现了多种形态的发展。

弓形锯的外来锯在东大寺。可能是江户时代中期的锯。关于这把锯，下面引用一下东大寺狭川宗玄氏的信，其中记载了关于我的提问：

公庆上人——大佛殿工匠工具箱1个（6个工具箱之一）文化四丁卯年十二月　日购之

樱本坊弘尧长贤

元禄六年

四十四岁

癸酉

此室町内姓名长贤嫡子

杰之坊昌般长俊

十四岁

东大寺松之坊姓名人长贤弟

居住地　大阪

厺田忠兵卫

四十岁

(传来锯箱底所写的文字)

“据此来看，如果是元禄六年，那么下面的文化某某年的字体有误。不用说，元禄六年是公元1693年，而文化四年是1807年，相差了100年以上。因此，我认为，元禄年间用过的锯，是文化四年长贤买来后赠送给东大寺的”。

1974年1月24日，我顺便去东大寺仔细观察了这把锯。

如图2–67所示，东大寺外来弓形锯的尺寸为：

锯条（和钢制）

长30.7厘米，前宽4.8厘米有余，中间为5.4厘米，后宽5.0厘米，厚约0.2毫米

铁弓（日本铁制）

宽1厘米，厚0.5厘米，茎宽1.8厘米，厚0.5厘米，锯齿每2厘米长度均为9个。

在茎部装木柄处有拼条。组装弓前端的锯条部分呈半圆形，7个切入孔附在其上，无论是前面还是后面都有铆钉。

仔细看锯条，它是用扁铲加工的，铁弓也是用锉来修磨的。从整体来看做工讲究，我也做过弓形锯，也见过很多，但如此下工夫的锯未曾见过。

锯齿形向下的纵拉齿形，锯齿背面有刃口，齿顶部没有刃口。有些许交错排列。这个齿形像是业余人士所开出的，并没有修理过锯齿。

图2–67　东大寺外来弓形锯

考察一下这把锯，

首先，锯条幅度较宽，但却很薄，令人惊讶。0.2毫米的厚度，宽度却有5厘米多的锯条，对这个手艺我十分佩服。从后端锯条的缝隙来看，略显过厚。这样看来，这把锯条本身或许做得更长，只是把两端切掉了。金属板材上有锈蚀，但无破损。此外，锯齿上也没有断痕。所以我认为原料精选了和钢，是技艺高超的人做的。

齿形和现在的榫拉锯最相像。榫拉锯是护鞘锯中的小型锯，是木箱制作铺的人专门用来锯榫的。所以，我想东大寺的弓形锯也是纵拉锯。只是，榫拉锯即使是纵拉锯，也要有齿刃。该齿刃的下端很宽，背面很窄。东大寺弓形锯的锯齿下端大多没有下刃口，背面倒有刃口。我想这是为了把非专业人士开口的齿形弄坏的结果。与薄薄的锯条相比，齿数较为稀疏。

从使用的角度看，我想大概是在维修时用来锯新家具的榫的锯。还有，也有可能是梳齿状拉锯。虽然很薄，但幅度很宽，因为用铁弓铆接，所以没有弯曲。从齿数和齿形可以做出这样的判断。因为锯的幅度并没有减小，所以应该是元禄年间维修大殿时用过的，以后就没再用。总之，这是得以了解江户时代中期锯的制造技术的珍贵资料。

《日本山海名物图会》(宝历)中描绘了拉炭锯(见图2-68)。很明显，这是和现代弓形锯有相同构造的锯。此外，前几年在大仓集古馆展览过的香木拉锯也和弓形锯是同样的构造。这把锯在铁弓上镀了金，极为奢侈。用来切割昂贵的香木的锯应该是大名用的吧。

图2-68 《日本山海名物图会》拉炭锯(小泉和子临摹)

即使在江户时代，也有像东大寺外来弓形锯、大仓集古馆藏香木拉锯那样远离平民生活的锯，以及像《日本山海名物图会》中的拉炭锯那样平民化的锯。平民化弓形锯的锯条或许大多是把伐柴锯的锯身切掉后再利用的。因为在古代材料非常珍贵，所以才出现了这种利用方法。

图2–69 弓形锯（左边是伐柴锯，其他是拉竹锯）

现代的弓形锯，是把钟表、留声机的发条等废物拿来利用的。用钟表的发条做了拉竹锯，用留声机的发条做了伐柴锯，因价格便宜又好用而受到欢迎（见图2–69）。在明治末期，钟表上的发条作为废物很容易得到，此外，留声机的进口是从明治末期开始，所以，这个方法也是更为新的。

弓形锯当中较为珍贵的锯有制作砚台的锯和切割砥石的锯。前者在《彩画职人部类》（安永三，1774年）中出现过。如图2–70所示，安在铁弓上的带状物和锯条紧密相接，用力把石头锯开，而锯条却能够承受住应力而不变得弯曲。这个过程需要两个人面对面，手握铁弓来切割。

图2–70 《彩画职人部类》中的拉砚锯

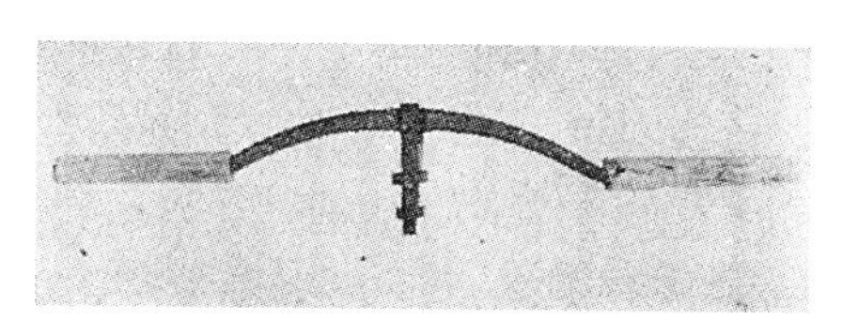
图2–71 切割砥石的锯（秋冈芳夫藏）

切割砥石的锯是秋冈芳夫氏所藏的，并不是古老的锯（见图2–71）。它是从浅草的野村商店得来的，听说这把锯是为了将砥石修出所需形状，是批发商用的。铁弓的2厘米的方钢非常结实，长约47厘米，手柄部左右各为15厘米，中间由镶嵌了铁条的铁楔贯穿，那个楔中有两个环，来连接锯条，锯条每2厘米长度有6个锯齿。使用者握住手柄，两人面对面使用。

我认为，切割砥石的锯比起《彩画职人部类》中的制作砚台的锯要进步很多，构造上有共通点。我想，切割砥石的锯就是从这种锯进化而来的。齿形是没有刃口的等腰三角形，近似4、5世纪的出土锯的齿形，对了解出土锯也有帮助。

现代弓形锯主要是拉竹锯，用于锯切藤或者硬橡胶、赛璐珞等物。齿形略微有点不同。

秋冈芳夫所藏的梳齿状锯：

全长23.8厘米。锯条长17.8厘米，宽8.5厘米，厚0.5毫米。铁弓厚4毫米，宽7毫米。锯齿1厘米内12个（1寸内36个）。前后有两个铆钉孔，其外侧的孔用铆钉铆接。

锯条，和钢制，用扁铲精加工。

铁弓，日本铁制作，凿有铭文。

锯条有用扁铲削过的痕迹，铁弓用锉完成。茎明显向内弯曲，应该是江户时代末期的锯。

现代弓形锯的制作需要看不到的严格的工序，在发条引进之前做这样的锯难度大，价格昂贵。

张弦弓形锯

为加强带茎的锯身的强度安上铁弓，这种具有弓拉开形状的锯屡次出现在绘画中。

至今为止，包括我在内，都无法正确解释什么是弓形锯。

这是因为我们把弓形锯的弦和铁弓弄混了，显然是错误的。从结构上看，当然是在弓两端用铆钉铆接的，但必须是展开的锯条。所以，虽然一般有管铁弓叫弦的习惯，但在这种状态下叫弓是正确的。

弓形锯的弓是用厚铁做的，把弓铁按照原样延长，变成茎装入手柄。所以，拉力需要用弓，弓从构造上来说成了锯的主体。

张弦弓形锯为了加强设有茎的锯身，安装了弓。所以，锯身从构造上来看变成了主体。绘图中张弦弓形锯形式的锯似乎画得很多。如果不考虑是弓张开形式的锯的话，作为制造者来说，也有想不到的地方。

《七十一番歌合》中的梳齿状锯和带鞘锯、《喜多院职人尽绘》中的梳齿状锯和做佛珠的锯、伊势贞丈的《职人尽歌合》中的梳齿状锯和做佛珠的锯，把以上这些和下面的五桝菴瓦合的《职人尽发句合》中的梳齿状锯相比，宽政的《职人尽发句合》锯（宽政八年写的跋文，宽政九年出版）外形非常优美（见图2-72）。因为弓和锯身的间隔很高，所以一些大物件也能被切割。

从弓很细又很有弹力的感觉可以看出，或许是钢弓。这样构造的锯比较轻便，弓越轻锯齿就越不易磨损。为加强锯身安装了弓，但锯身也承受着弓的重量。

张弦弓形锯也随着时代的发展而逐渐完善，变得容易使用，但也有例外。例如伊势贞丈（江户时代中期）的《职人尽歌合》中的梳齿状锯和做佛珠的锯，这把锯身配着非常糟糕的弓。但由于画该画的贞丈已经故去，所以，或许这是镰仓时代前后的画稿。如果是这样的话，那么这也成了很好的资料。

为什么把这把锯推测为弓张开形式的锯呢？原因在于，到锯身很宽的幅度、手柄都是按照原样画下来的，弓也是根据那个画下来的。

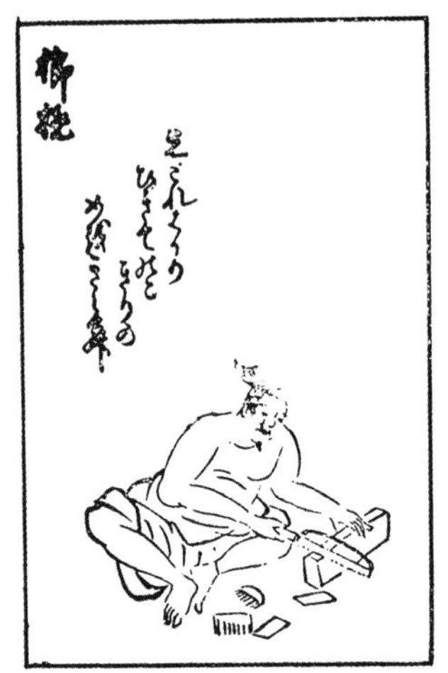

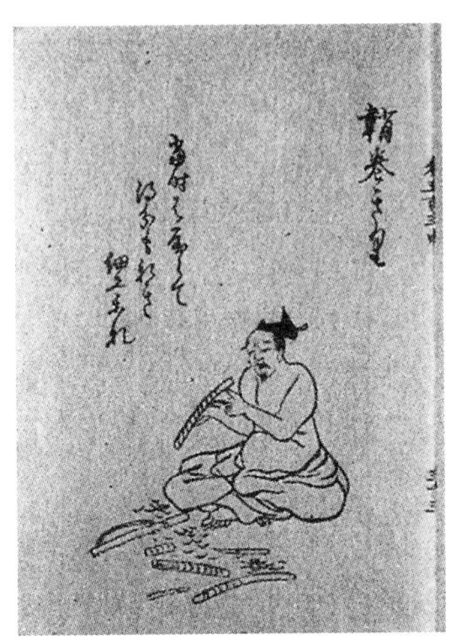

《七十一番歌合》中的梳齿状锯（左）、护鞘锯（右）

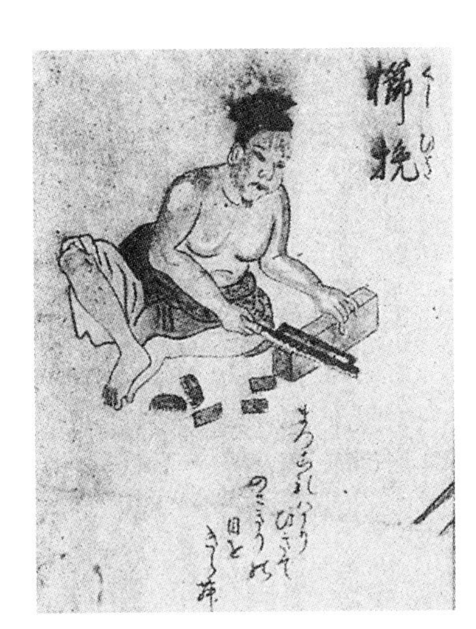

《职人尽歌合》梳齿状锯

《职人尽发句合》梳齿状锯

图2–72　绘画中描画的张弦弓形锯

我想如果是弓形锯的话，是不用那样画的（见图2-73）。

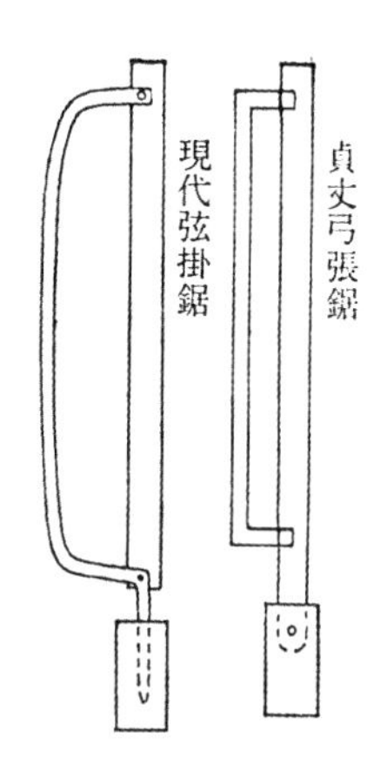

图2-73　张弦弓形锯和弓形锯

我把这些锯都试着做了，并使用了（见图2-74）。这些锯全都能用，但因为弓很轻，所以我想就如同现在的弓形锯那样，提高不了效率。

在和歌山医科大学收藏着一把华冈青洲用的外科用锯。我只是看了照片，并没有着手调查，这把锯的柄是折叠式的。锯身带着弓，从那个弓的安装方式可以看出是张弦弓形锯的形式。用弓加固锯身，我想应该是锯骨头之类的工具吧。

我在之前阐述过“大型锯的成立”中的前拉锯，江户时代初期的《三芳野天神缘起绘卷》中出现了可以认为是张弦弓形前拉锯的锯。还有，比它更早的，在镰仓时代的圣聚来迎寺藏《六道图》上也有一个用树枝弯曲地装在锯条两端的大截锯。这是张弦弓形

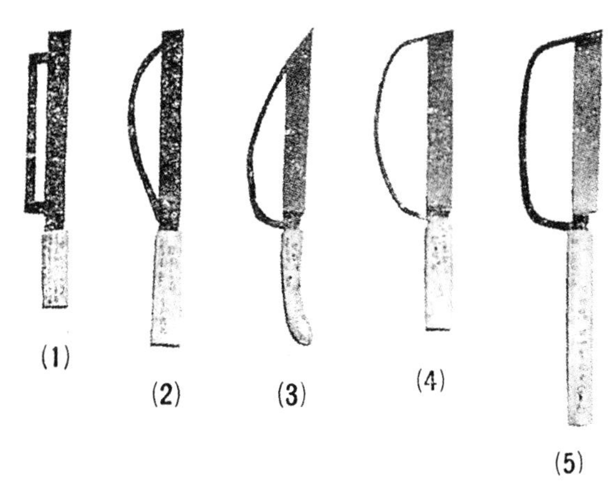

图2-74　张弦弓形锯的复原（1）《职人尽歌合》梳齿状锯（2）《七十一番歌合》护鞘锯（3）《喜多院职人尽绘》做佛珠的锯（4）《七十一番歌合》梳齿状锯（5）《职人尽发句合》梳齿状锯

锯的一种。我在职业生涯中从来没有做过张弦弓形锯，也没有看到过，更没有从亡父处听说过，是从画中的锯研究中发现的，这也是弱点。

1968年12月，以千叶大学的竹田厚太郎氏为向导，我们去了会津若松市调查旅行。那时打造锯的老师傅川村市太郎（当时79岁）对我的问题作了极为明确的回答："我的确见过如你所说的那种在锯上装弓的锯。那是在距今60年前，即明治末期，当时我刚好19岁。人家拿来那样古老形状的锯，吩咐照样制作。那时觉得真是很少见的锯。我说，我这就切断发条，开锯齿，装上弓，也就是用现在所说的弓形锯的制作方法做，怎么样？对方同意了，所以我就给他做了现在的弓形锯。因为那把锯的样式非常罕见，所以我现在依然记忆犹新。"

拉圆锯和拉槽锯

《和汉三才图会》中记载："引回，比木末波之，长7—8寸，阔约5—6分者，以可切竹。"

《和汉船用集》："或曰比木末波之，长7—8寸，阔约5—6分者，曰可切竹者乃谬误，实为可切圆物。如制作锅盖之类，可用之将平板材料切割成圆形，或用于加工蔓草雕刻物等。"

后者尖锐地指出了前者的错误，事实确实也是那样。在江户时代中期，的确如后者文章中所述，拉圆锯也有各种各样的形式（见图2-75）。

做"锅盖"的拉圆锯，和用于"蔓草雕刻物"的拉圆锯有着很大的不同，同样是盖子，小锅盖很薄，而大锅盖很厚，所以，用同样的拉圆锯是锯不动的。小锅盖需要像桶匠做桶底部那样旋着锯，锯要薄，锯齿要细，尺寸短的应该更好用。大锅盖肯定得用像造船

图2-75　拉圆锯
1. 用来锯装料桶圆底的锯(约200年前)　2. 现代钢雕刻用拉圆锯　3. 用现代钢制作的桶匠用来锯圆底的拉圆锯

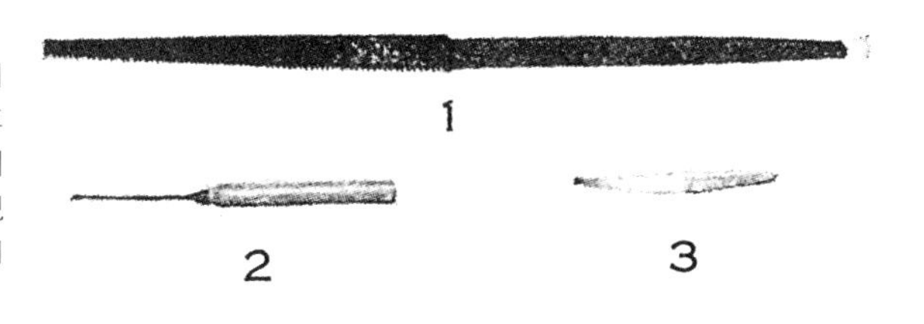

木匠用的拉圆锯那样的大尺寸的锯，而要锯雕刻物，则要用极细的比较长的锯。同样是拉圆锯，制作酿造场所用的大桶的底部就要用大锯。

因为拉圆锯需要纵向、横向都能拉，所以锯齿向下且有刃口，并且后端的锯齿较大，而前端的锯齿则细小(这和一般的锯正好相反)，还有齿列无稀疏现象。前者是造船木匠用的、做装料桶底旋圆用的、木匠用的，后者是桶匠做桶底用的。用于雕刻物品的锯，分为锯齿没有稀疏和有稀疏两种。拉圆锯也有按着拉的。

《倭名类聚抄》中记载着“锯像刀一样但有齿”，对于这个记述我深感吃惊。但仔细考虑研究来看，发现这篇报道极为正常。平安时代前后的锯，把拉圆锯那样的大锯作为普通的锯。这种锯很厚，锯身细长，锯齿比较粗大。造这种锯很简单，不浪费材料，工具也用很简单的物件就可以完成。这样的锯如果不考虑工作效率和交货时间，还能使用下去。

拉槽锯可以在平木板的任意部位拉锯。从这个使用方法产生了“拉槽”这个词。和拉槽锯使用方法相似的锯有上框拉锯，在很久以前曾大量使用。从绘画中看，关于很久以前的锯，其中写着“高举起手柄，兜着拉”。和拉槽锯使用方法相似的锯应该有很多。拉槽锯也有大小，小的长6厘米，大的长12厘米。锯颈长且厚，齿道外弯。很久以前是单齿，现在大部分都是双齿的。图2-76中的钥匙形状的锯的虚线部分较厚，锯齿一侧非常薄，1寸大约有40个锯齿，是极为特殊的锯。

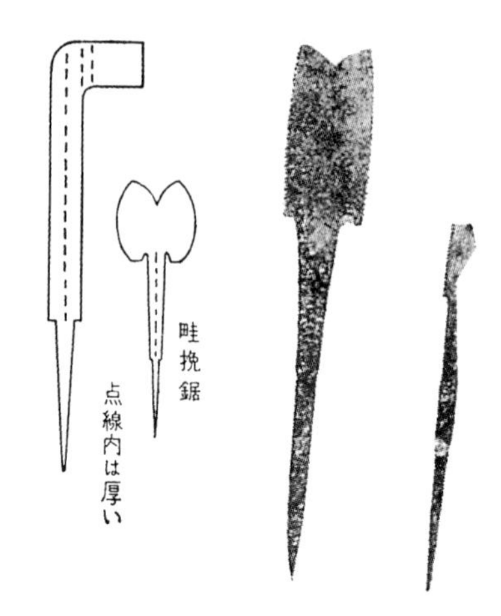

图2-76 拉槽锯

【图表译文：畦挽鋸（拉槽锯） 点線内は厚い（虚线内的部分较厚）】

鱼头锯

近代鱼头锯（背面外弯，齿道外弯型）在《和汉三才图会》中描绘过。该图中，有现代鱼头型和树叶半裁型的图版。在两把锯中间因为有“舟锯”的字样，所以是造船木匠使用的锯。还有，右边的树叶半裁型擦合锯是纵拉锯，左边是穴拉锯，即横拉锯。仔细观察图中的锯齿，大体是那样的。

树叶半裁型锯因为锯幅加宽，所以前端不能使用。但近代鱼头锯的背面前端在齿道一侧弯曲，便能使用了。如果齿道外弯到《和汉三才图会》的穴拉锯的程度的话，人站着用鱼头锯时，屈身的角度刚好合适。这在当时，或许是最进步的新型锯。还有就是这把锯在锯根部有孔。这是我见过的第一把锯根部有孔的锯。现在的工匠用锯除了拉圆锯以外，基本上都在锯根部开有孔，这是为了装饰。在锯上安装装饰物，这可以说是很大的进步。

只是，《和汉船用集》中的造船木匠用的锯都接近于树叶半裁型锯，并没有画出《和汉三才》型的近代鱼头锯，我也觉得这有点不可思议。

还有西鹤的《近年诸国奇闻：背着人干活的女木匠》中出现过的锯是错误的。这把锯的齿道是直线，背面的前端画着半圆。这个形状是树叶半裁型，和《和汉三才》型也有显著的不同。这种形状的锯虽然现在不常见，但在明治时代十分盛行，最近很稀有地发现了。这种锯比树叶半裁型锯的切断速度要快，我想，切口也应该很整齐。从明治到大正时代，如果要问这种锯的用途的话，可以说，应该是用来切大梁等露出的前端部分。比较起来，这种锯的齿较细，是拉切锯的齿形。亡父说这把锯是造房木匠用的鱼头锯。现在的穴拉型鱼头锯主要是用来截断的。

我认为这种锯的发展系列如下：

《和汉三才》型鱼头锯——现代鱼头锯

《女木匠》型鱼头锯——齿道直线型鱼头锯

树叶半对开型——锋切型——kofukura型——现代拉切锯

鱼头锯的变化形态非常之多，多到数不清（见图2-77至图2-82）。此外还有关东和关西的不同特征，这也可以说明这种类型的锯的历史悠久。

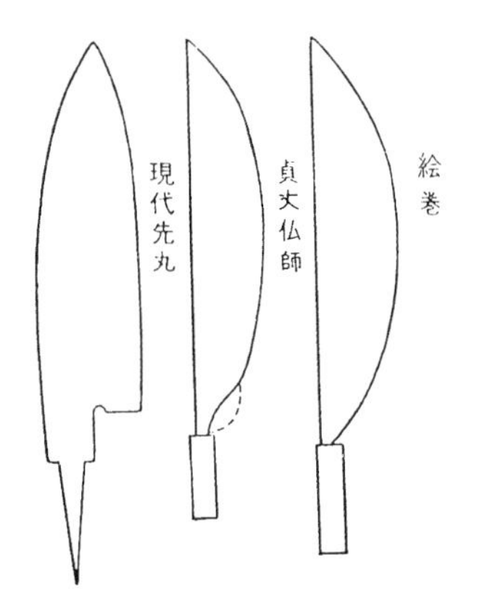

图2-77　鱼头锯的变化
【图表译文：从左至右分别为现代鱼头锯、贞丈中做佛像的匠人使用的鱼头锯、画卷中的鱼头锯】

为了有助于理解日本锯的发展史，我列出了现在依然还被使用着的各种锯的尺寸的不可思议的称呼。

锯的尺寸称呼及其实际尺寸：名为8寸齿道实际尺寸为7寸、名为9寸实际尺寸为8寸、名为1尺实际尺寸为9寸、名为1尺1寸实际尺寸为9寸8分、名为1尺2寸实际尺寸为1尺5分。

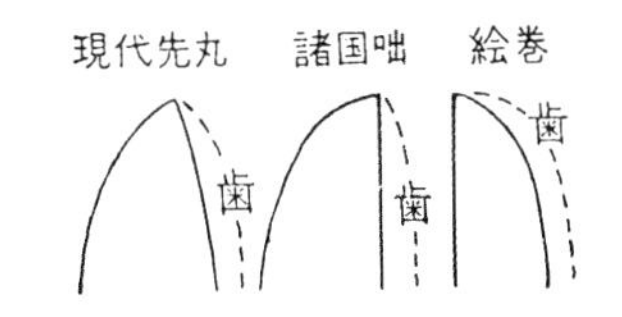

图2-78　鱼头锯前端的变化
【图表译文：从左至右分别为现代鱼头锯、诸国奇闻中的鱼头锯、画卷中的鱼头锯】

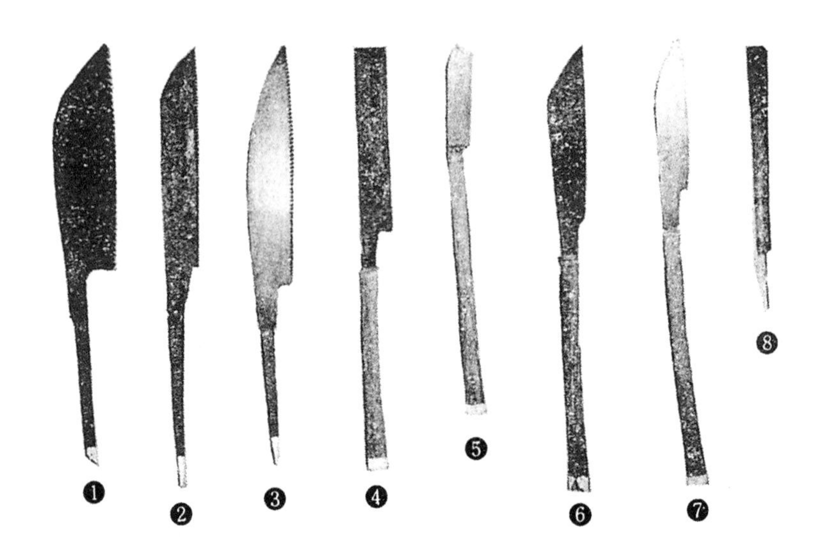

图2-79　造船木匠使用的鱼头锯　① 大型榫合锯　② 鱼头拉切锯　③ 穴拉锯　④—⑦ 榫合锯　⑧ 拉圆锯

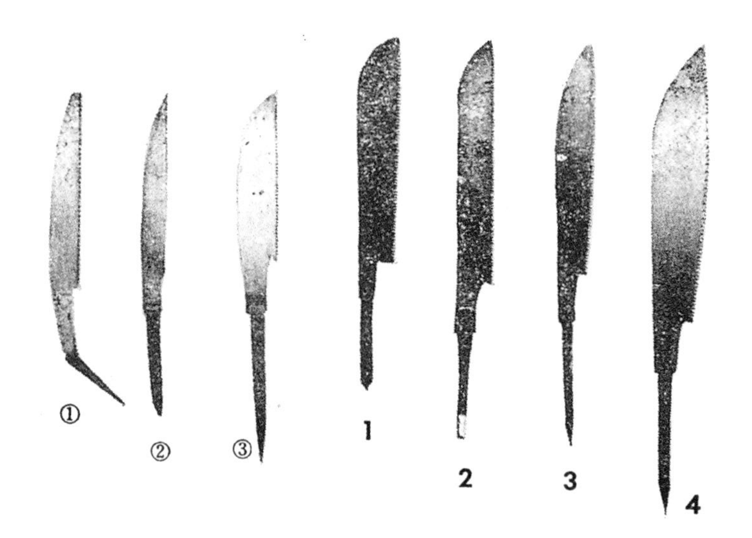

图2-80　修剪树木用锯（现代钢制作）
①《背着人干活的女木匠》复原锯　② 和钢制鱼头锯　③④ 现代钢锯

图2-81 《近年诸国奇闻：背着人干活的女木匠》

图2-82 北斋画《弓张月图》

为什么会这样呢？关于这点，我来引用一下亡父的话："很久以前锯的尺寸是测量到锯条的，管1尺叫做9寸。但是，尺寸逐渐延伸了。后来把锯的颈部也算在内。"

这种锯和"石山寺锯"一样，没有锯颈，可以很自然地认为是到锯的拼条为止。随着锯的发展，其通常的称呼和实际尺寸会产生偏差。还有，可以推测这是指锯颈尚未出现时代的锯。

在遗物锯中，越是古老的锯，锯颈就越短。

双齿锯的历史

双齿锯在20把出土锯中，占了8把。还有两侧锯齿不明确的可能被认为是双齿锯的锯。这些大多都是4世纪或5世纪的锯。也许会稍有重复，但我想试着谈一下双齿锯的特征。

两侧拥有相同数量锯齿的“金藏山锯”，是最原始的双齿锯的形态。它演变成“黄金冢锯”时分成细齿侧和粗齿侧，锯身呈现出宽窄差异。细齿侧内弯，尤其是“八幡冢锯”两端销钉孔的位置有变化，两端手柄产生了长短差异。接下来，“堂山锯”在两侧出现了原始的齿刃。最终，在“金铠山锯”上出现了在锯的历史上具有革命性意义的三个重要标志，即在粗齿侧出现了齿刃、交错齿列，在后端出现了细锯齿。这个两侧锯齿的功能也可以考虑为从“锯大物品的一侧和锯小物品的一侧”逐渐向“横、竖切割”的方向进化。另一方面，这种锯安装了手柄，可以准确地进行切割，而且即使站着也能使用。所以，在7世纪以前出土的双齿锯中，这把“金铠山锯”已然达到了进化的顶峰。

就发现这把锯当时的状况来说，在发现者森本六尔氏的报告(《考古学杂志》16卷第7号)中写着:“在两侧都有齿的一侧是纵拉，一侧是横拉，没有差异。柄和长轴一致，可以知道是装在同一端的。还有，打上手柄的钉子也残留着。”

森本氏对这把锯的理解非常准确。这确实是原始的锯，但和两端手柄的双齿锯相比有了飞跃式的进步。“深大寺锯”是压拉锯，锯身的后端既宽又厚，前端则既窄又薄。也就是说，按照压拉使用锯的宽窄、薄厚差设计了锯身。茎比较长，没有销钉孔。

在出土双齿锯中进步水平达到最高的这两种锯和“现代双齿锯”相比，其进步速度依然很慢(见图2-83)。只是，呈现出这两种锯的状态时，也应该承认“现代双齿锯”的特征正在萌芽。设想一下，在这把出土双齿锯和现代双齿锯之间还存在着另一种双齿锯，只是目前尚未被发现，在绘画上也未见到。

可以理解为双齿锯在向锯的进化过程中就衰亡了，如同已经发现的那样，出土双齿锯在4世纪有很多，但到了5世纪就突然减少，其理由可以从出土双齿锯看出，可以推测出“好用的一侧(主要一侧)和

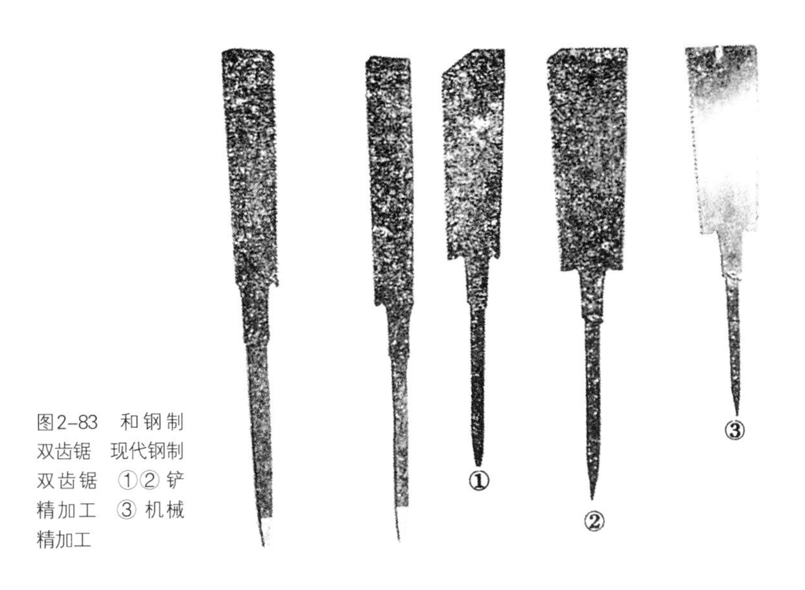

图2-83　和钢制双齿锯　现代钢制双齿锯　①②铲精加工　③机械精加工

不好用的一侧(副的一侧)”都存在过。也就是说,不好用的一侧有退化的可能。从出土锯来看,手柄一侧为副,与其相反的一侧是主要的。两端手柄的双齿锯大部分都可以被认同。4—5世纪的出土锯中,主要的一侧大部分是“细齿侧”。只是,“花光寺山锯”装有手柄,似乎是以“粗齿侧”为主体。也就是说,“细齿侧”被考虑是手柄痕处有和锯身平行的木质残片。这样看来,“粗齿侧”应该作为主体被用了。这也可以理解为是在向7世纪的“金铠山锯”发展过程中出现的过渡形态,“金铠山锯”已明确地把“粗齿横拉一侧”作为其“主要的一侧”。之所以这么说,是因为“金铠山锯”在“粗齿侧”具有“齿刃”、“交错齿列”、“同一齿列存在疏密差”,这三项就强有力地证明了其“粗齿侧”的功能远远优于“细齿侧”。根据以上可知,出土双齿锯在锯的进化过程中遭到了被否定的命运。还有,到现代双齿锯的诞生,首先需要更高的技术作为先决条件(现代双齿锯主要被用来使用的也是横拉的一侧)。

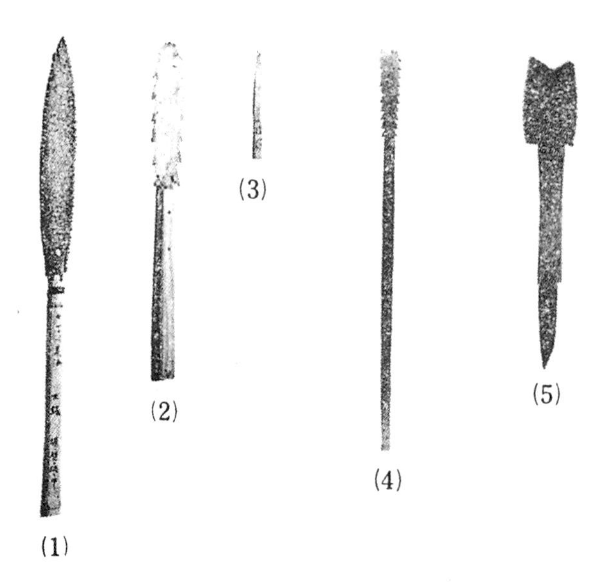

图2-84 （1）—（3）忍者锯（复原仿造）（4）带鞘锯（复原仿造）（5）劝业博览会展出的双齿锯（复原仿造）

古代和现代的双齿锯之间是否存在着某种关联呢？我开始做调查，复印了仓敷市山本庆一氏的忍术书《万川集海》中收录的三种双齿锯图（见图2-84）。那上面写着尺寸和使用对象。我参考这个图进行了仿造并试用。按此图所记载的锯齿数绝对不能用，在这里我将其修改成可以稍微使用的程度，试着来阐述一下。

首先，大锯（按照原文）两侧锯齿数量相同，前端有像枪尖那样的锯齿，在两肋处又有支撑形状的锯齿。第三齿以下排列为正三角形的锯齿。茎处较细，在那里安装了链接铁，使之变得又大又结实。齿数是10个，每个锯齿超过1寸（3.3厘米）。我怀疑1尺多的齿道有10个锯齿的锯子能否锯切竹子和木头。结果如预想的一样，不能用，容易伤了木头、竹子，因此根本没做实验。想着到底多大的才能用，我开了每寸4个半的锯齿，终于锯开了粗大的竹子，但其切开面如同竹刷子，一碰到肯定受伤。

《万川集海》有“切竹子木头”、“用于制作阵小屋武机”的记载，所以采伐约3寸左右的木头或竹子，应该是用来做这样的物件，如果没有每寸6个以上细锯齿的锯是不能用的。前端的3个锯齿是专门用来开皮的，因为开皮需要锯前端下大力，如果不是超厚的锯则难以使用。还有，开皮的锯如果手柄部分用太厚的结构则易弯曲，而在这里用上链接铁，会使它变得结实。这把锯属于专业用锯，不是用来建造普通的房屋或者伐木的。

小锯似乎是专门用来开皮的，我按照尺寸仿造复原，试用后，证明既不是纵拉锯也不是横拉锯，根本不能用。这种锯不是锯木头的锯。该书写道：切入板材的拉圆锯形状较小，一侧锯竹子，一侧拉圆。然而图上两侧锯齿都是等腰三角形的竹拉锯齿形，这把锯不能拉圆。总之，可以知道两侧锯齿的功能不同，这似乎是能用的锯。拉圆锯的锯齿一侧厚，背面薄。如果不是那样的话就不能拉圆。但是，忍者使用的拉圆和拉竹子的双齿锯，因为是双齿，所以不能做成那样的结构。忍者使用的拉圆锯为双齿锯，其功能要远比造船木匠、桶匠、木匠等使用的拉圆锯差。我们不用拿它与现代的锯相对比，如果与战国时代的锯相比较就可以得出这一结论。

我对《万川集海》中有多少内容是真实的也怀有疑问。总之，双齿锯有这样的特殊构造则是事实。

明治时代初期左右的《新板伊势辰版》中画了两把双齿锯。一把是茎很长的锯，写作“带壳体锯”，因为没有木质手柄，所以直接握着长长的茎使用，并排画着的叫作“龙吐水锯”。还有一个形状虽然相似，但手柄和锯身连接着的锯，没写名称。两把锯的两侧锯齿是相同的，是粗锯齿的纵拉锯。

我试着做了“带壳体锯”，图中尺寸是锯身宽1.8厘米，我还测量了其他部分，把它们放大5倍。扩大后锯齿过粗，所以我把图中的10个锯齿增加至15个。

“带壳体锯”是在什么情况之下用的呢？刀鞘，或许是鞘堂的鞘。插在木质机械的组装部分进行切割。这可能是用来加工水车（榉木制机器）、龙吐水（木质水泵）等与制造工艺密切相关的设备用锯。该图将关系密切的工具都集中配置在一起，很长的茎是为了能将手放到无法触及的地方去拉。旁边的“龙吐水锯”可能是把又长又大的锥子，用来在龙吐水上钻出长筒孔。

这两把双齿锯的特点是：① 两侧锯齿相同，② 没有形成锯颈，③ 带壳体锯的特征就是有又大又长的茎。忍者锯与①相同，即使两侧都相同，也难以断定它就是落后的锯，现在的特殊用途锯中，也有这种锯。“带壳体锯”的茎又长又大，没有形成锯颈，近似的有茎和锯颈合并在一起的拉槽锯。因为“带壳体锯”没有手柄，所以形成这种形状，这么理解也很自然。从以上几点看，可以知道“伊势辰版双齿锯”比“忍者双齿锯”更接近现代双齿锯。我想“现代双齿锯”就是从这种特殊部分中呈现出的姿态。

顺便介绍一下1973年9月4日村松贞次郎氏的手稿。

“（前略）在明治十年第一届日本国内劝业展览会展出的双齿锯，是下谷坂本町三丁目矢木堪治郎提交展出的‘横拉每寸22个锯齿，纵拉10个锯齿’的锯，虽然没有照片和图画，但可以清楚地知道和两边有锯齿的锯的不同。该资料的出处是：明治文献刊行会发行，昭和三十八年三月，《明治前期产业发达史资料》第七集（3）所收录、日本国劝业博览会事物局编，明治十一年六月刊行《明治十年国内劝业博览会展品解说》第二区制品，第十三类金属制品。”

根据村松氏书简，我想考察一下明治十年出现的双齿锯究竟是把什么样的锯。

首先，可以确定这是把非常小的锯，只看两侧锯齿每寸的锯齿数量就可以知道。现在，8寸拉切锯（齿道7寸）1寸有22个锯齿，而在明治时代末期，1寸有20个。明治时代前期有比它锯齿稀疏的，却没有比它密的。8寸带壳体锯在明治前期也是大概1寸内26个左右（现在是30—32个），所以很明确，展出锯是小型锯。那么，都是什么种类的锯呢？推测它最好的线索就是"纵拉锯"。"纵拉锯锯齿10个"，也就是说每寸有10个锯齿这是理所当然的。"每寸10个"的锯齿其前端和后端没有稀疏差。一般来说，纵拉锯前端锯齿较粗大，而后端的锯齿则较细密。这是首先用后端的锯齿来开出拉槽，然后用前端的大锯齿来深锯，也就是说同一齿列的功能有所差异。

齿列没有稀疏差，说的就是不需要使用这种功能。那种锯是怎样的呢？那就是拉槽锯。因为拉槽锯是在木板的任意部位上切割的锯，所以齿道外弯，使用方法是从前端开始拉切。所以没有必要在纵拉口处让锯齿有稀疏差。依照以上这些来看，我想这把锯应该是拉槽双齿锯。还有，如果是拉槽锯的话，根据锯齿判断，齿道长2寸（6厘米），宽1寸7分（5厘米），横拉锯齿1寸内22个，纵拉锯齿1寸内10个。

因为明治十年代还没有普及油淬火，所以用了当时的水淬火系统的方法来尝试是否能进行这种超小型锯的制作的实验。切了和钢打磨的古锯，在两侧开出跟书上记载的齿数相同的锯齿，用水淬火后完成。这样就成功了。如果是超小型的锯的话可以制作，若太大就比较困难。

可以认为这种锯就是继"伊势辰版双齿锯"之后向"现代双齿锯"进化的过程中出现的产物。只是，拉槽锯是超小型的辅助用锯。当时的铁匠和木匠们看到博览会上展出的这样的锯，也只会感到新奇吧。"现代双齿锯"的出现需要更高程度的技术上的支持，并以此来表示其真正成为对社会有用的工具。

两侧锯齿纵拉和横拉的功能分离虽然很重要，但就此认为这是“现代双齿锯”和前期的双齿锯的分水岭则未必妥当。理由是7世纪的“金铠山古坟出土锯”的两侧锯齿的齿形已具有明显的功能区分。

首先，记录一下我听到的关于现代双齿锯的记载。

亡父的话（明治十三年生）：“在我年轻时，基本没有双齿锯。老板看不起做双齿锯的人，也看不起用它的人。认为他们只会做虚与应付的事。”（明治三十三、三十四年左右）

木匠石川源二郎的话（昭和三十八年亡故，75岁，居住东京南千住）：“我年轻时虽然有双齿锯，但不怎么用。用的大体都是单齿锯，如果用了双齿锯就会被人轻视，用双齿锯的人很少。”

木匠中村氏的话（昭和三十八年，65岁，居住东京南千住）：“我年轻时，从现在的眼光看双齿锯非常少，大部分都是单齿锯，但也有人用双齿锯。”

山田彦次郎氏的话（原为木匠，昭和三十八年记录，当时大约已歇业25年，时年75岁）：“我在京都看见双齿锯是在55年前，是播州三木的制品，把钣金接到手柄上，但是经受不住行家的使用。还有在15年后见到过北国专门打造的双齿锯，呈白色，锯身没有茶褐色纹理，在街上的工具店里有卖，还有从产地来直销的。”

山田氏说的55年前，大概是在明治四十年左右，15年后是大正十年左右。

木匠金子氏的话（居住东京足立区绫濑町，昭和三十八年，70余岁）：“双齿锯一开始是搞园艺的人用的。他们把它作为大工具使用而极为重视，但是使用双齿锯的人受人轻视，被认为不是正经的木匠用的。”

造锯师吉川文吾（我的叔父）的话（昭和四十一年左右，大概68岁，居住枥木县乌山町）：“我12岁时进了加工厂，那时当然是有双齿锯的，而且制作精良，但数量很少，或许只有制作锯的三分之一以下。”

最后是我的体会，我在进入加工厂时是大正十四年，年满13岁。那时开始盛行制作双齿锯，也没有轻视等情绪。但也做了单齿锯，传到东京是在昭和八年，那时木匠主要用双齿锯，但也有许多人用单齿锯。现在拿来开锯口的锯，如果双齿锯有10把，单齿锯则不到1把。这些是我客观看到的双齿锯进化的状态。总结以上7人的话，可以知道双齿锯的发展形态和普及状态。

木匠能用的大型双齿锯的出现可以确定在明治三十年代，即使这样，最初锯的制造拙劣，也是受人轻视的。

用和钢制锯的技术，从明治以来有了飞跃性的发展。首先，在淬火技术方面，油淬火技术的采用，成为“现代双齿锯”得以产生的一个大前提。当时没有出现油淬火的方法，所以产品易出现瑕疵，形成裂纹，制双齿锯很困难。裂纹肯定会通过锯齿连到锯片，所以双齿锯较单齿锯出现瑕疵的频率高很多，还有大型锯比小型锯容易出现瑕疵。而这靠油淬火的方法就解决了（即便是油淬火，在冬天也容易出现瑕疵）。

房州馆山的中屋久作氏（昭和三十八年左右，时为70岁）也说：“靠沙淬火不能做出双齿锯。”我也从没看见过被认为是沙淬火的双齿锯。和沙淬火相比，采用油淬火技术能够造出更加平整的锯，用来加工和钢的效果也很好。在这种技术进步的基础之上，制作了双齿锯。使用后觉得很方便，便开始普及，一开始持轻视态度的人也逐渐开始使用了。

继而便出现了质量极好的进口方钢的锯。用和钢造锯的技术很困难，而用方钢能够比和钢做出更精巧的锯。采用了扁钢后，技术的进步速度更快，尤其在关东大地震之后锯的需要增加时，双齿锯的使用迅速超过了单齿锯。

双齿锯原来是木匠用的锯，木屐匠完全不使用。桶匠也主要是用单齿锯，建筑工具店到最近只把双齿锯用于镶嵌物品。造船木匠也没用过双齿锯。

尽管双齿锯的制造有其特征，但锯本身的形状没太大变化。从这个事实也可看出，双齿锯的出现并不久远，并且其变化余地不大。

总结以上来看，在“现代双齿锯”诞生前，拥有了① 锯结构的进化（锯颈与茎的发达，锯根的出现），② 钢锻造的进步，③ 淬火技术的进步，④ 横拉、纵拉锯齿功能的明确分化，⑤ 研磨技术的进步。在这五点进步的基础之上，呈现出现代双齿锯的姿态。

日本锯独特性的形成

日本锯现在基本是朝身体一方拉的锯，这在世界上也是比较稀有的，可以说是日本锯的独特性。那么，就为什么是朝身体一方拉的锯来说，可以根据“坐着生活”、“性格的被动性”为理由来解释。还有就是像一些外国人说的“日本的木匠是坐着工作的”而形成的。

坐着的生活产生了朝身体一方拉的锯，这种想法要怎么理解呢？首先，如果实际把锯复原后观察来看，因为4、5世纪时是在锯的两端装上带手柄的小锯，所以要坐着使用。但从锯的使用体位和锯齿形状来看，还是需要按压用力，而不是朝身体一侧拉锯。在茎出现、一侧安上木质手柄后的6、7世纪的锯，或许站着也能使用，因此难以理解由“坐着的生活”而产生了朝身体一侧拉的锯，更谈不到其“被动性”。还有，针对某些外国人所说的，我想回答：“日本的木匠作业，大半都是站着做的，你去作业现场一看就知道了。”（见图2-85）还有根据绘画资料来看，平安时代末期的《中尊寺绘经》中的纵拉锯是站着用的，镰仓时代的《当麻曼荼罗绘卷》中的锯也是站着用的横拉锯。其他画册上虽然大多是坐着用的锯，但其手柄非常短，是无论压、拉都能切动的

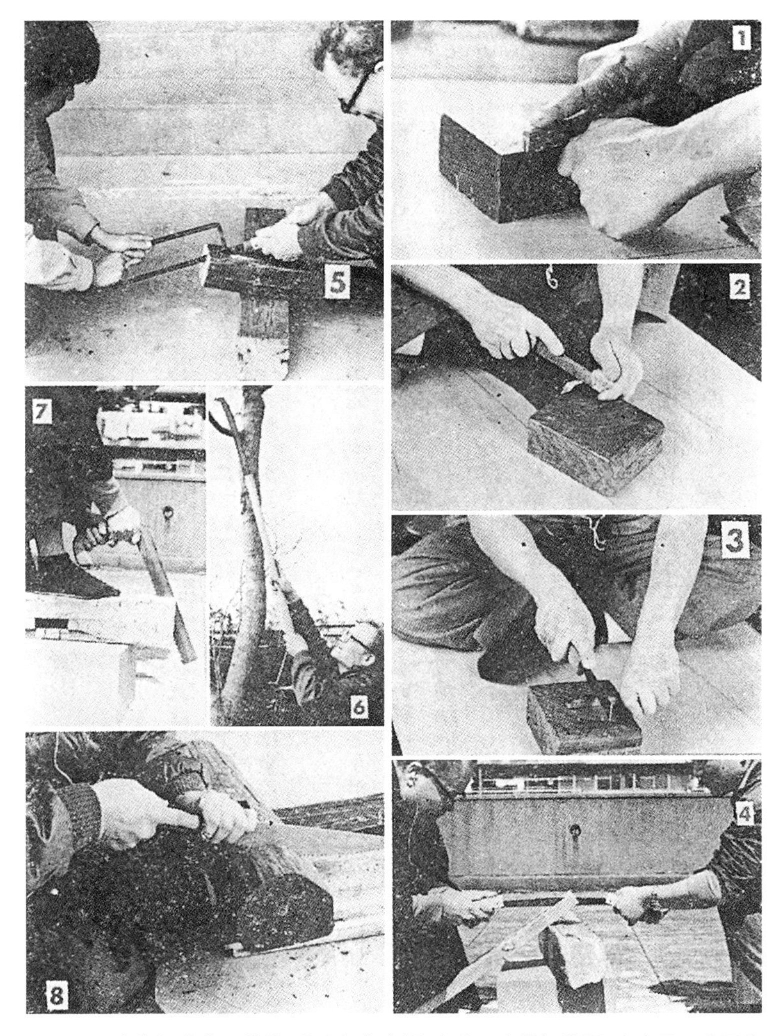

图2-85　古代锯的使用体位　（1）蚂蚁山锯　（2）两头带柄的锯　（3）园田大冢山锯　（4）永明寺锯　（5）爱宕山锯　（6）栗原锯　（7）中尊寺绘经锯　（8）伊势原锯

锯。因为如果站着就不能充分使用。江户时代的画册上出现的锯，基本和现代一样，是站着使用的。所以，至今产生的几种解释无论哪一种从观念上来说都不是科学性的。

那么，为什么日本的锯大多数都统一成朝身体一方拉的锯的形式呢？首先作为参考，我将引用下列文字："齿列向一侧倾斜的锯是到了铁锯的时代才产生的。在青铜锯时代，只是在青铜板的侧面刻出锯齿的"（古德曼著《木材加工的历史》，1966年）。

基本的形态变化是从铁锯开始的，我想日本也是一样。此外，那样的齿形在材料发展的阶段是合理的。等腰三角形的没有刃口的锯齿是不能切割的，但却是最结实的。这样的齿形和齿列的锯，其使用方法并不是偏向于朝身体一方拉。

日本4—5世纪的锯的齿形和齿列就是那样的。还有，从使用体位来说，我已经阐述过多次，按压的方法容易使上力量。4世纪的锯的销钉孔的位置发生了微妙的变化。对应的有以下3点：在锯身上出现了手前部分和后面的部分；双齿锯主要分化为使用一侧和副的一侧；内弯的齿道线和锯身的宽窄，可以视为产生向一侧倾斜的齿形的前驱现象。通过这些方法来提高锯的切断效果，这本身对了解日本锯的特性也具有重要的意义。现在的日本锯也是通过锯身的改良来提高切断效果的，这点与在组装工具上下工夫，并以此来提高使用效果的中国的或西洋的锯有很大差别。

首先看日本锯出现以来的齿形、齿列的变化：① 4—5世纪的锯的齿形是等腰三角形，② 6世纪的锯出现了向一侧倾斜（拉）的齿形和齿列，③ 7世纪出现了齿形带刃口、齿列稀疏的锯，④ 8世纪出现了有向前端按压的齿形和齿列的锯。

这样，10世纪的"栗原锯"、13世纪的"伊势原锯"与7世纪的"金铠山锯"粗齿侧的齿形是相同的。外来锯中的"法隆寺锯"和"正仓院锯”，其锯齿都是呈等腰三角形，没有向一侧倾斜。考察这些锯的齿形和齿列，我们会发现，从4世纪到13世纪，日本的锯整体上没有被统一为朝身体一方拉的锯的齿形，而是向各方面作了改进。

首先，纵拉锯朝一方倾斜而变化，6—7世纪的锯则倾向于木材加工方面，为什么一人使用的纵拉锯的齿形采用了朝身体一方拉的锯的形式呢？首先是在一侧安装了手柄；其次，在锯齿未交错排列的6世纪的纵拉锯中，如果是朝身体一方拉的锯，就不会伤害到锯，这两点就是原因。

我认为，从4世纪的两端手柄锯进化而来的“永明寺锯”，是互相拉的齿列，齿形为非常明显的相互倾斜形状。

那么，朝身体一方拉的锯的方向，面向正前方的是纵拉锯。我认为，这是非常落后的小型横拉锯。朝身体一方拉的锯适合做精巧的细活。这些通过调查中国锯也可以知道。中国也有一个人用的朝身体一方拉的锯，都是小型锯，应该是在需要做精细活时用的。

为什么日本锯有向朝身体一方拉的锯的方向进展的倾向呢？这和切断对象的木材有很深的关系。奈良时代的家用器具主要使用的是阔叶树系统的坚硬木材。锯硬木的锯对横拉锯、纵拉锯的区分很低，没有辅助用具的一人用的纵拉锯朝身体一方拉，不会伤害锯。在这之后又大量使用了杉木和丝柏等软质木材。我认为，在用软质材料加工时更促进了这种情况的产生。切孔切得很整齐，日本把用锯加工的软质木材直接拿来使用的情况较多。软材质的加工与日本锯的纵拉、横拉功能的分化和齿形的形成有很深的关联。加工坚硬木材的锯，在锯紫檀之类的木材时，横拉、纵拉的齿形接近，大体一致。然而，在加工杉木和丝柏等木材时却会出现很大的偏离，尤其是进行精密加工的锯，这种倾向就更为突出，而桐木则把这种倾向发展到了最高境界。日本锯在加工软质木材上具有显著的优势，这也促使横拉锯、纵拉锯形成了截然不同的齿形。

此外，在纵拉锯的齿形中，下刃的角度和锯齿根部线呈直角的"园田大冢山锯"的齿形是最基本的类型。纵拉锯的齿形有三种：① 锯硬木的"园田"型齿形，② 锯杉木、丝柏木的齿形，③ 锯桐木的齿形。试锯一下榉木和桐木。① 虽然也能切割桐木和榉木，但是切口不好。② 切割杉木和丝柏木很好用，桐木也可以，只是榉木切割得不好。③ 只能切割桐木，其他的木材都不能切割。从这些来看，① 是纵拉锯中最古老的齿形。

纵拉锯中基本所有的锯和横拉锯中的伐木用锯在同一齿列都有稀疏之差。这看起来似乎无足轻重，但是西洋和中国的锯却基本没有这一差异。在同一齿列上有稀疏差也可以算是日本锯的独特性之一。这是为了"后齿切""前齿下"而下的工夫。作为一人用锯，该功能得到了充分的发挥。

江户时代初期开始普及的前拉锯是一人用纵拉锯发展的最大成果。前拉锯充分利用了锯的重量和拉锯人的体重而得以让此构造得到发展。这种情况也适用于横拉的前拉弯柄伐木锯。我想，两者作为一人用锯拥有了作为锯的最高功能。

此外，还有必要研究一下"引切锯"这个词。"引切"是放在跟前拉的意思。如果像现在这样，大多数锯都是手前锯的话，把某种特定样式的锯叫"引切锯"是很奇怪的。这是因为在过去某一时期，可来回拉的横拉锯曾被普遍使用，但是"手前拉锯"这种专门的小型横拉锯出现后，大概是为了区分两者才出现的"引切锯"一词吧。《和汉船用集》中记载了"为模仿小型拉切锯制作了更为大型的'细齿锯'"，所以我认为即使"引切锯"的出现比它早很长时间，"引切锯"一词出现的时间也大致是在近世初期左右。

日本锯的特点是，能切割齿道尺寸以上的东西和一个人能够操作大型锯，这两点都是为了适应朝身体一方拉的锯。从中世到近世，齿道线外弯的曲线变成了直线。前宽增加和锯头变成方形，锯颈和锯根部的出现和发达，都是为了充分发挥一个人能用的手前拉锯的功能而做出的改良。日本锯为什么会统一成朝身体一方拉的锯呢？我把答案总结为以下4点：

（1）主要作为除手柄以外不带其他加强部件的锯来发展。

（2）朝身体一方拉的锯即使没有加强部件也不大容易损坏，而且更适用于精巧工艺的加工。

（3）即使是大型锯在近世也是作为一个人用的锯而发展的。

（4）对软质木材的加工具有巨大的优势。

把这4个主要因素结合起来就产生了今天的锯，日本锯被统一为朝身体一方拉的锯是其历史发展的必然结果。

第三章

锯的制作

和钢锯的制作

为了复原并记录用和钢制锯的技术，我在1963年和1974年分两次进行了实际操作。以当时的技术复原记录为基础，参考多年从事本行业的人的经验，我写了以下内容（见图3-1，参照卷首插图）。

迄今为止，锯在不断地消亡，已经难以知道日本的锯是怎样制作出来的了。在这里，我只能详细客观地记述，将来如果有对此感兴趣的人，可以参考这篇文章，希望能对他有所帮助，带着这样的愿望，我写了这篇文章。

在进入正题之前，有必要简单介绍一下日本古代制作锯的原料——和钢。和钢分两种，一种是播磨国（兵库县）、宍粟郡千种村生产的缓冷（自然冷却）的“千种钢”，另一种是石见国（岛根县）出羽村生产的水冷（用水冷却）的“出羽钢”。

很久以前，把产地名称用来作为钢的名称，所以后世把这两种钢分别称为缓冷和水冷。原料是从中国所

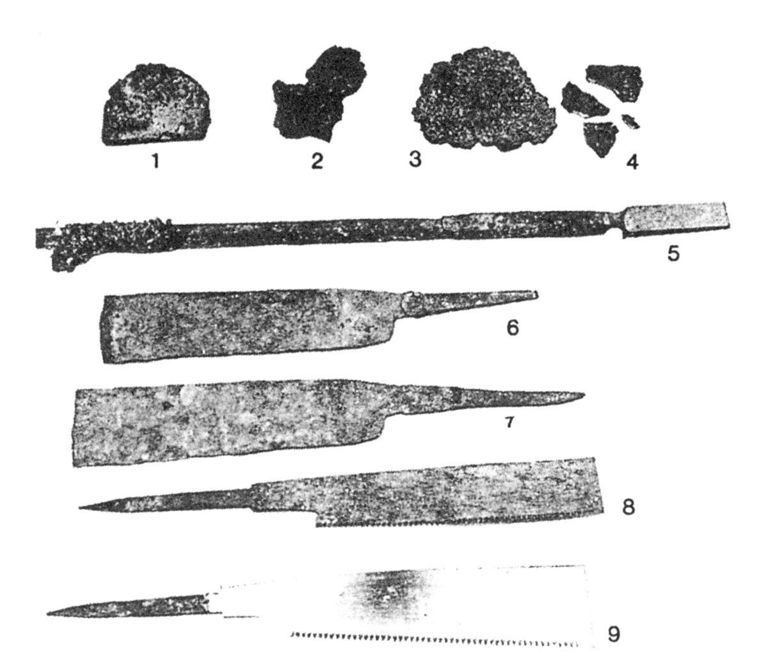

图3-1 用和钢制锯 1 日本铁 2 和钢 3 熔化后的和钢 4 断开的和钢 5 锻造成杠杆的和钢 6 附茎的锯 7 粗糙打制的锯 8 淬火打制的锯 9 成品锯(参照卷首插图)

进口的铁矿砂。用大风辅助箱精炼后做成粗制钢,把大块粗制钢打磨后提取出钢,制成物件。

千种钢和出羽钢哪个好,要根据它们的用途而定。出羽钢硬,制成锯后其表皮呈现出黑色的纹理。千种钢较软。所以,人们用出羽钢制作木工器具(手艺人使用的锯的总称),用千种钢制作伐柴锯(伐木用锯)。

但是根据锻造锯的技术优劣的不同,出羽钢也会变得较软,千种钢也会炼得很硬。在明治中期用从中国进口铁矿砂精炼的钢铁,达到了全国生产总额的60%,所以十分盛行。将这种铁矿砂冶炼成钢铁的技术不断积累,对于明治前期的日本历史起到了巨大的推动作用。

出云、播磨的铁的重要性自不必说，但是在1974年的调查中也发现了明治以前在栃木县北部使用风箱炼铁的记录，而且还发现了几处比它更早的靠自然通风的方法使用的“风箱”遗迹，出土了大型的矿渣。

如果认真地调查，这种情况应该在全国各地都有，这样看来，可以说在我的高祖父之前的人也不一定只用过出云或播磨出产的铁。

粗锻

和钢含有轻石状的不纯物质，质地粗糙，所以需要再次把它放入炉子里，沸腾后用大锤击打，去除不纯物，以使其质地均匀。

先把和钢放到秤上，根据所制锯的大小来决定钢的投入量。将其放进炉子，上面放上切成两厘米见方的炭块。(使用松木炭或者栗木炭。把栗木堆成堆，点火，当炭化完毕时瞅准时机培上土，则成为炭。这种栗木炭被称为铁匠炭。之所以使用这些炭，是因为它比较软，能够用柴刀劈成小块，而且可使炉内达到高温状态，便于工作。)

将和钢充分炼好后用铁筷子夹起，放到铁砧上，用大锤重重击打。和钢在炉内的冶炼采用“蒸”的方法，也就是轻轻地拉动风箱，采用犹如“蒸”的方法冶炼。

有裂痕的和钢，用大锤击打后，从裂痕处断开，砸钢坯这项工作不能让徒弟干，必须由师傅掌握，并且非常消耗体力。

打到厚度为5毫米左右的煎饼形状后，趁热放入水中，这个阶段叫做回炉熔化钢，是第一道工序。

放入水中的和钢取出后会变白，因为炼得很硬，所以用不上锉，用凿子也破不开。将其放在铁砧上继续打造，在这个过程中进行选钢。选出可用的好钢，区分质量好的钢和有不纯物质的钢。不纯物质太多的话则要扔掉，尚可使用的留作其他用途。

被熔成煎饼状的中间部分的钢的质量是比较均匀的，把这个大椭圆形留下，其重量为180钱（675克，两把锯的分量）。

把椭圆形的钢放在下面，在上面放上断裂的钢，把钢大致切成三角形，按照图3-1排成没有缝隙的状态，在此之上堆积多层（也有人把钢切成正方形，这个并没有定规）。

为码放钢材必须事先做杠杆，杠杆用日本铁制作。铁的质量不好不能做杠杆，质量不好的铁，做成的杠杆放入炉中颈部便会被融化掉。

如图3-2所示，将钢摆在木台上，用结实的生漉纸沾湿后将其整个包住，再把杠杆插入摆在木台上的钢材下面。用杠杆把钢抬起来，把黏土泥浇在上面，再放进炼炉里。风箱如呼吸般静静地开始送风，谨慎观察着炉内的状态。待起了火焰、表面沸腾后，把盐投入火中，以控制表面不要太过沸腾。等沸腾到一定程度，静静地快速将钢从炉子中取出，撒上事先备好的稻草灰。这种灰遇到高温的铁，便会变成糖状，很黏，容易合成一体，这是为了防止钢材散开。接着用大锤压着和钢的表面打造，然后再浇上黏土泥。这是为了冷却钢的表面，把其内部的热能排出。这样反复两次，等到再次充分沸腾后，从炉子中取出钢，撒上稻草灰由伙计处理。

伙计用力咚咚地抡锤敲打，开始时打几下就回炉，然后继续敲打，并改为用力锤打，这样反复几次，先打平面，再立起来打侧面，等钢块变为长方形时，

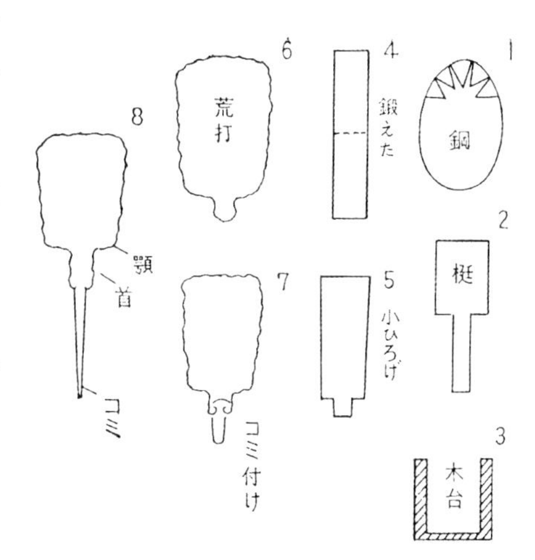

图3-2　和钢锯粗锻之前的工序

【图表译文：1 钢　2 杠杆　3 木台　4 锻造　5 锻造原形　6 粗锻　7 附茎　8 锯根，锯颈，茎】

在中间凿出一条线。在线处前后对折，回炉后继续敲打。

如果冶炼不充分的话，会出现褶皱和裂痕，但冶炼过度则材质会变软。所以，敲打太过虽然质量均匀，但会变软。亡父说，掌握这个度是非常难的。

处理锯的材料，对折锻造一次是最理想的，但根据情况常常要打第二次和第三次。随着次数的增加，锯也会越来越软。锻钢结束后用凿子把杠杆去掉。这项工作叫做锻造，是制作锯的第二道工序。

接下来，根据锯的种类加工它的原形。首先在钢材的中间弄出凿痕，前后翻折，但不把它掰下来。留下凿痕的地方，在以后的工序中要将其做成锯的头部，两端则做成锯颈。

折回的一端用铁筷子夹住，把锯颈的一侧立起，把留出凿痕的部分放在铁砧的垫座上，用锤子砸下。因为已经形成了3毫米左右的厚度，所以不能用大力。做出锯的锯颈，这些活几乎都是由伙计来做，如果伙计不懂得轻重缓急，就难以顺利进行。这是制作单齿锯的情况，如果做双齿锯，则要把想做出锯颈的两面都做出凿痕，然后用方锤做出锯颈。这样，锯的原形就出来了，这项工作被称为“锻造原形”，由伙计来完成，这是第三道工序。

锻造锯材时一定要将两片材料摞在一起，因为材质太薄，如果不是两片重合便难以延展，还会变得不平。如果是两片重合，既可以保持热度，也可以防止钢的冷却（但是大型前拉锯和伐木用锯只要一片就能延展）。

经过第三道工序的锯，把留出凿口的地方掰下来，烧好后锻造，这种状态不用太高的温度来烧。如果烧至黄白色，钢的质量会下降。宽到一定程度时，把现在的内侧作为外侧继续锻造，大概延展到预想的尺寸后加水击打。加水击打首先由师傅，或者另一个伙计（有三个人时）把水淋到锤子处，浇在粗锻表面。冷水突然遇到高温的铁，会形成气化。因为用大锤子打，所以会发出爆发般的声音，这样的力度可以干净地去除之前留下的痕迹。两把锯有时会黏在一起，这时就要靠师傅加水击打，把凿子放在两把锯之间，一个人轻轻地敲打，如果这样还是不能分开，那就比较麻烦了。之后，按照尺寸的长度和宽度来延展。这是第四道工序。

下面制作茎的固定预留部分。粗锻厚的形状如图3-2所示，没有砸薄的部分留作锯颈。预留形成茎的部分有两种方法，那就是，续接法和投接法。

首先谈续接法，在锯颈前端两侧留出爪，把爪向内弯后插入铁片。随后放进炉内。沸腾后撒上稻草灰，浇黏土泥，这和炼钢时相同。师傅根据火候用锤子快速地轻轻敲打，初步做出锯颈。然后再把它放入炉子中继续烧炼。

在大正到昭和初期制作锯颈时，不用稻草灰和黏土泥，焊接处用硼沙。伙计一开始先用极轻的力度快速敲打，然后稍微用力敲打，最后不用力，这样才能连接上。用行话讲这叫硼沙接续法。装上手柄的一面变成了锯的背面。投接法无论是茎处的铁还是粗锻的锯颈都像指尖一样伸展后接入。

装好后，下一步就是延展茎，将其放在铁砧的垫座上，敲打延展。然后再次延展锯颈部分做出形状。焊接部分的沸腾程度根据火焰的颜色判断。沸腾后火焰变成黄色。火候取决于师傅的掌握，需要一个伙计，这是第五道工序。

完成茎的粗锻后，不管谁都能看出是锯的形状了。把这些再次按照锯的各部分轻轻烧好后进行敲打，目的是为了让锯变平，两侧中间，把各部分稍微烧炼后，用极快的速度加水击打。这时将每把锯单独粗锻，需要一个伙计，因为要加水击打多次，所以行话叫做“水整”。这种加工使用轻便的、平头的大锤。需要用很快的速度不断敲打，没有休息时间，打磨几把后汗会挡住眼睛导致看不清，即便如此也必须要将其打磨平整。认真加水击打后，金属材板的纹路就会消失，粗锻变成了精细的状态，下一步的工作将会变得容易，这是第六道工序。

经过加水击打的粗锻钢，按尺寸划线，用切钳沿着画好的线剪出形状。然后由师傅亲自完成锯颈及茎的最终整形，这叫做“锻造”，是第七道工序。

锯的精加工

锻造结束后，用锉刀锉出侧面的凹凸面。锉过的地方相当于样本，测出刻度。刻度上的锯齿数，如果是9寸护鞘锯的话每寸是14个锯齿（分割后28个），如果是9寸拉切锯的话每寸是10个锯齿（分割后20个），如果是1尺拉切锯的话每寸是13个锯齿（不分割）。还有其他各种各样的情况。

此外，护鞘锯只是在锉口留痕，9寸拉切锯要锉出6成的齿形，1尺拉切锯要锉出基本齿形。锯齿越大的越接近完成，细齿则需要再次烧炼，之后进行研磨和弯齿。把细齿用锉刀锉，每寸15个以下的粗大锯齿则用自家的冲压机冲制。采用冲压机的阶段是从明治末期到昭和初期之间，在冲压机出现前，粗糙的锯齿是用切钳切割的，或许还使用了扁铲。在烧炼前造出锯齿，这叫做“生锉”。把拉薪锯的齿道1尺2寸按6—7分一个的程度锉出。

下面，需要做出固定锯颈的拼条部分，还有打孔。开出锯齿、“生锉”、定形等加在一起，就是第八道工序（锻造锯使用的各种工具见图3-3）。

再下面一道工序是找平，这是淬火的准备阶段。用平口锤子把锯从前到后毫无缝隙地打磨成放出黑色光泽。如果这一步不认真做，淬火时就会出现瑕疵。此外，修整形状粗劣锯材的基本技术，是在平整的铁砧上用平口锤子精心打造。为了练习这项基本技术必须重视这个环节。如果是单齿的就在背面，双齿的就在纵拉一侧，肯定是从风箱的口处弯曲。把锯齿侧和细齿侧都远离风口，是为了在温度急剧上升后不让锯齿弯曲。为什么要使中间略微隆起呢？这是考虑到在淬火后，需要把弯曲的部分用锤子敲打，准备找平烧刃。找平烧刃是因为瑕疵容易在锯齿一侧出现，所以，不能敲锯齿一侧，只能敲打中间，因此如果没有使中间稍稍隆起则会很困难，这是第九道工序。

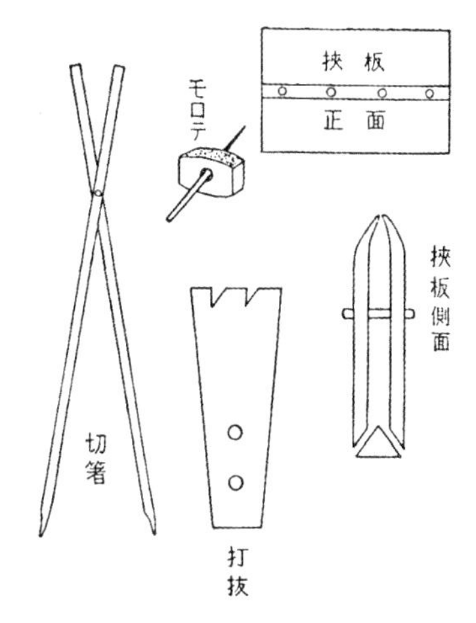

图3-3　锻造锯使用的各种工具

【图表译文：切箸（切钳）　モロテ（双手锉）】

终于到了决定锯的命运的淬火环节，淬火只由师傅自己负责。这是无论手艺多好的徒弟或匠人都难以胜任的工作，也不让别人做。把淬火炭弄成小细块，并把1.3厘米见方的炭拢在一起切开，放入炉子燃烧。烧完后用炭火钳仔细搅拌，这是为了使薄薄的锯材能够烧得均匀。把油壶放在炉子前面，在长方形的浅箱中备好仔细烘干的灰。

先把锯颈放进炉子里烧，烧好后立刻拿回来，用铁筷子夹住茎，一边用炭火钳保护锯的头部，一边把炭用火钳分开，放入烧着的火中。风箱静静地吹着，绝对不能让锯裸露出来。这样反复两三次，长的部分让徒弟用扇子扇。看到火的颜色十分均匀地呈现在锯上时（800度左右），立刻从炉子中把锯拿出，快速放入油壶里。出现火焰时将其吹灭，徒弟立刻用筷子静静夹住锯的茎处，就那样坚持一会。师傅进行下面的淬火。看好时间把锯从油中拿出来，等油滴净后，把它放入灰箱清除油。用扁铲轻轻铲掉除油后的锯的黑色的表面附着物。这是为了看淬火后的颜色。淬火后的锯叫做“烧刃”。因为它非常硬，所以要非常小心,动作要快。

淬火时特意安排在光线微暗的时间,避免强风的日子,因为火的颜色非常重要,如果不能清楚地看到火的颜色,则对锯的质量有直接影响。

把淬火过的锯进行回火处理,从锯颈开始,直到整个锯齿侧。回火是仅次于淬火的重要一步,回火后的颜色决定锯的硬度。

回火的颜色按照浅黄色、美丽的蜥蜴色、漂亮的蓝色、绿色、腐败的黄色的顺序变化。这个顺序也是由硬到软的标志。根据锯的种类会有差异,多数是在蜥蜴色、蓝色、绿色的阶段使用。还有,根据钢的性质回火也会变化出各种各样的色泽和软硬度的差异。

回火后觉得锯子变软了,就把回炉的颜色变硬,此外,根据锯的种类、大小不同,其软硬程度也不同。一般大型锯较软,小型锯较硬。木匠锯硬,伐木锯软。厚锯软,薄锯硬。只是,拉圆锯类较软,如果不这样的话易折断,不好用。

锯的各部分的硬度也不同。拿单齿锯举例来说,首先,锯颈很软,背面也很软。锯齿一侧的切口很硬,到后端逐渐有点软(见图3-4)。双齿锯是中间软,护鞘锯是除了锯颈以外其他所有的地方全都做成相同的硬度。根据冶炼积累的经验来看,这种重新淬火的方法在这里是合理的。

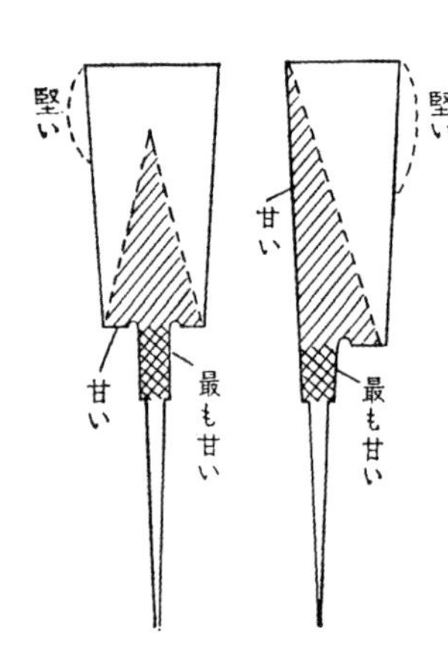

图3-4 回火图

【图表译文:堅い(硬) 甘い(软) 最も甘い(最软)】

说起来很简单,或许有人会认为回火是很容易的事。但事实并非如此。粗锻后大多为了找平而努力,但无论如何都会出现凹凸。如果有凹凸,厚的地方回火反应慢,而会变得很硬,薄的地方回火反应过快，会变软。有时淬火后锯会像鱿鱼一样卷曲，即便很直的材料回火后也难以回到理想的状态。弯曲太过的锯是很难处理的。除此之外，锯的两侧和前端也有快速变热和回火的现象。只有理解了这些条件，才能尽心地追求理想的回火。包括淬火和回火，这是制作锯的第十道工序。

把烧刃用锤子找平，并取直的工作叫做找平烧刃。找平烧刃时，锯的材质越硬，越为困难。如果技术不成熟，或不用心的话，就会出现大的瑕疵。把铁砧的方形垫座磨成圆的，在垫座上如鱿鱼一样卷曲的锯上仔细敲打。铁砧和锯之间只要有一点缝隙就会有瑕疵。用1把圆锤把无论多弯曲的物件都能修整得笔直，这需要大量的训练才可以做到。

这种行业的修炼简直比不喘气都要难。锤子的使用方法是巧妙地分开身前和两侧的角度。如果不能全部完成这个工作，就不能修理锯的故障。只有将锤打的操作做到一丝不乱的人，方可称为匠人，找平烧刃这是第十一道工序。

终于到了削锯的阶段。

扁铲不论优劣都是自己家制的（见图3-5）。把底座的下部少许插入土中，留出很高的斜度（见图3-6）。铲板在带着坚硬橡树皮的顺畅的地方使用。首先，把锯放到铲板上，把锯颈的毛坯，在铲板下打磨好后，再把铲板和锯敲打着连接好。此外，用钢做的钩子把锯固定在铲板上。然后开始粗削。粗削时用中高宽度的扁铲，首先，把表面一层黑皮磨掉。扁铲的使用方法是，静静地用力不让它滑下来，如果太滑，过后扁铲装不上去，会十分麻烦。然后静静地削，把表面的黑皮全都削掉后，接下来提高速度，尽量磨削。打薄到一定程度锯会歪，用铲板认真地将不规则的地方修好。反复几次，把锯找平。锯的齿道一侧和背面，锯身前端和后端，还有锯身的中间，每个厚度都不同。日本的锯需要那样程度的薄厚。所以称加入薄厚的工序为“找平”。

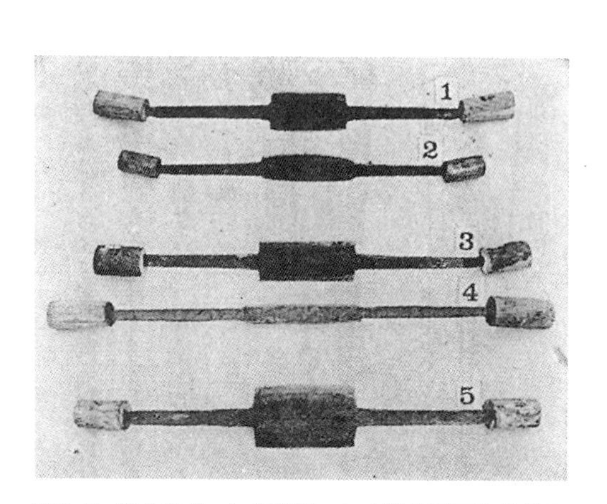

图3-5　铲的种类　1 粗削铲　2 去除斑驳不均的铲子（与粗削铲兼用）　3、4 中削铲　5 精加工铲

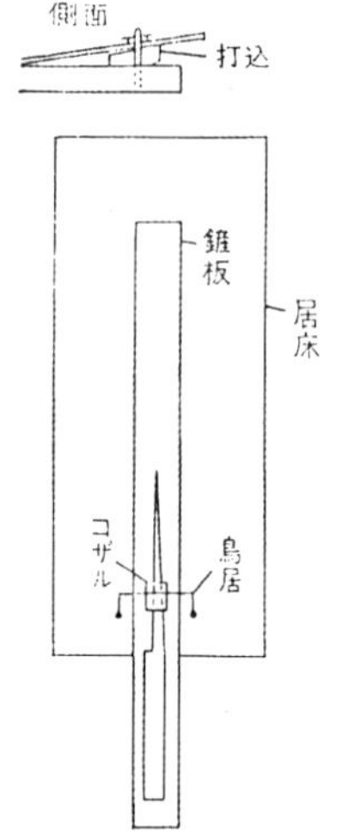

图3-6　底座图

还有，根据锯的种类，有适应各种锯的找平。普通锯用右手拿茎部，左手拿着锯尖，水平地伸开一臂的长度后，双方一起用力静静地弯曲。这时，背面和齿道一侧都呈现出半月形是最理想的。如果前端厚，前端不用弯曲，从中间弯到后端即可。还有，后端即使很厚也只弯曲前端。如果是各部分薄厚相差很大的凹凸，就弯曲成箱子的形状。还有，如果不把不规则的部分修理好，厚的地方就会弯曲，所以不规则部分必须完全修好。这样的话，削掉锯的各部分薄厚就可完成。做得好的叫“找平找得好”，我想根据图3-7（各种锯各部分的薄厚变化，渡边五郎测量）来理解。图中括号中的数字表示内侧的厚度。以“尺寸”称呼的锯的是传统的锯。完成找平后，用平铲削掉小凹凸，整理好不规则部分，整理好后，在光线的照射下仔细寻找小凹凸，找到后用蜡石笔做上记号，用中高的去除凹凸的铲子加工。这样反复处理，逐渐完成找平，等变成了没有凹凸的状态时用精加工铲来最后加工处理。

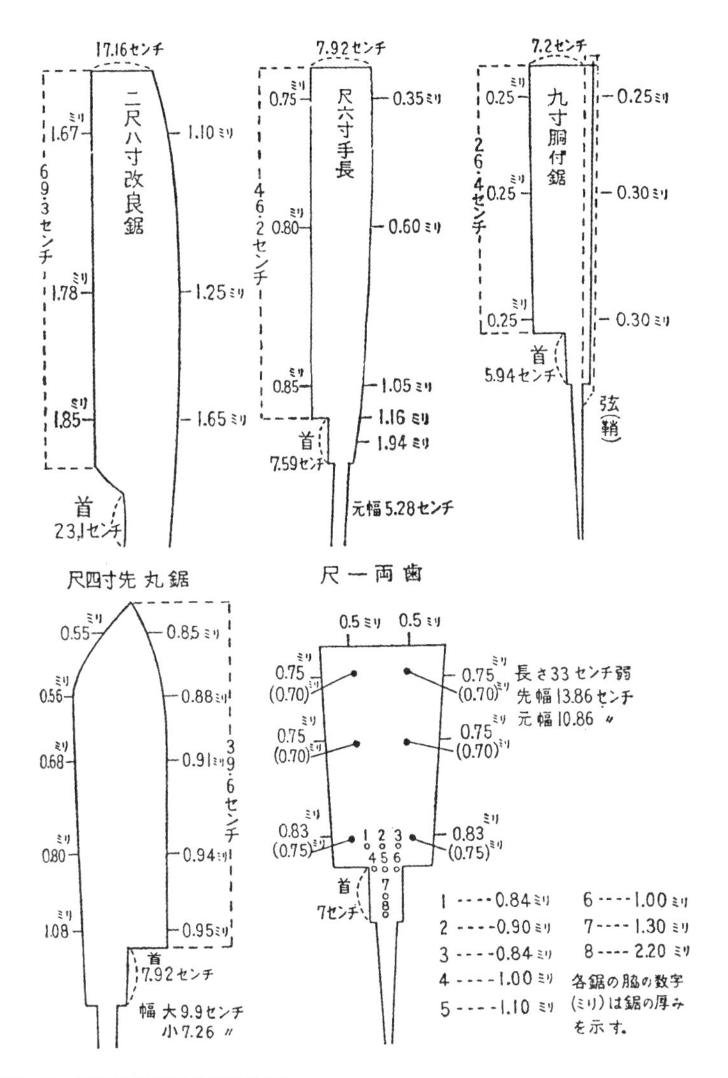

图3–7　各种锯各部分的薄厚变化

【图表译文：锯的名称左起依次是2尺8寸改良锯、1尺6寸长臂锯、9寸带壳体锯、1尺4寸鱼头锯、1尺双齿锯。长度单位：センチ（厘米）　ミリ（毫米）。各鋸の脇の数字（ミリ）は鋸の厚みを示す（各锯旁边的数值（毫米）表示锯的厚度。）】

首先把仔细研磨好的平铲轻轻地磨削，然后，用另一种铲修理铲孔，这种铲子只有在这个时候使用，呈幅度很宽的中高形状。立在前方，角度稍微倾斜。所以，如果削的话就会产生像锉屑那样的铲屑。普通的铲子是趴着用的，这个是立着用的。修改铲孔的铲的使用是一种装饰，静静地、小心地从一端穿过另一端（这个不叫削），然后从相反一侧穿过，需要两三次才能结束。

这种精加工法叫"吉丁虫铲孔"。如果完成得好，正好可以看出像吉丁虫后背那样的青黑色光泽，可以做得很细密，确实很美。除此之外，还有个叫做"线铲孔"的方法。这是用普通的中高铲仔细研磨，对于锯来说，与铲形成直角，轻轻穿过。铲孔有被划过线的痕迹。这方法虽然不如吉丁虫铲孔，但也很漂亮。精加工的步骤按照和钢锻造、淬火、回火的顺序排列，是最难的工作。

这是制作锯的第十二道工序。

把完成的锯用两手锉削，把锯放在铲板上固定，把两手锉从两手竿里穿过去，咕噜咕噜地从一端滚动。大体是将一把锯的大小分成三等分。滚动时要一边注意不让线弯曲，一边注意不弄出粗线条。结束后用变钝的两手锉使劲从锯头到锯根处一直穿过。这叫"生切"。最后将两手锉沾上油，用力研磨，这叫做"通油"。从明治末期到大正初中期，两手锉的研磨是最精巧的。这也叫"缩面研磨"。两手锉和竿都是自己家做的，关西叫"滚锉"。

这是制作锯的第十三道工序。

把磨好的锯周围用锉刀锉削，叫"来回刷"。还有，将细齿的护鞘锯，8—9寸拉切锯粗磨后，做出齿形。这是第十四道工序。

最后处理锯的不规则部分。用砥石好好研磨锯身，去掉所有瑕疵，这要由师傅或是匠人中手艺最好的人来做，这是第十五道工序。

下一步是给锯的中间部分增加颜色。把炭火堆得高高的，用扇子扇，把锯烧成黄色。有人把这个程序称为给锯化妆。用亡父的话来说，即便把和钢锯大体做出形状之后，还是觉得不称心，所以要将其再次回火、淬火，这样就放心了。

然后用锤子敲打锯齿，如果锯齿和铁砧中间有缝隙，锯齿会被折断。这是第十六道工序。

最后打磨锯齿，认真整理齿形，直到能够使用为止。这是第十七道工序。

在即将完成的锯颈的表面，刻上某某制作和铭文。单齿锯用右手拿着茎，锯齿冲上的一面是正面。双齿锯也一样，锯切齿冲上的一面是正面，这样就完成了。认真擦掉油后，将锯放入柜子中。

采用现代钢之后锯的变化

首先，我简单记述下采用现代钢之后在技术方面的主要变化。

（1）在粗制阶段无需锻炼，只剩下延展钢材，即使是延展也只有明治末期到大正初期的8分见方和1寸见方的方钢、大正时代的一分厚的扁钢（3毫米）、昭和中期到战后的1.5—2毫米厚的钢。这些钢逐渐变薄。相应的，工作方法也发生了变化，大多省略了比较老的方法。此外，现在对于熄灭炉火后进行氧气焊接来说，也有很多工厂改变了这种方法，使用机械锤，还有的工厂使用轧制机。

（2）在锯的精加工时，使用了研磨机、磨削机，锯齿用冲压机冲出，铲子只用于修饰局部，也有人干脆不用了。

更大的变化是淬火，锯一放进油壶里，立刻被提出来，趁着温度还没降太低从两面加压，以防止其弯曲，这是作为淬火后工序的一项革命性技术。为此，整修锯形也变得容易多了。锯在淬火时如变形则过后难以修整。

修整锯形技术的进步，对回火技术以及最终完成锯的精加工产生了很大影响。锯齿也从昭和九年开始因为英制锉的普及效率而得到了显著提高。此外，几乎同时，电焊的普及，也使那些有瑕疵的锯不被废弃。整体来看，技术和材料的进步使锯的制作技术变得越来越简单，品质也得到了提高，生产率和战前相比有了很大提高。

从和钢到现代钢的过渡

和钢锯的制作，在全国来看，是从明治末期开始到大正初期结束。作为非常稀有的和钢锯，在战后也只有少数人在制作，所以大部分和钢锯，一定是大正初期的制品。

和钢材料，不仅在技术上很难处理，制品好坏也有很大差异。亡父的师傅作次郎技术高超，但即便如此，出现瑕疵的锯也堆积如山了。

随着市场需求的逐渐增加，人们需要更加精巧、轻薄的锯，无论如何都需要比和钢更为精细的材料。还有，和钢锯的价格很高，作次郎制的1尺长双齿锯相当于当时木匠一周的工资。使用者希望锯的价格能有所下降。

明治末期出现了方钢，是8分到1寸的方棒，我想这应该是进口钢，是英国或瑞典等地的制品，具体不详，将其打薄之后制造锯。那种优质精致的钢，是昭和中期老木匠得以自大的品种。锯如青黑色的油漆一般，制作精美。现在（1975年）用方钢打锯也不太常见。其制作期限短，并且使用起来感觉很好。

和钢锯存量极少，我只是偶尔见过。和钢锯并非青黑色，昭和初期曾有很多，据我回忆，大都呈茶褐色光泽。末期的锯，有些带有黑色的光泽，更多的是煤黑色。真正精通和钢锯的人，都认可这一点。

足立区绫濑町的木匠金子家所藏的锯是以下状态：

齿道为2尺6分，前宽4寸1分，后宽3寸4分5厘，锯颈为2寸9分

5厘，茎处为1尺3寸，手柄为2尺1寸3分。锯齿：前端每寸内2个半，后端每寸内3个半，用铲子精加工。（锯铭）制作者：中屋甚兵卫（？）。

手柄很长，有铜的刻度，锯背面为柔和曲线，锯身平整，黑色，无凹陷，锯齿无裂痕。可以判断是明治末期的方钢打制的锯。

这把锯和明治初期到中期的和钢锯相比，精良程度有阶段性的差别。用和钢制成这种又长又大的锯，即使有可能做得这么精致，也很困难。这是在和钢锯技术高度发达的基础上所产生的使用方钢的制品。

后来出现了质量均匀、做法精良、更加完善的锯。这点，从原材料来看也是理所当然的，此外，对这种锯的需求也很大。

从明治末期到大正初期，开始使用厚1分（3毫米左右）的扁钢。一般用的是东乡钢，我认为这种钢应该是英国制的。作为锯来用的有两种，质量好的黄纸印是非常硬的钢，所以能很好地锯切，而缺点是韧性略差。用这种钢做的锯也有存世，呈很漂亮的黑红色，扁钢比方钢更易冶炼，所以制品能降价。大正时期的价格和明治时期相比相对有所下降。

从大正末期到昭和初期，除了一部分发达地区，一般原材料按和钢→方钢→扁钢的顺序变化。制作锯的工具和技术没有什么变化，但在战后开始出现大变。机械化的高潮扑面而来。

从和钢到现代钢的过渡，各地区有所不同。批量生产的地区快，其他地区则慢些。新泻县三条市地区变化得比较快，据该市中屋伊之助氏所讲，从明治三十年左右开始不再使用和钢（该人亡父5岁时）。在我的老家栃木县氏家町，我的哥哥在他5岁的时候曾看到父亲用和钢造锯，那是明治四十五年左右的事了。千叶县馆山市北条的中屋久作氏（1965年，68岁）说："在房州人们使用和钢造锯的时间截至大正十年左右。那之后，用了扁钢。只是，在昭和二十年之前是按订单制作和钢锯的。”

在我家，父亲病弱后，就不能制锯了。所以，明治四十五年以后，停止使用和钢的说法并不正确。我从叔父吉川文吾处听说了分家另过的栃木县乌山町的吉川忠次家的事情。

叔父说他在忠次家当学徒时，一直到大正五至六年以前都是按照订单制作和钢锯的。

在三条市的伊之助处，也听说了明治三十年以后，并没有彻底停止使用和钢，我认为依然有几年的过渡期。根据这3个例子，来总结和钢的最终使用时间。

三条市，中屋伊之助氏，明治三十年。

氏家町，中屋芳右卫门，明治四十五年到大正五年。

馆山市，中屋久作氏，大正十年到昭和二十年。

新潟县三条市的伊之助氏的和钢使用的废止时间比栃木县氏家町、乌山町的芳右卫门、忠次的废止时间早15年，然后，房州的久作氏过了10年才废止。伊之助氏与久作氏的废止时间相差25年。从偶尔根据订单接活来考虑，实际上还应延长很长一段时间。

我认为，伊之助氏是在新潟县最早开始用现代钢的人。吉川忠次也是栃木县最早换成使用现代钢的人。

明治中期是和钢锯的鼎盛期，接近末期出现了方钢、扁钢。到了大正时期，和钢完全被现代钢取代。大正后半期，在全国的锯产量中，和钢锯占的比例几乎不值一提。到了昭和时期，保存这种技术的人则所剩无几了。

对于锯制造商来说，是尽快抛弃和钢而采用现代钢，还是对和钢恋恋不舍？哪些人获胜了，不言自明，当然还是能够熟练使用现代钢的人胜利了。

我现在（1975年）每天在东京开锯齿，每个月接的锯，和钢锯不到一把。而且，这些和钢锯，基本上都是房州锯。这证实了久作氏谈话的正确性。

越后、会津、信州、关西的和钢木匠用锯在东京实属罕见。可见在各地的山里，现代钢使用得比较晚。

刚才举例中的足立区绫濑町的金子先生是明治三十一年生人，其父是明治二年生人，都是木匠。金子先生现在还保留着他的亡父买的锯和他自己在大正初期左右买的和钢锯。我有很多当木匠的朋友，但是却没有一个人像他那样拥有这么多的和钢锯。所以，我拜访了金子先生，向他询问了和钢锯和现代钢锯的差异。

总结金子先生的话，可看到和钢锯有以下特征：

（1）锯齿损耗快。

（2）伐锯（锉锯齿）容易。

（3）害怕碰到木头节和钉子。

（4）锯没有木节的杉木很轻松。

（5）锯橡树以及其他坚硬的木材时磨损快。

（6）外行也可增减锯齿的交错排列。

“因为现在的锯强度高，所以遇到木节和硬木也不会损伤锯齿，可以痛快地截断。但如果锯齿的交错排列有问题，则容易伤害锯齿，或形成瑕疵。由于硬度高，所以木匠伐锯也不容易。大正时代，传入了越后的锯。因为越后的锯硬，所以锯齿容易折断，木板也容易折断，用这样的锯是很讨厌的。当时木匠持有的锯的数量不多，而且锉锯齿也大多都是自己干，这样就要求木匠必须能够自己修理锯。”

从中，我们可以看出大正时代和钢锯依然受欢迎的理由。靠切断试验来决定和钢锯和现代钢锯的优劣是很愚蠢的。和钢锯受木匠欢迎的理由有一半是因为它们的经济原因。东乡钢锯的齿侧缺口，像陶器的碎片一样。因此比较而言，和钢锯对于当时的木匠来说是非常好用的。

和钢锯无法降价，制品的质量不好的较多。在更精巧的锯中，质量均匀的现代钢锯应为上品。因为以上理由，和钢锯的身影急速消失。

现在，是否可以制和钢锯？若有材料，技术有所限制的话，答案很简单，可以制作，而且只要苦心下工夫，也可制作出明治终末期的制品中的良品锯，只是，并不能成为单独的事业吧。从和钢到方钢、扁钢的变迁，从历史上看是必然的。

初期机械制造锯的记录

也有人从明治末期就开始试着用机械造锯。根据《会津若松市史》记载，虽然在明治末期有人尝试，但最后以失败而告终。此外，在宇都宫的中屋作次郎氏也发现了这点，试着买了机器，结果完全失败。关于此事，在我的少年时代，父母亲曾说，因为这样，所以锯不能用机器来做。这种试验在全国各地都做过。仔细调查就会知道。

1968年9月15日，我访问了浅草藏前的杉原清治氏，杉原氏是兵库县三木市人，他们家族出了很多锯制造者（以下省略尊称）。

杉原清治和他父亲杉原半之助在大正十年一起在“伏见锯制作所”工作，当时他的年龄为19岁。工厂在京都市伏见町。出资者是当时的“户畑铸造”的社长鲇川义介。当时京都市的市议员田中市太郎、山崎次太郎，是伏见锯制作所的创立者。

杉原半之助是工厂主任，半之助曾在伏见锯制作所当学徒。老板是谷口清兵卫，他还在仲道久兵卫处当过学徒。作为手工部门的锯制作者，其技术员都是杉原的亲戚。

杉原半之助，儿子清治、光夫，镰谷兵吉（外祖父）、兵太郎，爪生田竹次（半之助弟子），另有技术员5名，合计11名。

机械方面的主任是木匠芳太郎及其他5名人员，合计6名。

营业、办公、销售负责人城某。

另外，其他还有负责工厂经营的厂长及一些人，有九州佐贺县出身的山崎的外甥板谷，全部19人从业。

原材料采用方钢，这样的话，根据造锯的种类有以下尺寸：

3分见方　带壳体锯

4分见方　8寸双齿锯

5分见方　9寸双齿锯

6分见方　1尺双齿锯

7分见方　1尺1寸双齿锯

从大约1年后就开始用了黄纸东乡钢，炉子是反射炉，用煤作为燃料。

首先，把方钢在反射炉里炼好，用传送带输送，用锤子打薄。由一个人来操作该机器。首先把两张钢板摞在一起延展，延展到很长时再摞上4张一起延展。加水打平这道工序，先采用手工业的方法，由一个伙计做，做茎时采用手工，撒上硼沙。锯颈锻造由师傅一人完成，顺便把形状打磨出来。淬火前的作业采用手工完成。

淬火用油淬，将锯子放入铸造箱，放进炉里。回火时放入电波环油中，加热到300度。把取出来的锯用灰除去油渍，再把锯颈部分回火。

研磨工序，采用表面研磨机、磁力夹盘的方法，一共有粗磨、中磨和精磨3个程序，研磨速度为3人每天实际工作时间10小时，粗磨100把，中磨80把，精磨40把左右。取直工序由铁匠承担，他们不负责精加工，矫正弯曲是手艺人的工作。开锯口也是手艺人的工作，3个人1组。1天可生产40把左右的锯（平均每人2把以上）。

锯的行市是批发价，1尺的双齿锯1把3日元左右，工厂的大体收入是1天120日元左右，工人的工资平均1天2日元以下，工作时间实际为10小时（出勤时间12小时，早上7点到晚上7点），休息日是每月的1日和15日，没有任何福利和奖金。

大正十年10月2日创立公司，大正十二年9月1日杉原一家辞职（从业时间1年11个月）。这之后，公司继续营业，两年后解散。所以到了大正十四年左右，持续了将近4年，公司经营赤字，被日立安来制钢所收购了。

为什么锯制造的机械化那么困难呢？它的根本原因在于日本锯的构造。

像西洋、中国的大部分的锯那样，如果是在一块钢条上做出锯齿，这对于机械化来说是极为容易的。只是日本锯是一个人用的，是朝身体一方拉的锯，为了充分发挥这种功能，前面已经讲述过了，就得让锯身各部分形成薄厚差异。制作这样的锯从技术上看很困难。伏见锯制作所就遇到了这种技术的难题。

延展钢、磨削等每个人能加工100个锯齿，但这并不能形成锯，例如，修理故障的工序需多次重复，于是整体速度会慢慢变慢。大多数锯制造业都受到了手工业技术的制约，我想这也是失败的原因之一。

此外，这种情况又影响到锯的价格问题上。当时3日元的批发价格并不是绝对便宜的行情。这个价格到了使用者手中，大概变成了6日元。如果是这个价格的话，可以买一把质量非常好的手工锯。由此降价难以实施。

我也看到过质量很好的锯，也曾伐过这种锯，是锯颈上刻着标志的锯。

但是有人批评这种锯太硬，容易折断。方钢、东乡钢的质量虽然很好，但可能是炉子上出现了问题。炉子是反射炉，用煤作为燃料，当时的锻造锯用了松木炭，此外，应该是回火的问题。因为回火除了锯颈，其他所有地方都被烧成同样的硬度，锯身部分则过硬。

即便如此，虽然作为事业来说没有成功，但把锯做得漂亮却可以说成功了。现在的机械制造锯的成功，相比在锯冶炼上下的工夫来说，我想更重要的是对钢材的改良，1.5毫米左右薄的优质钢材的大量生产，电焊、气焊等焊接技术等进步的支持。近代锯制造技术的发达被原材料钢的发达程度所彻底左右。

我在栃木县氏家町的锯馆后面建立了一个加工厂，着手进行和钢锯的复制。在1974年11月初取得了成功。这使FD的秋冈芳夫氏、松岛和子氏等5人着手记录的《制锯》得以出版。此外在岩波电影制作所制作了纪录片《锯的制作》。实弟渡边五郎在困难的技术复原之际得到了桐生市的中屋熊五郎氏的恳切支持与援助，我也得到了中屋熊五郎氏的大力帮助，一并表示深深感谢。

第四章

各种工具研究

铁砧的制作

铁砧是铁匠铺的工具，和风箱同样重要。造大型锯用的铁砧，重约16—20贯（3.75千克）左右，要将设备高度的七成埋在地下使用。

很久以前，铁砧采用的是石头，在《大言海》中，有“铁砧就是锤砧，系锻造工具，现曰铁床，古时亦用石制作。天治字镜十二（三十），铁砧，加奈志支《倭名抄》之石”的记述。

选择河滩上的石头的平面，用来加工金属，将其砸薄或抻长，这是十分自然的。

有朋友曾讲到：战时因为出义务工，到鬼怒川的河边工作过。那时，镐头尖秃了，需要重新打出镐尖来，但没有风箱，也没有铁砧。没有办法，只好拢起火，在火里烧，直到镐尖变软，再找到身边的石头，放在上面打出镐尖，完成得非常好。由此我便想到，把石头当成铁砧，从古代开始，或许就是这么干的，非常自然。

东京国立博物馆表庆馆展览的那个铁砧很小，与前面“关于锉削”的部分举出的台子相像，台口呈四方形。

仓敷考古馆藏的铁砧，像鹤的脖子和嘴一样弯曲，呈环形。例如，可以用它加工凿子头。在5世纪左右，可能是用来做马具的。

如果没有铁砧，铁匠铺的工作将无法进行。在这里，我想调查一下这个铁砧，回顾其发展变化的足迹。

只是，铁砧的遗物很少，因为铁砧是很重要的东西，所以不能废弃。此外，如果台面凹凸的话，修理后还可使用。如果磨损或者出现欠缺，加上原料，回炉后重新打造。所以，即使是现在遗留的东西，也有包含几百年前的材料的可能。但这难以证明。

通过调查遗留下来的铁砧，我们知道了它的变化。此外，我还调查了绘画中的铁砧，做了模型铁砧，将两者结合起来考察（见表4-1和图4-1）。

表4-1　和铁的铁砧（数字的单位为cm）

	名称	口宽	口厚	高	底边宽	底边厚
(1) 家具的历史馆藏	铁砧	18.5	8.5	17.5	17.0	7.5
(2) 锯馆藏	铁砧	20.1	9.7	29.0	27.0	9.5
(3) 手冢氏藏	铁砧	21.5	10.0	31.0	28.0	10.0—10.5
(4) 锯馆藏	铁砧	19.2	10.0	28.0	24.0	11.7
(5) 锯馆藏	山丘形铁砧	15.8	6.0	21.3	25.7	8.5
(6) 渡边氏藏	山丘形铁砧	12.0	7.0	23—24	16.0	10.0

在调查过的6个铁砧中，最古老的可能是（1）家具历史馆藏（东京晴海）和（2）锯馆藏（枥木县氏家町）的铁砧。

首先观察（1），表上的数字是木台上露出的部分，如果只有10厘米镶在台上的话，高度是27.5厘米，这样估计没有问题。台面长18.5

图4-1　和铁铁砧、钢砧(遗物)
【图表译文:(1)家具的历史馆藏　(2)锯馆藏　(3)手冢氏藏　(4)锯馆藏　(5)锯馆藏　(6)渡边五郎氏藏】

厘米，底边宽17厘米。台面厚8.5厘米。底边厚7.5厘米。只有这样的高度差在17.5厘米的铁砧身上。如果再把它延长10厘米来看，宽度和厚度都更小，因为木台是超大号的，或许是为了增加其稳定性而将其埋在地下。拥有这种构造的铁砧，出现在《人伦训蒙图汇》和《士农工商风俗图》等江户时代的绘画中。

铁砧的凹凸很明显，呈半月形剥离状，台面处有瑕疵，这个铁砧从技术上可以知道依然是初级阶段的制品。

(2)的整体形状呈富士山形，较以往的有所进步，但如果仔细观察铁砧本身，则可看出其制作的缺陷。铁砧台面的大约三分之一的地方留着缺口，摩擦一下台面即可发现有许多瑕疵。这可能是造铁砧淬火时留下的，有缺陷的铁砧上留有大小不一的4条裂痕，台面之所以形成缺陷，便与铁砧本体密切相关。如图4-1上所示，假设把上面14厘米处像断层线一样的线条叫做断层线，下面则脱落掉了。断层线的上面厚，下面却非常薄。剩下的台面部分是另外加上的，应该是焊接过的，呈隆起状。整体凹凸严重，还有许多剥落部分。这一点跟(1)比，可以想象其制作工艺更加原始。这个铁砧原本是想把3个小铁砧凑到一起，回炉后做成有重量的稳定的铁砧，但没有成功。

从(1)、(2)的铁砧和它们的构造与铁砧自身的状态来看，应该是江户时代中期到中末期左右的铁砧。

(3)是手冢武雄氏所藏(氏家町)，我想是江户时代最末期的铁砧，是我调查过的铁砧中最大、最稳定的铁砧，外形接近富士山形。铁砧中间有很大凹陷，台面上有剥离部分。

(4)是吉川家传来铁砧(锯馆藏)，比较完善，没有凹凸不平。这个铁砧何时制作的，不得而知。假设是在高祖一代，高祖死于江户时代最末期，所以，应该是那个时代的铁砧。

(5)是锯馆藏的山丘形铁砧，是前些年80余岁亡故的铁匠给我的。

铁砧本身有像岩石一样的凹凸，但没有剥离部分，形状很完整。

(6)是吉川家传来(渡边五郎氏藏)的山丘形铁砧。形态上没有剥离部分，铁砧自身也有锤子的痕迹，虽然有凹凸，但整体形状尚可，稳定性也很好。有可能是明治初期的。

在这里列举的6个铁砧，铁砧本体用的是日本铁，台面部分则是用和钢锻造，圆角处用现代钢连接上的。年代越久远，制作铁砧就越困难，这项工作就叫铁砧制作。

铁砧演变成这样的形态，曾经历了各种变化。尽管了解得不完全，我们亦可追寻其变化轨迹。

大仓集古馆所藏《锻造师图》中的铁砧(见图4–3)，《喜多院职人尽绘》锻造师图的铁砧，呈现出的是好像熔岩碎片抑或是刚刚做好的年糕的形状，感觉奇特。这个铁砧是把原料放在炉子里锻造，把台面弄平，使其可以使用。铁砧的台面很宽，在图中没有描绘出地下埋藏的部分。或许是在铁砧的前后左右用木桩固定住来使用的。这种形状的铁砧使用起来可能很困难。我们把"大仓""喜多院"型铁砧称为1型。

出光美术馆藏的岩佐又兵卫《钉冶炼图》中的铁砧，只需要把正方形的铁块放在地上就可以工作了。我想，这也有必要把前后左右四处都打上木桩，但是，因为铁砧是正方形的，利用直角部使制品成形，要比前者完成得好。我们把这种铁砧称作2型。

菱川师宣所绘的《和国诸职绘尽》(见图4–2)和奥村政信所绘的《绘本士农工商》中的"锻造师图"中出现的圆形铁砧，可能是用来加工锯的。我认为，这个铁砧从图册上的样子来看，好像嵌入了木桩，起到稳定的作用。《和国诸职绘尽》中的师傅直着腰在工作，这是由于铁砧比较高，而《绘本士农工商》中的师傅则是弯着腰在干活，这是因为铁砧较矮。我想后者的铁砧应该是被埋在地下的。后者的铁砧比较稳定，我们称其为3型。

东京艺术大学所藏《职人尽绘卷》(见图4–4)中的"锻造师图"

图4–2 《和国诸职绘尽》中的圆形铁砧

图4–3 大仓集古馆藏《冶炼师图》的铁砧

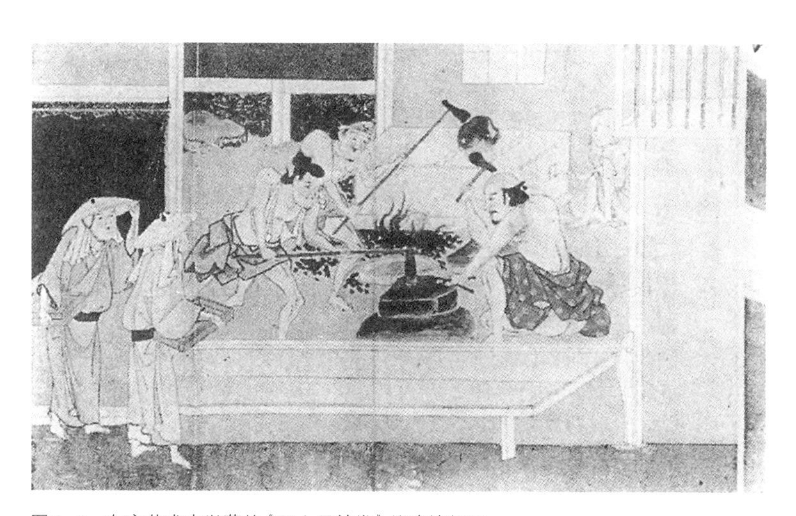

图4–4 东京艺术大学藏的《职人尽绘卷》的冶炼师图

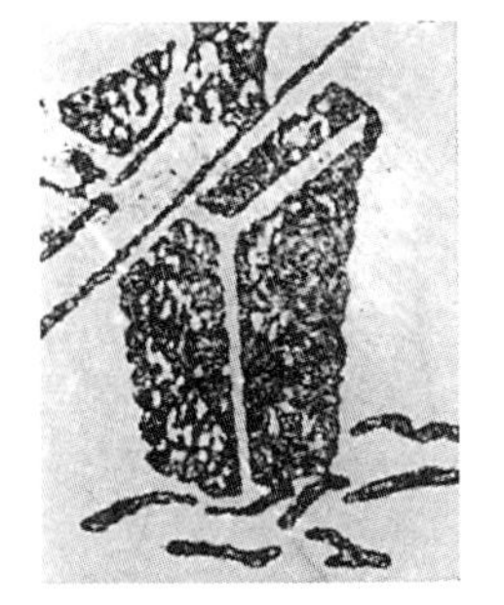

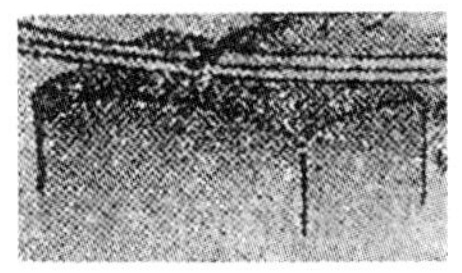

图4-5 绘画中的铁砧
从上到下依次为《七十一番歌合》、《人伦训蒙图汇》、《彩画职人部类》

图4-6 《士农工商风俗图》锻造师(江户中期)

(江户时代中期)中的铁砧则是被嵌入了一个大木台里,可以很清楚地看出木台被埋在地下的部分。我们称其为4型。

《人伦训蒙图汇》(见图4-5)中的“刀锻造”中出现的铁砧,呈很大的四棱锥形,但没有发现木台。这种形式的铁砧如果底部不嵌入结实的木台里,则每次拿大锤打造时都要移动,无法使用。所以可以肯定地下有木台。这种铁砧称其为5型。

《人伦训蒙图汇》中的“锻造”和《士农工商风俗图》(见图4-6)中的“锻造”中的铁砧,前者的台面是正方形,镶嵌在木台中。此外,从台面到嵌入部分越来越细。后者的台面是横着的长方形,埋在地下的部分比台面细。与保存下来的“家具历史馆藏铁砧”相似,但比其更细。后者虽是埋在地下用的,但从铁砧的形态来看是嵌入了木台,比起前者形状要大,更为进步,这两者称作6型。

《彩画职人部类》(见图4-5)的“刀锻造”中的铁砧、北斋所画的《锚锻造》中的铁砧是大型的,铁砧的七成以上都被埋在了地下,形状也酷似明治时代的铁砧。我们把它称为7型。

铁砧的进步可以总结为两点：① 稳定性，② 产品的成型性。

（1）首先，铁砧的重量是最重要的问题。增加重量是稳定性的基本条件。轻的铁砧不能处理大的材料。其次，是铁砧的形状。为了在形状上给铁砧增加稳定性，令人煞费苦心。

（2）产品的成型性也和（1）有着密不可分的关系。因为是利用铁砧的台面和角部确定的形状（正方形、圆形、长方形等）与决定制品的造型和效率有关。在图中所描绘过的内容，考察了从室町时代末期到江户时代末期的铁砧形态变化，可以充分理解（1）和（2）。

不用说，1型过于原始，但是，在技术不发达的时代这种形状也能制作。

2型尽管依然简单，但因为是正方形的，成型比1要好。

3型和《和国》、《绘本》这两幅画中的铁砧一样，加工有一定宽度的可能是锯的物件，所以，随着锯的需要量增加，要求加工材料断面的正确性越来越高。这样的话，需要知道锯的宽度。在这里为了制幅度较宽的锯，安装木材等辅助材料，增加了稳定性。

4型和5型更加先进，安在木台上。

5型是所谓的置平型，如果不把这个铁砧埋在地下嵌入的话，就难以使用。

6型有两个阶段，《人伦训蒙图素》中"锻造"的铁砧，其构造和5型相近。《士农工商风俗图》中锻造的铁砧是大型的，和保留下来的1型的铁砧相似，恰好处于前者保留下来的1型的铁砧的中间位置。后者的铁砧从露出地面的部分很长，保留物的1型也拥有这种形态。这些铁砧和1、2、3、4型的铁砧相比较，稳定性和成型性都很好，这毫无疑问。

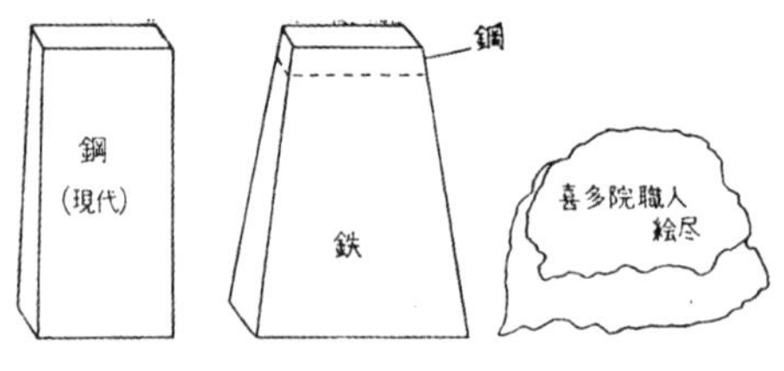

【图表译文：钢（现代）、铁、喜多院职人绘尽】

7型铁砧的《彩画职人部类》、北斋所画的《锚锻造》是特大型的，形态也和明治时代的铁砧、钢砧相比基本没有变化。6型比较活跃，稳定性和成型性较好。

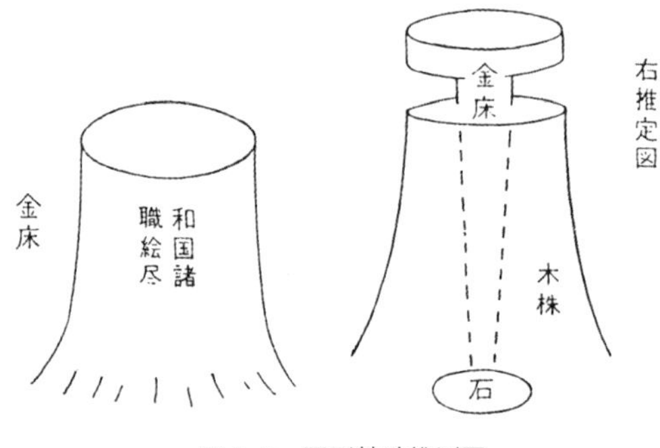

图4-7　圆形铁砧推测图

【图表译文：铁砧、和国诸职绘尽、铁砧、石头、木桩、　右推测图】

如图4-7所示，为圆形铁砧推测图。

1964年11月，为求得新泻地区的资料，我出发探访，得到了关于铁砧的重要记录。记录者是锯的产地、新潟县三条市的深泽伊之助氏的亡父。写于昭和九年。

在《我的家族历史及其话题》中，谈到了铁砧：其时之铁砧采用和钢制，频出瑕疵，因费工费时，损耗甚大，故思创意改良，乃以废铁、生铁制底座，而用钢作台面。遂于八幡宫院内，取百贯屑铁熔化，开始作业，有居于胡同某者前来助力，结果失败。然以此为动机，当时三条町锻工业者，继而熔废铁以制铁砧本体，用钢材制铁砧台面。

按照深泽记录的方法，即铁砧本体采用铁，而仅于台面采用钢的方法制作出的铁砧，如果在连接部分完全焊接得好，则在使用中就不会产生瑕疵。但是，这样的铁砧，钢与铁的结合部容易分离。并且如果仔细检查出土的铁砧，可以发现在制作和淬火阶段便出现了许多瑕疵。当台面的钢处于附着状态时，如果用大锤击打，便难以承受，以至于产生瑕疵。这些都与深泽力图改良的铁砧属于同一性质。

《如果那时的铁砧由和钢改为圆钢》的这篇文章，是用和钢锻炼成全钢的意思。

可以认为，深泽氏改良前的铁砧是全钢的，用来煅烧比较薄的物件。这样的话，在它使用的过程中就有很大可能产生瑕疵。此外，用这种比较轻薄的钢块和铁砧时，当然也需要进行加固。

在这里考虑一下3型的《和国诸职人》、《绘本士农工商》中的结构的铁砧。如果是这种铁砧，在使用过程中出现瑕疵，则有发生危险事态的可能。支撑特殊的铁砧的木桩，时间长了也会发生凹凸，所以，装载在凹凸面上的铁砧也马上变得容易产生瑕疵。

关于接近于3型构造的铁砧，我在前年去会津若松市调查旅行时，询问了锻造锯的长老川村氏（如现在活着应当是86岁左右）。其回答是：听说过那样的铁砧，某人曾经用过，有瑕疵，无论如何都不好用。这样，也知道了在会津出现的情况，在三条也一样。

那么，在三条市拥有改良铁砧理想的人究竟是什么时代的人呢？此人在文化十四年出生，明治十九年70岁亡故。这样大的技术革新，如果是太年轻的人，在技术上难以实现。此外，如果是老年人，从体力的方面考虑，实践的可能性不大。这样来看，30岁左右是合理的。如果是30岁左右则可考虑是天保时代。天保年间（1830—1843年）左右，三条市的技术应该是那个程度。只是，这并不能确定是当时日本全国的情况。《彩画职人部类》橘珉江，安永年间（1772—1780年）的铁砧质量上乘，可以判断有一个和这个图同样的物件。与天保有半世纪之差，葛饰北斋也在《绘本庭训往来》弘化三年（1846年）画的《锚锻造》中，出现了高质量的铁砧。

如此看来，深泽氏的记录并非错误。对上述问题可作出以下解释：

江户时代，根据地域、行业不同，制造铁砧的技术差异应该是非常之大的。珉江笔下的“刀锻造”，使用了很好的铁砧。刀锻造是制作代表着封建社会权力的刀，他们是在封建权力的保护之下作业的。所以，铁砧这个道具也很快被改良了。

北斋的《庭训往来》中的“锚锻造”也可以这么说。这时是因为船运资本家的订单，才有很多人做。并且产生了手工工场，在相当大的资本之下经营。

铁砧的改良，技术上就不必说了，原料、燃料、劳力等，如果没有相当的财力是不可能完成的。也要做好像《我的家族历史》中失败的准备。此外，还必须从失败中汲取教训。

在发达地区还有刀锻造等行业，或许从很久以前，便开始使用高质量的铁砧，只是并不具有全国性的意义。再者，应该也没有公开制作铁砧的技术。锯、农具都是贫苦人民的日常工具。所以，直到像这样制造生产工具的铁匠铺开始试图改良铁砧，比受到权力者保护的锻造业落后半个世纪，则是很自然的。

在三条市，天保时代，如前所记的改良铁砧所做的努力，是顺理成章的。不仅在天保时代，即使到了明治时代也有铁匠铺用带有瑕疵的铁砧工作。

铁砧给我们提供了为理解钢铁锻造进化史的基本知识，联想到绘画中和保留下来的铁砧，我就感慨为了对极为匮乏的钢铁资源进行有效利用，祖先们付出了怎样艰苦辛酸的努力。从近世初期到明治结束，铁砧的制作有了很大的进步。

1974年8月5日，深泽伊之助氏送给我一副铁砧用大筷子，其尺寸全长1.378米，芯棒位于前端35厘米处，前宽2.5厘米，厚0.9厘米。可能制作于江户时代末期，要用这样大的筷子来夹动铁砧。

制作铁砧要由镇上或村里的数家铁匠铺联手，到河边等远离人家的地方搭起临时工棚，砌起铁匠炉，支上风箱，然后把从钉子开始算起的各种铁收集起来，投进炉里熔炼。把数个炉子炼出的铁集中到一处，由强悍者抡起大锤，打出铁砧的基本形状。铁砧的台面，则另外用钢锻造，再把台面用锉、用粗石磨砺，待其表面平整之后，再次回炉，然后投入河水中进行淬火。由于铁砧形状庞大，所以要在水里搁置一段时间。如果不彻底凉透，完工后容易形成大的瑕疵。接着，还要用磨石仔细研磨台面。

制作铁砧对于铁匠铺来说，是制作特别重要的工具，因此一旦完工，则要把酒庆贺，说些平时得意的话题，宛如诗歌中的“风箱上的云啊，红色的天空”一般的心境。

铁匠炉与风箱

铁匠铺都特别在意炉子。在以往，外人要想进来看看，则会挨骂。炉子的做法在200年间，曾分三个阶段发生了变化。在从或许是产生于室町时代末期的大仓集古馆所藏《职人尽绘》中“铁匠铺”的绘图，到江户末期的《庭训往来》中“铁匠铺”的绘图里，都在炉子上画了风口。我所见到的关于铁匠铺的画全部如此。风口在明治以后的画中，都隐藏在炭里面。事实上也是如此。风箱的风朝向炉子一侧吹。在风口上，将铁插入炭中进行烧制。

然而在过去的画里，画的都是风口露在炉子上，斜着向炉子里送风。这种做法，有些像用吹火棒吹火。使风箱有效地产生风的炉砖风口有时未出现于画中。

看到过去的画，我曾想过：“这就是画家画出来的，由于不了解铁匠铺,所以才这样画的。”但看过很多关于铁匠炉的画之后,我的想法就发生了变化。一个两个画家有可能错,而所有的画家,包括那些一流画家都错了,这不大可能。并且数百年之间画家都在造假也难以想象。一定是有某种理由,否则,并非能提高绘画效果却这样画则无道理。

铁匠不是什么珍稀职业,所以画家平日见惯,或许还有铁匠朋友,由此可以估计或许就有像画上那样的露出风口的炉子。关于此事我曾问过哥哥,哥哥也否定说,哪有那种事,那样的设置无法干活。但是,图画上的其他部分都正确,而只有这一部分所有的画家都出现谬误,不合情理。二人苦想半天,最后哥哥说,如果这样,就会特别消耗炭。我们哥俩把考虑的结果跟开铁匠铺专门造锯的叔父吉川文吾说了之后,他也认可这样的结论。

区别就在于风口是露出在炉子上,还是不露出。外行或许觉得这点小事不值一提,但这恰好体现了技术的进步。下面介绍一下我的经验:我曾经苦心琢磨复原采用和钢来制锯的技术,那时想找到风口,但经四方找寻而不可得。我曾把德国造的红砖钻出孔,代替风口,但很快就像饴糖一般熔化,结果失败。风口就是普通的灰褐色喇叭状的圆筒(见图4-8),但可以在冶炼炉中承受令铁熔化的1 200℃左右的高温。出现磨损后不能使用时就扔掉。被扔掉的送风管吸入湿气后,质地变软,一踩就碎。其产地不明,好像是一种耐火砖。过去关于铁匠铺的画中,风口外露,或许是耐火风口尚未出现。但并不能说没有可以放入炉中的风口,所以过去的损失太大了。使用风口便节省了炭,不过一方面原材料的土可能很难弄到,或运费昂贵,而另一方面炭则不甚贵重,因而使风口未能普及。在很久以前,风口应该是铁匠铺自己做的。连接风口和风箱之间的桐木管现在还是手工制作(关于风箱的结构图,见图4-9至图4-11)。

图4-8　风口

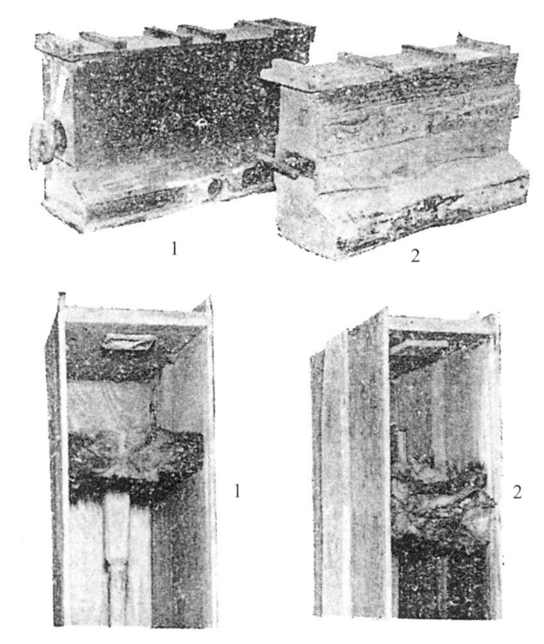

图4-9　风箱（上图）和其内部（下图）
（1）风箱师做的风箱（内部的压风板上贴着狸皮）（2）手工风箱（内部压风板上贴着棉花）

不过，露出的风口和耐火风口，在炉温上升时有时间差，温度也是后者高，这就是一个大问题，但因为尚未做实验，无法断定。

关于风箱的对话（1963年夏）：

吉川金次（51岁，职业经历38年）

吉川房次（56岁，职业经历42年）

清柳繁八（70岁，职业经历58年）

金次："看到哪家铁匠铺都不用风箱了，很吃惊，时代真是变了。"

房次："用小马达当风车，可以随意调整风力，并且均衡，还省事。"

金次："用左脚的拇指控制，不用听送风的呼哒、呼哒的声音了。"

繁八："我那儿还有3尺和3尺5寸的两个风箱，收起来了。"

金次："风箱送风管用的皮，听说狸子皮最好，大概是因为其皮毛

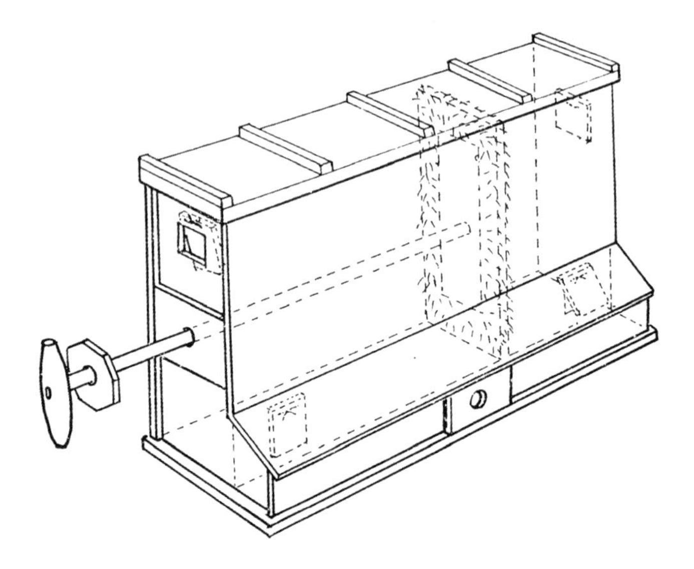

图4–10　现在的风箱的结构图（鸟居恒子氏图）

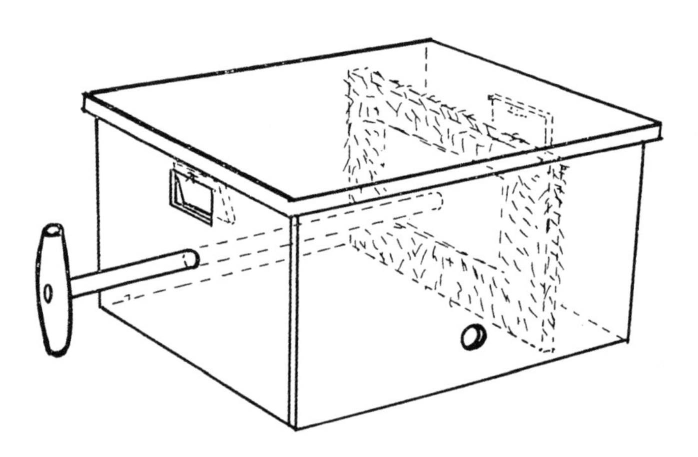

图4–11　大仓集古馆藏《锻造师图》的风箱结构图（上下图都已由吉川考证，鸟居恒子氏制图）

很密,正好贴在风箱板上吧?”

房次:“嗯,是啊。”

繁八:“是狸子皮最好,但要用镊子拔去粗毛,仅留下柔软的细毛,只要毛柔软就可紧密地贴在风箱板上,也有用猫皮、兔子皮的。”

房次:“说是属狸子皮最好,可能是因为其既柔软又不爱掉毛吧?”

金次:“父亲年轻时说过,做风箱,在使用狸子皮之前,曾用过棉花,但棉花要一年一换,很麻烦,而使用了狸子皮就省事了。”

房次:“我也听过这话,棉花时间长了就往一边跑,容易漏风。”

金次:“棉花并不是日本早就有的,现在的棉花听说是在战国时代就有的,有400年的历史,所以,可以确定,在那之前就有了风箱。现在,使用狸子皮的地方在使用什么?”

繁八、房次:“是啊,使用什么?”

繁八:“哪用说啊,还是用的狸子皮嘛。”

金次:“风箱的箱体是像鼓一样吧?”

繁八:“是啊,使用时,风箱的箱体会左右移动。”

房次:“乌山的叔父说,六兵卫(风箱师)做的风箱,铺的是玻璃,说是很好使。”

金次:“因为很平滑。”

房次:“使用玻璃,一是平滑,二是不磨损。”

金次:“出现玻璃,这是大正时代的事吧。”

房次:“是吧。”

繁八:“过去,都是用吹火棒,用竹子吹火的。”

房次:“那玩意儿俗话叫单眼怪物。”

房次:“吹火的男人成了单眼怪物,因为太热了。”

繁八:“在神乐里面,单眼怪物出来,给铁匠打下手,很久以前就有。”

房次："把脸朝着火，热得受不了，所以脸背着，嘴歪着吹火。"

金次："这是把人的身体当风箱，肺里面是不是贴了狸子皮啊？"

繁八、房次："哈哈哈哈！"

《大言海》摘要

"吹皮（名词），吹皮的音便，古称吹皮，今简化为吹子。用狸子皮做，推，使其膨胀，驱动空气，由孔吹出，以促火，抑或于匣中成泵状。倭名抄，十五，锻造工具，风箱，布歧加波，韦囊吹火也。运步色叶集，吹皮，和汉三才图会，廿四，百工具，风箱，音败，韛袋，和名，布歧加波，俗云，不以古，按，韛锻冶之家皆用之，吹韦也，以狸皮为上。大和事始，三，器用，韛，吹子，天照大神入天窟时，云云，真名鹿皮全剥，以为天羽韛，旧记事便有，是其始。国性爷和战，（正德，近松作）有虎踞岩间，露其首，喘粗气，其声若风箱。"

据《大言海》记述，很久以前，风箱就采用将动物全剥的方法，开孔送风。如同空气枕一样。京都的三十三间堂中的风神像，在肩部用一只手握着袋口，袋里面好像充满了空气。我曾经怀疑过在源平时代，是否有这样大的空气袋。但假若没有，则无论多么出名的雕塑家都难以做出。读了《大言海》的文字，便心悦诚服了。的确是有过，使用狸子皮的历史也很长，最早是全剥的，到用杉树板制作风箱以后，就变成了用它做内部的风挡。

"韛，布歧加波，韦囊吹火也"、"真名鹿皮全剥，以为天羽韛"中的所谓真名鹿皮，或许指的是选择无瑕疵的皮子。全剥，可能是全部剥下的意思。把头部取下，其脖子和肛门分别作为开口部，四足则用绳子捆好，将脖子和肛门插入竹子紧束，则称为两头都有口的皮袋。堵住一面，从另一面吹风，就成为风袋。当空气充满时，拔下一面的栓，空气就会迅速排出，这样就形成了"布歧加波"。这样的物件准备两三个就够用了，起到了风箱的作用，可以用其干活了。在画铁匠铺的图中，都有“气泵”式的风箱出现，在绘画中所描绘的那个时代，尚未使用“天羽风箱”。

箱式风箱也开始进步。尽管未见过可以作证的遗留品，但从绘画中可以发现。在大仓集古馆藏《职人尽绘》中“锻造师图”的风箱，长幅较短，横幅较宽，高度很小，好像普通的箱子随意放在地上。

但若仔细观察，就会发现，这个风箱没有画出从箱体到炉子的回风部分。无回风路的风箱暂且称其为“大仓式”。“大仓式”风箱一定是下面的样子：安在推风板上的把手较短，并且前后移动的距离也短。风箱的形状也是长度很小，宽度很大，高度不大。我做了模型，没有连接前后风孔的回风路部分，就必然成为这个样子。这种风箱风压低，风的持续性也短，就是说，作为风箱的功能很低。

画了回风路的有《喜多院职人尽绘》中“锻造师图”，其中有从风箱本体到炉侧的回风路。我们把这种风箱称为“喜多院式”。

“喜多院式”与现在的风箱具有同一结构，长度大，宽度小，高度大，并且具有从风箱向炉侧连接的回风路，前后的回风路各有阀门。“喜多院式”风箱可以将压缩的空气长时间、强力地连续从风口输出，而且能够将连在挡风板上的把长臂距离前后拉动。还有，正因为是带有回风路的风箱，才能够给铁匠铺送风使用。

将“大仓式”和“喜多院式”相比较，后者较前者有了飞跃般的进步，而且前者的绘画在工具、作业姿势等方面没有矛盾，而后者却有一些矛盾。用前者的绘画可以准确地把握过去铁匠铺的样子。

而在大仓集古馆所藏的“锻造师图”中，打下手的是一位女性，姿势与发型都是女性的模样，呈现出温柔的氛围。有很多画了铁匠铺的画，但出现女性打下手的画仅此一幅。而且，从其两膝着地和铁砧的状态、大锤的样子等来看，是非常合理的。可以从容地干活，在工具并不发达的时代，铁匠铺的样子被生动地描绘出来。

坊间俗称在打造名刀时不许女人靠近，而且要斋戒沐浴。传说认为女人污秽，被从重要的劳动中排除出来，这种神秘说流传已久。但这并不可靠。男女协力参加劳动，制作名品这十分自然，或许自古就是这样。而且在现实中，铁匠铺既无徒弟也无雇工，只好让妻子帮忙。

男女合力劳动，这从“三条小铁匠宗近传说”中的狐狸变成美女帮着干活的故事中，可以见到。古时的川柳中有这样的文句：“不知何时，小铁匠铺的炉火燃起了。”变化成女人的狐狸，也改变了美丽富贵女人的形象，在天色未明时分，就起身烧火，那一定非常辛苦。

大仓集古馆藏“锻造师图”中的夫妻，带着工具到各地揽活，其中画的风箱极为结实，或许还兼有工具箱的职能。有人认为这个铁匠是制造刀的，完全是胡说。只要有炉子、风箱和原料就可以制2尺、3尺的刀，这纯粹是外行话。这个铁匠，应该是到各个村落生产和修理农具的。

这幅画是大色纸大小，在画面的金泥底上画了铁匠夫妻和工具，背景是秋草，正面、简洁、美好地描绘了贫穷的夫妻工匠，令人感觉室町时代是个很好的时代。可以说，蔑视妇女是被近世所歪曲的思想的产物。

我试做了“大仓式”风箱的模型。模型的尺寸是根据画上的风箱所做的判断。高度为19.2厘米，宽24.2厘米，长27.4厘米。风窗前后各一个，在炉子一侧做了一个通风孔。

仅从这个模型看，做三个通风孔，加上回风路，这项发明就可制造大型风箱，这对于金属精炼和加工具有划时代的意义。

锉　　刀

不论传世品还是出土品，锉刀都很少见。考古学者三木文雄说：“能够确认为锉的东西尚未出土。”所以，首先我就自己实际体验过的锉，及其制作方法和使用方法进行详细的介绍，并推察古代的锉。

锉刀的各种形式，见图4-12至图4-15。

锉刀，首先将材料放进炉里锻造，然后将已经打薄到3毫米以下的钢条用钢凿凿出大致形状。再把凿出形状的钢条放进炉里烧制，取出后用铁砧的左右角打出断面菱形的锉的原形，再次用铁砧的角打出锉作为把手的茎，用挂锉磨削断面，再整修平面，接着将铲板一端尖的部分紧贴住锉，用扁铲削平后，再次用挂锉找平，最后用磨锋利的扁铲轻微地削平。

上述工序，是制作锉的粗坯的过程，粗坯做好后，开始做锉的齿纹，先把锉在木台上立起，用两脚踩住两端，把凿头用木棒轻轻敲打，在两侧的断面上，凿出锉的齿纹。用左脚的拇指压住锉的前部，用右脚的拇指按住身前的锉，工人需坐在矮凳上工作，将凿子用左手的拇指和食指、中指握住，把无名指和小指几乎贴在锉的表面，凿子不能紧贴着锉，要轻松地握着，不这样凿子就无法移动，右手握着锤子，咚咚地凿。凿的力度要均匀，不要出现用力不均的情况。而且凿子的间隔也要均匀，避免同一凿痕凿两三次的情形，如一个地方凿得过深则易断裂或弯曲。锉的两面的齿纹如果深浅不一，则易弯曲而不能用。一把锉的齿纹如图4-16中的图9的顺序切削。首先，下纹要深凿，中纹要稍轻些，上纹再轻些。凿子先用粗磨石磨，再用细磨石将凿刃分七三分磨，磨凿刃是非常难的活，因为如果不是微内弯的刃的话，锉的两端则凿不上齿纹。

凿完齿纹后，在锉的表面仔细抹上烟灰豆酱，放到炉里再炼，烧成小豆色时，用铁筷子夹出放进水里。由于抹了烟灰的缘故，其表面呈白色。再用蒿草沾着土，轻轻摩擦锉的表面，以除去氧化铁和烟灰的残渣，然后用水清洗后用布擦干，便完成了。上述方法，在未采用机械加工之前，全国大致都一样。

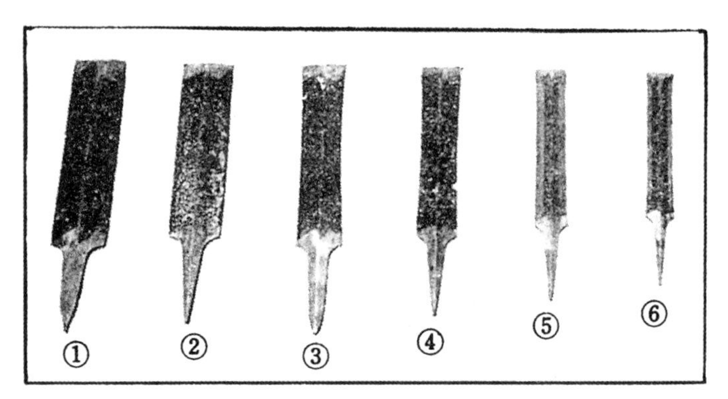

图4-12　传统锉　① 本中　②③ 相中　④ 大切拉　⑤ 中切拉　⑥ 小切拉

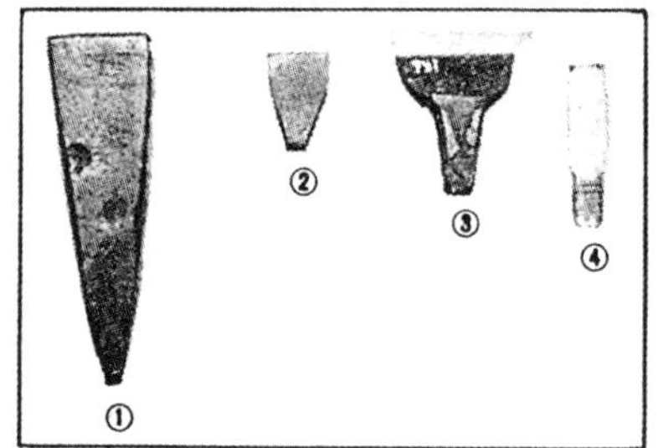

图4-13　刻锉的工具　① 小锉　②③ 钢凿　④ 铜的底座

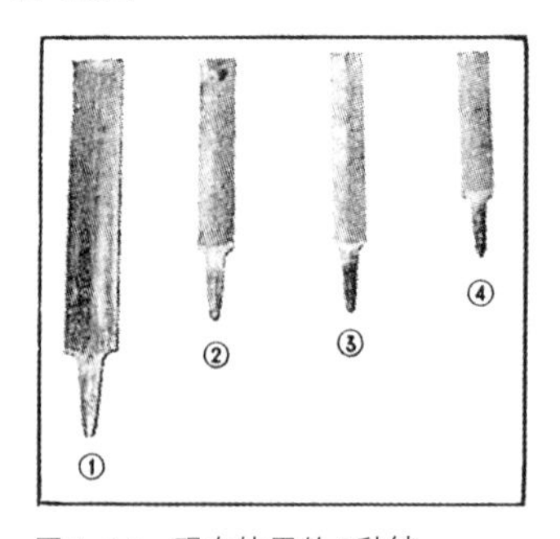

图4-14　现在使用的4种锉

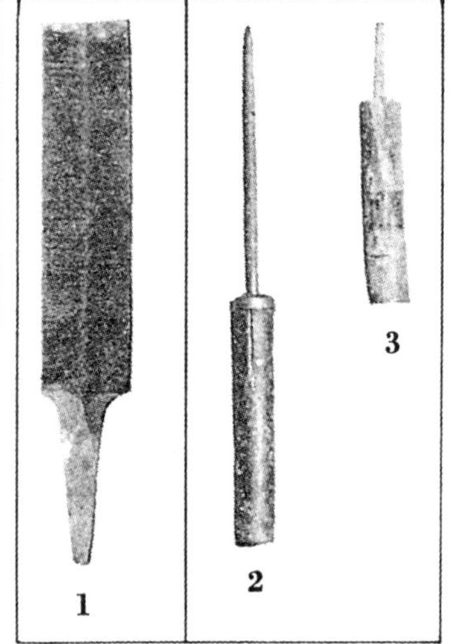

图4-15　1手工刻的锉　2自家做的圆锉　3自家做的角锉

在大正时代末期到昭和时代初期，还使用了叫做“转换”的锉。选使用过的完整锉，在以前的纹路上再次凿出齿纹。这种锉很薄，齿纹细，很好用，所以价格比新锉还要贵。“转换锉”必须用手工凿齿纹，用机械难以加工。因为很薄，所以不能用力，但细心地使用，可以锉出很漂亮的锯齿。从昭和初期开始，这种锉因机械加工锉的质量的提高而逐渐消亡，在昭和十年左右，还有人沿街向木匠推销这种锉。

现在，被广泛使用的英制锉，如图4-16所示，齿纹朝前，全都是工厂的机械加工品。齿纹只凿了一遍。这种锉的冶炼采用了铅冶炼法。将锉放入熔化了铅的罐中，把锉加热，在800度左右时停下，将其取出放入水中淬火，估计不会涂抹烟灰等东西。英制锉属于西洋锉，我于昭和九年第一次使用，但在此前有人用过，从那时起开始普及。传统锉是前后推拉，而英制锉则只向前面压。比较两者的效率，前者如5—6成，后者的效率则可达10成。英制锉的效率高，而要给柔软的锯锉锯齿（或和钢锯），则是本土锉好用。锉硬锯的锯齿，毫无疑问以英制锉为好。

下面，介绍铁匠铺自制的锉。我家开铁匠铺，到祖父这代为止，生产锉，卖给伐木工匠等。所以，到父亲这一代，最后加工用的锉是买来的，而用来加工锻造前的锯齿的锉，则是自家制作的。手工凿制的锉，不管是专门制作锉的匠人还是铁匠铺，制造方法基本上都是一样的。自家制的锉，分以下4种：

（1）粗制锉。

（2）双手锉。

（3）扁铲改造锉。

（4）圆锉。

第3种锉是制作锯的扁铲磨秃后，宽度剩2—2.5厘米左右时，便无法使用，遂将其改造成锉，把含钢的一面凿出齿纹，所以是单面锉。这种锉如果磨损严重，就可再次凿出齿纹，多次使用。第2种双手锉，关

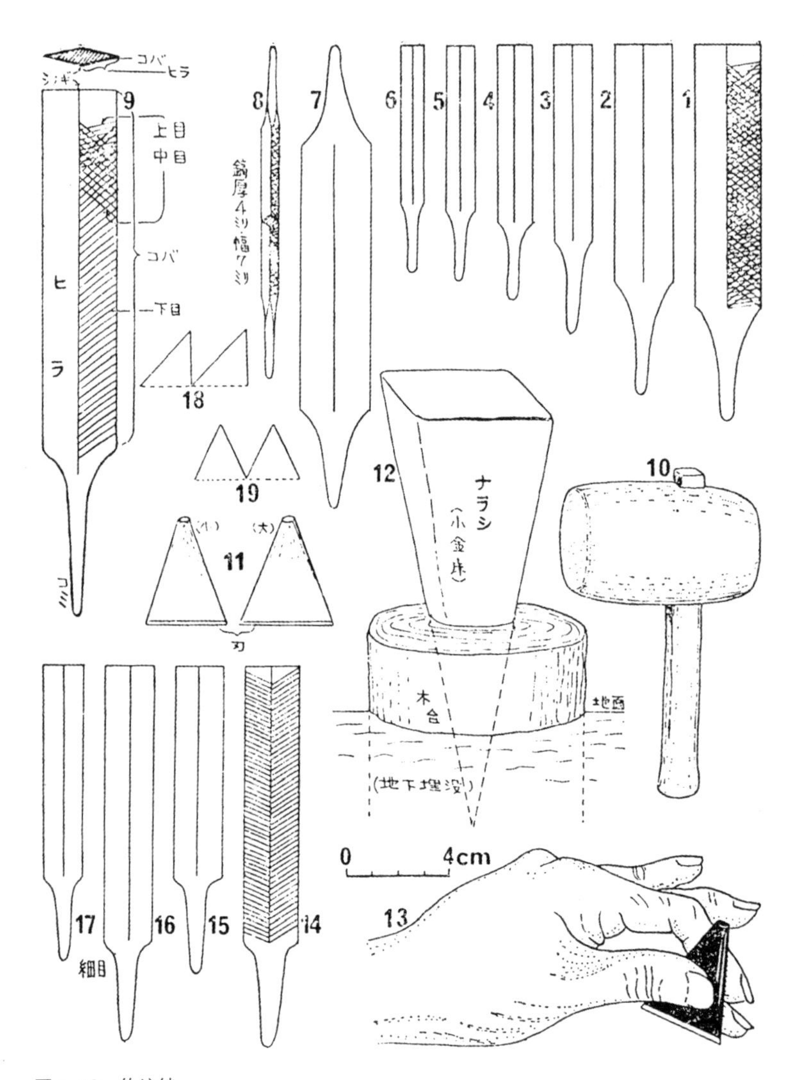

图4-16　传统锉

传统的刃锉 / 1.本中锉　2.相中锉　3.大拉切锉　4.中拉切锉　5.小拉切锉　6.带壳体锉(研磨最细的锯齿)　7.双茎锉(锉木用)　8.压边浇口锉(凿齿纹的形式同本中锉)　9.刃锉部分的名称与凿制齿纹的顺序(凿制茎跟前右侧的纵向平面→再翻过来凿制右侧→先处理好茎再凿制右侧→再翻过来凿制右侧,从上齿纹至下齿纹按序凿制)

凿制刃锉的工具 / 10.制锉纹锤　11.制锉纹凿　12.平整垫(小铁砧)　13.手拿制锉纹凿的方法

英制锉 / 14.四英寸锉　15.三英寸锉　16. 四英寸油光锉(细纹锉)　17.三英寸油光锉(细纹锉)还有其他五英寸、六英寸的较大规格,凿齿纹的形状同四英寸锉西称为阴缩锉,是对做好的锯修饰表面用的。第4种圆锉,是用来锉锯根的孔的。第1种粗制锉,大体上是用来锉锻造之前的伐木锯锯齿的。自家制的锉,纹路稀疏,不像专业制作的锉那样细密。刃锉的断面越薄越好用。将同一尺寸的锉的纹路稀疏相比较,按细纹的顺序来排,① 转换锉,② 普通的刃锉,③ 自家制锉。

锉的遗留品被保存在正仓院,那是一把做工非常繁琐的锉。拔下手柄,可以看到这个金属手柄还是另一种刃物,握着锉身部分,可以使用这一头。这是小型锉,形状是今天的掛锉(平锉)的缩小版。可能是贵族带在身边装饰用的,这把锉令人感兴趣的,是其齿纹。在交错的下纹、中纹的斜线之上,还纵向刻有直线的齿纹。这样齿纹的凿法实在罕见,而在少年时代,父亲告诉我,双手锉的齿纹就是这样的,让人感叹时隔千年这种技术竟流传了下来。前一阵在秋冈芳夫收藏的锉里,就看到有这样的锉。

下面,介绍一下文献中的锉。尽管资料不多,但或许能够用上。

在《和汉三才图会》中,画有4种锉。其中的图29(见图4-17),可能是大型锉,被称为雁歧锉(雁木锉),两端带手柄的称为双手锉。

解释一下4种锉的齿纹。如图4-17所示:27是刃锉,两侧具有交叉齿纹,中间呈鱼脊型。28是断面呈圆形的棒锉,从其齿纹来看,可以肯定。29是雁歧锉,齿纹是粗大的横直线。30是双手锉,从齿纹来看,锉面是平的,这种锉,非常像前述的扁铲改造锉,抑或是单面有齿纹的锉。

> 四声字苑云:
>
> 锉所以利锯齿,
>
> 器也。磨锉铜铁者也,
>
> 按锉不杂生铁单以钢制之形,
>
> 如叠扇,表里作细刻目,以磨剥铁器,

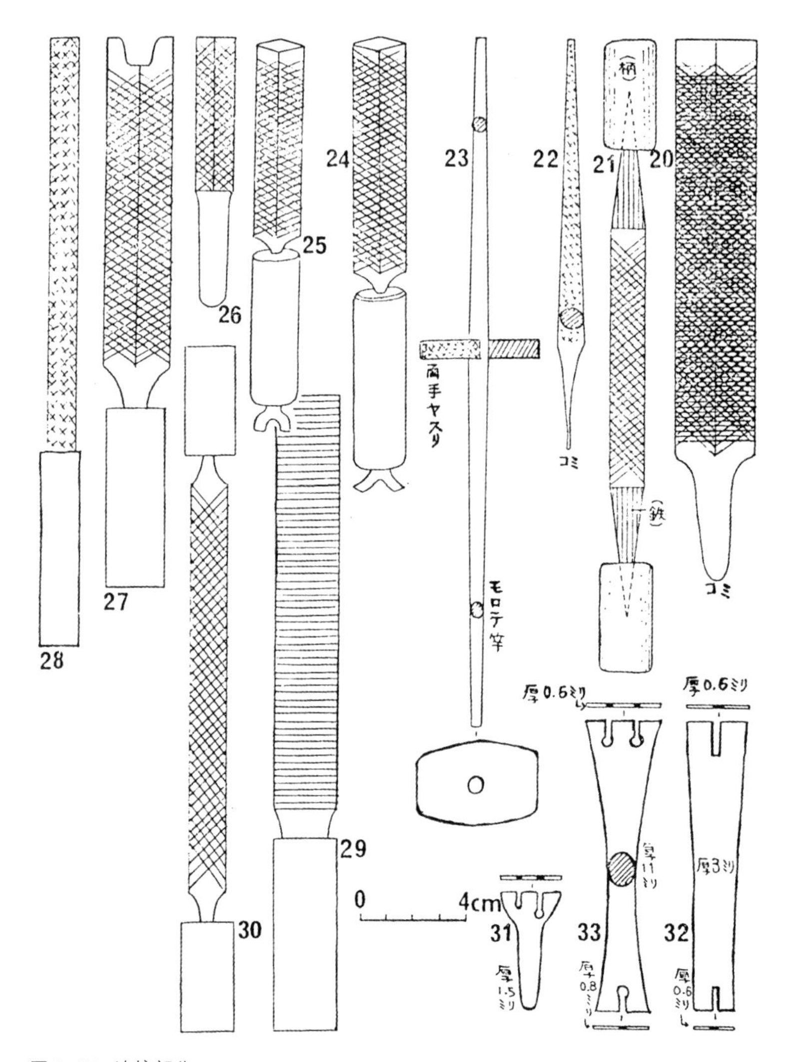

图4-17　连接部分

凿齿纹 / 18. 英制锉　19. 传统锉　自家制锉　20. 生屑锉　21. 铲改造的挂锉　22. 棒锉(圆锉)　23. 双手锉

明治初期“新板伊势辰版工具绘”的刃锉 / 24. 木用锉　25. 劈柴锯用　26. 木匠用锉

“和汉三才图会”的锯 / 27. 刃锉　28. 棒锉(圆锉)　29. 粗锉　30. 双手锉

掰锯齿的进步 / 31、32 为明治的器具 (佐渡，小木町民俗博物馆藏)　33. 昭和的器具(由畑野町的本间氏寄赠)

有大小数种，而利大锯者，

锉齿三棱也。

又磨兽角者，

齿名之雁歧锉。

据此可知，锉是用全钢做的，而且伐锯齿的锉的断面是菱形，被记述为“三棱也”。图4-17中的27，就是这种大锯用锉。

雁歧锉的纹路是粗大的横直线，这种齿纹适合于研磨兽角。给马换掌时削马掌用的大型锉，其齿纹就类似雁歧锉。这种锉，接近于今天的英制锉，是下压着使用的锉，称为雁歧锉，可能是因为其齿纹形状好像大雁脚趾部分的鳞状。在松本市松本民艺馆的锯展示室里，有一块木板上刻了三把锉（见图4-18），大、中的两把锉，与《和汉三才图会》中的锉一样，在前端刻有很深的齿纹，小的则是普通的锉。这块木板有可能是江户时代末期的，诉说着锉的历史。《和汉三才图会》中的锉好像是很普通的锉。在这块木板上除了锉，还刻有小镊子等物件，这些物件也是造锯匠做的。

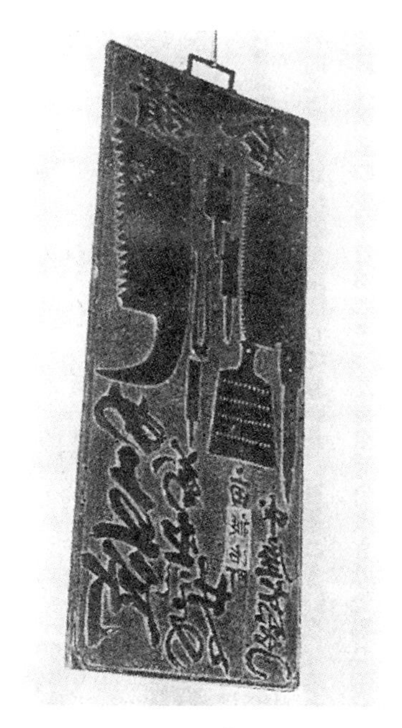

图4-18　松本民艺馆藏　版木

在《和汉船用集》中有如下记述：

“芽叶锉，天工开物曰锉，开锯齿用，和名为目波知计，尉缭子曰，锯齿亦胜，吴都之赋中称锯牙，锯痕解释为锯的齿，把锯齿磨锋利，称为目立，将锯齿左右掰开，称为交错排列，此者于锉头，故为芽叶锉，因用钢易折，则用铁制。”

对上文进行解释:“锯齿亦胜”系指芽叶銼,可以使锯齿弯曲。“吴都之赋中称锯牙”是说吴(浙江省)都被称为锯牙,“锯痕解释为锯的齿”,是指锯齿间用锉磨削出的空隙,现在也称锯齿为“目”,本来指的就是齿间的缝隙。“此者于锉头,故为芽叶銼”,是指在锉的前端刻上齿纹。这种锉在《和汉三才图会》以及松本市松本民艺馆的锯展示室里的木板上被描绘过。“因用钢易折,则用铁制”是说锉用全钢制,锻造后不淬火,故坚硬,所以为防止折断,在这部分焊上铁,如果刻入齿纹后就容易折断。一般来说,这个工作被称为“附加钢”,在这里就变成了“附加铁”。这一点与我在少年时代使用过的拔钉子的锤子,在其前端加上钢是一样的。所以,在前端这样处理的锉,应该是坚固耐用的。

图4-19　斧形锉(用于截木材)掰锯齿(左)(锯馆藏)

在明治时代初期的《新板伊势辰版》的工具图中,也出现了图4-17中24、25那样的锉,这种锉是伐木工使用的大型刃锉。而且把手前端有分成两叉的东西。刃锉和分叉的工具,是用来把锯齿交错掰向两侧的,这叫做掰锯齿,是伐木工的工具,不是造锯匠人用的。葛饰北斋的《富岳三十六景》中“远江山中图”里的伐木工前面的一个人坐在那里在开锯齿。仔细看令人觉得是在朝两边掰锯齿,其右手拿的,就是掰齿的工具。馆藏掰锯齿,见图4-19至图4-20。

图4-20　掰锯齿(佐渡小木博物馆藏)

图4-17中的31、32是明治以前的掰锯齿的工具,合理好用。把工具插入锯齿的间隙,一个

一个地掰。图4-17中的31、33的掰齿工具，带一个齿根圆形孔，这是为了使弯曲时力量集中在一点，同时保护齿尖。

我试做了《伊势辰版道具绘》的掰齿工具与《和汉三才图会》的图4-17中27的掰齿试验，但没有实现图4-17中的31、33那样的方法。这是掰大型锯齿用的，需要用大腿夹着压着掰。总之，像掰锯齿的工具这样的小玩意也在进步。

1970年11月，我在仓敷考古馆看了“吉备的铁展”，那时有机会与考古馆主事间壁忠彦夫妇谈话，蒙间壁先生好意，能够拿到奥坂随庵古坟出土锯、花光寺山古坟出土据、金藏山古坟出土据，仔细观察。令我感到好奇的是，花光寺山古坟出土锯附着的铁片，其中的两把被腐蚀了，一把剩了一半。这两块铁片，间壁和三木都认为是某种刃物，而我则大吃一惊，这明摆着就是刃锉。带有茎和拼条，和现代锉一样，前端有些发圆，很厚。全长18厘米左右，有些长，宽度很窄，约1.5厘米，刃口部分约12厘米长。从尺寸看，接近于粗制锉。

接着拿在手里认真看，从前端往下的地方，有斜的纹路，在锉的平面部分，可以略微看到交错的斜线。于是就跟同行的仓敷市专门造锯的杉原光夫谈了我的想法，他也怀有同感。而间壁夫妇则认为，如果是锉的话，纹路应该留在腐蚀的表面，我对此表示否定，在这种场合，齿纹肯定会留在腐蚀的表面底下。并且由于反复腐蚀，成为氧化铁的部分被剥离，齿纹逐步变浅，进而消失。间壁先生指着被认为是锉的齿纹部分又说，铁器这种现象多了，难以断定就是锉纹。当然难以断定，但自然形成的和刻出的纹路，即便再细小，也有差别。自然裂开的，裂纹细小，形状不规则，而刻出的纹路则不一样，我觉得用显微镜就可看出。在显微镜下，齿纹状的东西如果呈三角形的沟状，就可断定为是锉的齿纹。

打铁的姿势

绘画中出现的抡大锤的，几乎都画错了。铁匠不是什么稀罕职业。既然如此，为什么要这样画呢？我产生了疑问。

举例来说，在《和国诸职绘尽》（见图4-2）中铁匠铺的二位抡大锤的，下身裹着兜裆布的人和另一个人，都是瞎画的。下身裹着兜裆布的人是左撇子，砸下的大锤把手不在胯间停住，而停于腰间。右手紧贴着把手，这样没法干活。裹兜裆布的人的右手，必须在裤裙上部，紧贴着右肋。抡大锤并非有多大力使多大力，而是保存一段时间的力量，然后利用反作用力来击打。此时的身体姿势特别重要，如果姿势不准，就无法利用反作用力，还会使加工物凹凸不平。再者，握锤把的手不握到底就很危险。另一个人就朝上握的，而且锤把很长，这种握法有问题。一个人是左撇子，一个人是右撇子，这很危险，没法配合。

《人伦训蒙图汇》中的造刀的锻造图画也不靠谱。与前述一样，这样的姿势，肯定会挨师傅骂。

还有，把刀横放在铁砧上，连铁筷子都放在铁砧上，这也是假的。要用大锤击打的物件必须纵向放置，铁筷子则要离开铁砧用手拿着。不这样做就危险，无法进展工作。

北斋的《庭训往来》中的铁匠，好像是加工铜质材料的，绘画画得很有意思，但抡大锤的姿势不对。令人尊敬的北斋为何这样画，我难以理解。画其他行业时少有这样的错误，但仔细观察，就会发现描绘手足动作的画常常很奇妙。如农民使用锄头的画也有毛病。

再看一下旁边坐着的师傅，除了所有的画都把铁筷子放在铁砧上这一点错误以外，基本没有问题。首先，没有画左撇子的，另外，抡大锤的面部表情有些奇怪，但师傅则认真工作，呈现出一副男人的样子。而现实中，师傅应该在中间，抡大锤的在旁边，而到了画上就变成师傅在旁边，抡大锤的成了主角。所以与现实相反，抡大锤的居于中央，师傅则被搁置在角落，这是为了给绘画增加生气，有必要让抡大锤的当主角。因此，才把抡大锤的描写得很夸张。

作为群像，北斋画了很多面部表情和身体姿势，但这并非要描写作业的正确性，而是要画出人物形象的趣味性，许多画家是清楚地知道这一点而画的。

在狂言（日本滑稽剧——译者注）中有一出《水挂婿》，在开场的剧情中，农民用锹拢土来堵水田的流水口，按野村万藏老师的话来说，用锹的方法和现实中正相反。应该用右手拿着锹把的后部，左手靠近铁锹。但是其解释说，不能把屁股让观众看，这也可解释绘画中锯的情形。

再说说服装。父亲的师傅、第三代的中屋作次郎（居住于宇都宫市材木町，大正九年去世）说，他没穿过短褂子（刚过半腰的短上衣）干活，而是穿着带袖的衣服，下摆长，把袖拢起，坐着干活。对穿着短褂子干活的，他说那是雇工或徒弟的打扮，师傅不许那副打扮干活。穿着长衣服把袖子拢起，从事工作的姿态，与江户时代描绘铁匠铺的画相似。《和国诸职绘尽》中的铁匠，采用上述打扮之外，还戴着黑漆帽。《绘本士农工商》的铁匠，穿着带袖筒的长衣服，但未戴黑漆帽（见图4-21）。作次郎的服装比《士农工商》感觉还要老些。父亲也没穿过短褂子干活。即便脏污，打补丁，也还是穿带袖子的长衣服。父亲的打扮，接近《士农工商》里的师傅。

抡大锤的面向铁砧，右脚在前，左脚在后，锤把的顶头要用左手紧紧握住，右手握住靠近大锤的部位（见图4-22）。左手要握紧，右手则像握鸡蛋一样轻松握着，听师傅喊“砸下！”“举起！”即左手举起，或砸下。决不能仅仅是左手举起或放下，如果这样，大锤就难以准确地落下，必须是腰部首先要上下动，与手同步。所以腰的姿势一定要正

图4-21 《绘本士农工商》铁匠图

图4-22 锻打锯的动作姿势图

确。用大力抡锤只限于加工物很厚时，而且动作要快，如动作慢，加工物就会变凉。大锤的力度很重要，但更关键的是要砸得平，如果大锤抡得过猛，超过肩膀，弄得合作的师傅直往前凑，则被人反感。锤头向前后左右某方向偏离时，因反作用力而反弹，于是赶紧用右手紧握锤把，想控制住，结果更加反弹，锤角把铁砧上的锯砸得净是角状印记，凹凸不平。还有两人或三人同时抡锤时，如果碰到伙伴的锤，则更难收拾。所以，假使大锤反弹，要把右手放松，于是锤子便能恢复自然的重量，回到正常的状态，落在铁砧上。因此，师傅常常教徒弟“右手握鸡蛋”，右手的肘部不要太外露，两人、三人合伙工作时容易碰到别人。低头也不好，师傅常指导抡起的锤把刚高于右耳为正好。

位置接近炉子的人称为“主锤”，铁砧正面的叫“二番”，淬火槽旁的叫“奇力”，还有的地方把“主锤”叫“一番”，把“奇力”叫“三番”。三人抡锤时师傅不用补锤，用轻便的铁筷子把两把摞叠的锯材拢在一起。抡锤时，先把大锤轻轻地打在铁砧的角上，这叫试锤。加工材料很厚时击打的速度慢，越薄越快。抡大锤“奇力”最难干，其次是“主锤”，“二番”则是新手干的。

有一种叫抡大锤的，铁匠很少干。左脚在前，右脚在后，大锤抡起来呈半月形，用来制作大物件或打凿子头、打桩时采用。北斋所描绘的打造铁锚的场面，由于加工物过大，采用的就是抡大锤的方法，所画的就是抡大锤的工人。

锤子、扁铲及其他

在大仓集古馆藏《锻造师图》中，画了一个女子抡锤，那把锤子断面呈方形，锤口一侧变小，把手按在中间（见图4–23中1）。这样的锤子今天还有吗？一种叫“砸角锤”的小型锤与其相似。断面方形的锤子，用于给双齿锯的锯颈部成型时使用。还有切小型物件时，将其放在铁砧的角上，用砸角锤压住，用大锤击打砸角锤来切断，所以是有些近似锤形的凿子。

再回到前面抡锤女子的话题，她两膝着地抡锤子，这种姿势无法使用大锤。把短，锤轻，着力弱。我不懂为什么要使用这种断面方形、锤头变细的锤子。

这家铁匠铺的工具很少，只画了一双铁筷子和两把锤子，铁砧是四周凹凸、不定型的，难以加工锻造物件。所以可能是在加工锻件时，

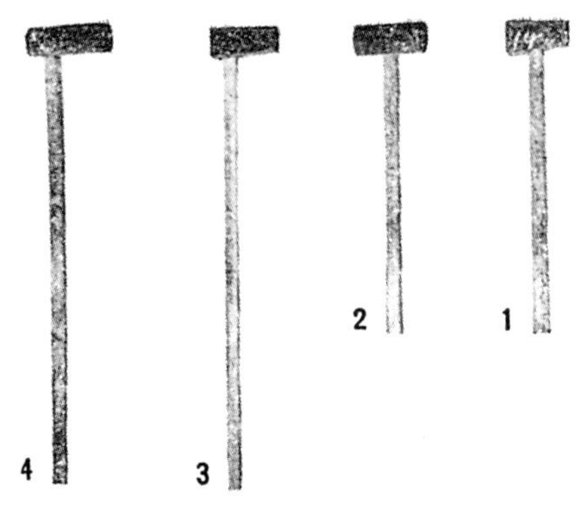

图4-23　古时的锤子模型　1 大仓集古馆藏　2《喜多院职人尽绘》　3 岩佐又兵卫笔　4《和国诸职绘尽》

把大锤抵在铁砧角上，握住大锤，用锤角来击打的。后世的东西，有奥村政信《绘本士农工商》里的铁匠使用的圆形铁砧，其旁边有一个打进地里的角锥形小铁砧，其目的也相同。抡锤女子的锤子，可能用在小铁砧上。

《喜多院职人尽绘》中的大锤断面是圆形的，把手按在中间，和今天木匠使用的相近（见图4-23中2）。男人双膝着地抡锤，这和“大仓”类似，而这个人是左撇子，旁边有一把长把的锤子。所有工具都很发达，但铁砧则与“大仓”一个结构。

《和国诸职绘尽》（见图4-23中4）、《绘本士农工商》中的大锤，锤身较长，把手按在中间以上靠近锤头之处，立着使用。与“大仓”、“喜多院”相比，力度要强得多，可能是新型的。锤把是橡木的，请专门商家做，自己也做过。还有用野茉莉木做的。把手细长，从铁砧离开点距离使用的话，力度就会加大。

到明治末期为止，所有锤子的锤口都是沾钢，没有全钢的。有人说沾钢的锤子用起来手感好，但有时会从焊接的地方开裂。位于正座的师傅用的锤叫做补锤。

在打造锯材的最后一道工序时，锤子的痕迹采用斜十字，以平整锯材，找平不均匀的部分，有时也用圆锤来处理。

铁匠使用的锤子，最小的叫“切出”或“切锤”，锤的两头带有纵横的刃。关于这种锤子，亡父曾讲过：“所谓切锤，原本不是锻造锯材的工具，而是锻造枪支用的。将锻造好的钢材弄成线状，用铁棒卷成中空的管子。将其表面切削成八边形，内部则磨削成特殊的锥形，弄好后放到炉里淬火，淬火后再次削平里面，进行平整，这时使用的就是切锤。用其将外面的凹凸部分切削平整。弯曲的部分可以砸直，而内部的不平整处则难以改变，要看管里，对凸出的地方做上记号，用切锤轻轻敲打，就可找平。”

父亲、父亲的师傅中屋作次郎，都和宇都宫藩锻造枪支的国友氏的后人关系亲密，但作次郎和父亲并不是从锻造枪支学习使用切锤的第一人，并无此证据。但是，从江户时代末期以来，随着锯的制作越来越精巧，人们就越着力研究开发找平的工具。所以，包括作次郎和父亲在内的铁匠们，为了开发工具而向锻造枪支的人学习则是不争的事实。使用切锤来找平，越硬的锯效果越好。而看古代的锯，就没有用切锤来找平的，这是因为对明治以前的淬火锯来说，即便使用了其效果也不好的缘故。

切锤的使用和普及，与最终完成锯材的精加工有着紧密的关系，采用油淬火之后，被更加广泛地使用。最擅长使用的是越后地区的铁匠。学徒刚开始时被禁止使用，一开始就用这种锤子来平整，就会觉得找平这活很好干，养成偷懒的习惯，这是前辈们的想法。要平整锯，靠一把圆锤，无论多凹凸不平的锯都可以找平，这是行业的基本训练。不同种类的锤子，见图4–24。

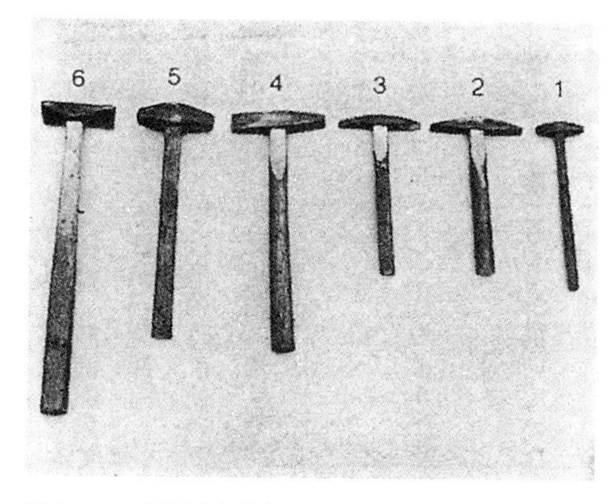

图4–24　种类繁多的锤子

凿子也是重要的工具。造锯的凿子有大型的，切薄钢板的则为小型的，特小型的用于刻锯铭、刻锉纹等。

造锯的铁匠用的是大型凿子，中间带眼，安上把。造农具的铁匠，采用野茉莉树枝，将尖部破开夹住凿子，用铁丝绑紧。造农具的铁匠往往要处理很厚的材料，所以要经常替换凿子。不论大型还是小型，凿子刃都要磨出中间高的弧线，用来刻铭文的凿子粗厚，因为要用拇指与食指来转动着刻，所以凿子本身是圆柱形，凿子刃则磨成直线。

切割用铁筷子，是把两根方铁棒在前段沾上钢并淬火，两根棒之间用螺丝固定，过去用的是插销，来扣紧或放开。用这种铁筷子在粗锻的锯上划线或切开，而以往还用来切制伐柴锯等的粗大锯齿。

有一种原始的冲压床，在上下两张钢板上刻出锯齿，下面是在厚铁上沾上钢、经过锻造的东西，将其放在冲压床的侧面，用脚踩住，把锯材送入上下两张钢板中间，冲出锯齿痕，再用锤子打击凿子，做出锯齿。使用冲压床，要先算好刻度。硬的锯材有瑕疵，难以加工。一寸内16个以上的过细的锯齿也无法加工。从明治末期到昭和初期，这种工具被广泛使用，都是自家制造。

开锯齿要用夹板，没有夹板的时代，要在木头的一端用脚踩着锯，右腋下夹着长棒放在右膝，用脚趾夹着锯材一点一点锉，如习惯了则进度很快，但这种方法既需要熟练，又耗费体力。到大正时代初期都采用这种方法。

淬火槽也是铁匠铺的重要工具，大仓集古馆藏的《锻造师图》、《喜多院职人尽绘》的“锻造师图”、《和国诸职绘尽》的“锻造师图”都没有画淬火槽，《人伦训蒙图汇》的“刀锻造”中，在一角上画了类似于淬火槽的物件，使用时将其拿到铁砧的旁边。现在，在房州也还在使用这种淬火槽。《绘本士农工商》的淬火槽的位置和形态，是加工农具用的，离现在较近，与后者相比好像露出地面一些。把长方形的大谷石淬火槽埋在与地面相同的高度，用于锻造农具。在七八十年前，我认识的铁匠家里就有石制的淬火槽，这个淬火槽跟《士农工商》的铁匠铺使用的完全一样,石质坚硬,青灰色的。

造锯匠的淬火槽,是把圆桶埋在地下使用的,因为锯很薄,又是钢制的,所以如果用石质淬火槽,碰上槽体则易折断或出现瑕疵。因为锯齿淬火用水较深,故用桶为宜。把钢材打薄,师傅马上把淬火槽的水泼到锯上,然后击打,这道工序叫"沾水打"。水遇到高温马上汽化,用锤子击打则发出很大声响,氧化铁被剥离开。"沾水打"如果干得仔细认真,锯子的粗加工就完成得好。淬火槽旁放着粗砾石,淬火槽的水因铁锈的缘故而变黑,发出独特的臭味,淬火槽绝对不可用不洁净的水。

扁铲是用来削锯的工具,其做法是把厚铁放在钢板上焊接起来,再打薄,然后回火,抹上烟灰豆酱淬火。扁铲如果磨损,可以多次修复再用,磨损少的用于最后的加工,宽幅的用于粗加工。专用于最后精加工的扁铲,其研磨方法是把扁铲放到靠前些的位置,把刃磨成直角,这种扁铲要立着使用,普通的扁铲要放平了使用,扁铲的使用很难,弄不好就会使工匠受伤出血而停工,使用扁铲的高手铲下的铁屑,像棉花一样柔软美丽,在过去这种铁屑也是有用的,可以加到铁浆壶里面。

扁铲如加上橡木背板则不易走偏,厚度为2—2.5厘米,宽度为13—17厘米,长度为130—160厘米左右,因其经常损伤,形成凹凸,所以要时常用磨石磨。加工带壳体的薄锯,如果在扁铲和锯身之间夹杂进毛发等物时也能知道,这时锯的壳体会鼓起。

淬 火 研 究

把钢烧到800度左右(豆沙色),放到水或油里,使其急速冷却,增加钢的硬度,这叫做淬火,这样烧出的东西叫"烧刃"。淬火在过去被认为是非常难的,具有某种神秘的、秘传的意味。

现在不论在何处，制作锯都采用油淬火，采用油淬火在我的老家栃木县是明治二十五年到二十六年间的事。亡父是明治十三年出生的，小学5年级辍学到宇都宫的中屋作次郎那里当学徒，那是明治二十四年，他正好满11岁。父亲说，刚做学徒时都是用的沙淬火，不久就改为油淬火了。父亲看过沙淬火，但自己没干过。改为油淬火不久，房州的造船木匠说还是沙淬火的锯好用，特意来订货。

沙淬火到底是怎样的方法？我凭着对父亲的话的记忆整理如下："在长方形的箱子里装满细沙，往沙子里灌满水，但这水不能积存，加水要加到不积水的程度。一个人不停地用锹搅拌沙子，然后斜着把锯插入其中，搅拌沙子的人往锯上撒沙子，这时的呼吸喘气非常困难。"

1965年7月，我去千叶县馆山市查找资料，那时从馆山市北条的造锯师中屋久作（当时68岁）那里详细地听说了沙淬火的方法。据他说，在房州到明治三十年左右为止，一直都采用沙淬火，到了大正四至五年时，还根据订货而采用沙淬火制作锯。

宇都宫的作次郎在明治二十五年以前采用沙淬火，其后根据订货还加工过，比较一下年代，采用油淬火5年后沙淬火完全废止，约有20年左右的时间差。亡父关于为何房州的订货喜欢沙淬火锯，是这样讲的："在房州，造船的木工多，因船体经常附着沙子，所以和油淬火相比想必更喜欢硬度高的沙淬火锯。"

据久作氏的说明，用于沙淬火的箱子是长2尺5，宽1尺5，深1尺5的长方形，在里面加满海沙或河沙，亡父曾说："用沙淬火制作的锯，极少有无瑕疵的，有一两个瑕疵根本不是问题。"

久作氏还说："由于这样的原因，用沙淬火法制作的锯，中间部分烧不透，即便是小锯，不特别认真制作就会出现瑕疵，做不出薄锯，所以过去的锯都很厚，即便是小型锯，也都比今天的厚，用沙淬火法几乎难以制作双齿锯，没见过用沙淬火法制造的双齿锯。”

我在少年时，曾铲削过父亲接来活的锯，那时，父亲一边指着铲削过的锯一边说：“这就是瑕疵，用沙淬火法无论如何都难以避免。”

因光色变化呈黑色的铲痕上有许多白色斑点，父亲说大型锯的中央部分有斑点，这不仅因为淬火之难，而且由斑点造成软硬不均，因此不论如何小心，都难以把锯铲平。所以，在采用沙淬火法的时代，只有小型锯才能进行全身淬火，回火后最后完成，大型锯就难以做到。

从明治初期到中、晚期的大型伐木锯的遗留品，是沙淬火的“粗磨锯”，木工用的大锯也是沙淬火的，经过粗放的铲削制成的，即便不淬火也可进行铲削，但仅限于前拉锯这样的厚锯。要制作出薄锯，就必须淬火。没淬火的锯即便完成之后，也容易弯曲，不能使用。观察沙淬火锯的遗留品，会发现古旧的锯上面有锤痕，末期的锯有的经过稍微的铲削，不太平整，锯身很厚。

在房州有一种比沙淬火法更古老的泥淬火法。据久作氏说，所谓泥淬火，就是把黏土调稀，将锻造后的锯插入其中。在栃木县也把这种方法称为泥淬火，一直持续到明治三十年左右。而且据说在兵库县过去也采用过。

1967年12月17日，我见到了会津若松市的老造锯师川村市太郎氏（当时79岁），听他讲了他的经验。

“在会津，从明治末期到大正初期，拉木锯用和钢制作，其淬火法是这样的：首先，把黏土化开弄成泥，装到箱子里，这时的泥，既不能太稠也不能太稀，然后在要淬火的锯齿一面和锯背一面抹上烟灰豆酱，中间部分抹上食盐，进行锻造之后放入泥水中淬火。”

抹烟灰豆酱，是为了增加硬度，食盐可提高效能，把锯插入泥水中，是为了防止突然冷却、避免瑕疵的做法。所以川村说，黏土泥水过浓则锯会变软，过稀则易生瑕疵。可以把这种方法称为黏土泥水淬火

图4-25 沙淬火法(左)和烟灰豆酱淬火法(右)

法。沙淬火法在关东一代流行,而前者在以会津若松市为中心的东北地区被使用。不管哪里,都是和钢制的“粗磨锯”,从遗留品来看没有区别。两种方法都随着现代钢的使用而被废弃。

如图4-25所示,为沙淬火法和烟灰豆酱淬火法锯。

1969年3月,我访问了土佐山田市片地的造锯师原丰茂,听他介绍了土佐锯。这个地方从明治三十年左右开始使用进口钢,但即便是采用了现代钢,也还是用旧法制作了伐木用的超大型锯,不过并未对锯身全部淬火。其方法为:在长方形的水槽里加水,仅把锯齿一侧锻造,拿着锯的两端,光把锯齿放进水里淬火。所以,锯齿损耗后,就再淬火。这种方法,可称为全锯齿淬火法,这种方法大致持续到昭和十七年前后,在战后如有需要也制作过。

以上记述的泥淬火法、沙淬火法、烟灰豆酱淬火法、全锯齿水淬火法,这4种淬火法均为水淬火法系统的技术不断发展的结果。

很久以来,对刃物进行淬火加工的方法就被普遍使用,如果在刀口上沾钢的话,不易出瑕疵,若是全钢的话,则会出现。特别是很薄的锯,甚至会形成蜘蛛网状。而且与小型锯相比,越是大型锯就越容易出瑕疵。所以才形成了像前3种那样,用黏土泥、细沙等覆盖在钢上,以防止瑕疵的方法。再如,在冬季,把油烧热,进行淬火,也是为了防止瑕疵,给斧子淬火时使用温水则是为了避免其过硬。最后一种方法由于是给锯齿淬火,就不会产生瑕疵。对这4种淬火方法或可作如下推定:

（1）水淬火法　　　　　最初期
（2）泥淬火法　　　　　最初期之后
（3）沙淬火法　　　　　江户时代中期以后
（4）烟灰豆酱淬火法　　江户时代末期
（5）锯齿水淬火法　　　明治时代

（1）或许是在钢出现的同时就有了这种方法，因为如果钢不淬火，就难以发挥这种特质。

（2）的方法，也很古老，为了锻造钢，黏土是必需品，而且出于保护钢的目的，首先要涂黏土泥。

（3）的方法，可能是在开发伐木锯的时候想出来的，如果是小型锯，则水淬火、泥淬火都可以，在过去的遗留品中，也有对大型锯的锯齿部分进行淬火的，可是，给锯齿淬火就会使锯齿磨损，就需反复淬火，而如果采用沙淬火，就没有这种麻烦，所以是新的方法。

（4）也是新方法，感觉比沙淬火下了更大工夫。可能是江户时代末期在作为大型锯的产地的会津若松得到发展的。

（5）很清楚这就是由前拉锯锯齿淬火的技术发展而来的。土佐山田市的片地，在天保以后，成为制作大型锯的产地，其技术应该是明治时代的，不可能在此之前。

前拉锯一直到其消亡，都没有将整把锯进行淬火，都是只对锯齿部分淬火。给锯齿淬火采用以下方法：首先把铁筷子烧红，把锯放在淬火槽上，用铁筷子夹住锯齿，再用一把铁筷子帮忙，观察锯齿的锻造成色，觉得可以了，把铁筷子放松，夹住锯，把辅助的铁筷子放在旁边，把锯放进淬火槽里淬火。前拉锯后端的4—5个齿不淬火，再用铁筷子夹住锯放到炉子里回火。这样写起来好像很简单，而事实上是十分重要而且困难的。锻造锯齿这一方法的发明，对大型木材加工用锯的发展做出

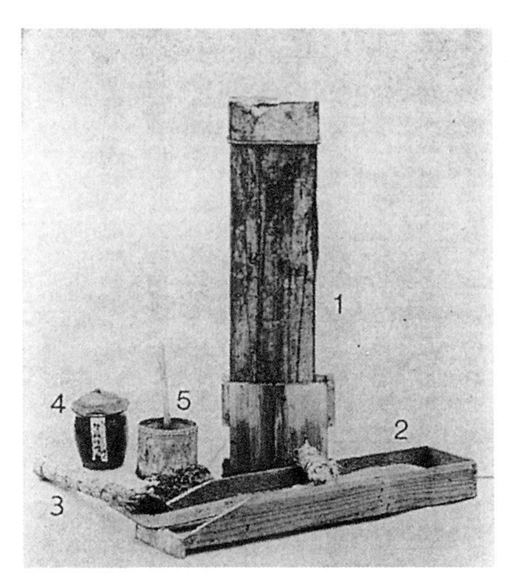

图4-26　1 油壶　2 烟灰缸　3 扫帚　4 烟灰豆酱
5黏土（已掺水）

了贡献，而且给制材技术带来了很大影响。

油淬火是什么时候由谁发明的不得而知。或许是在锯的产地，某人夜里干活时，把用凿子凿下的铁边扔到了油盆里，实际上形成了油淬火过程，由此想到了油淬火。所以，有人说，某人是日本油淬火的祖先，这根本没有证据。听说江户时代末期的一名制刀师，叫做水心子的人写了“据说在西洋是用油来淬火的”，而在现实中油淬火在明治时代中期以后就普及了。

根据《铁的考古学》作者洼田藏郎氏的随笔《热处理的历史》的记述，他写道：很难确定油淬火是何时开始的，但有一种说法是，会津若松的造锯师中屋重右卫门在夜班时误将锯的前端插入了灯油里，插入的部分发生了质变，由此便产生了灵感，发明了秘法。但是，在很久以前，就有把箭簇放在油和水混合的液体里淬火的事例，所以也很难断定。洼田讲得很有道理。由于是很重要的问题，我赶紧做了实验。在桶底加入水，在上边加入油，把锻造好的箭簇放进去，我把这种方法称为“半水半油淬火法”。

为何会想出这种办法呢？我是这样想的：箭簇是过去的武器，是最大的消耗品，即便失败，刀和铠甲被敌人掠去，箭簇也能保存下来。而箭簇即便可以回收，也有很多难以收回，所以，总体上看，是耗铁最大的。没有一场战争中有箭簇用铁消费量的记录，但可以想见其量之大。因为是消费物资，所以有必要大量生产。或许是为了大量生产，才发明了“半水半油淬火法”。如前所述，与水相比，用油淬火产生的瑕疵要少。

再有，用这种方法有以下好处，把油放到桶里，淬火可以做一两次，但是达不到几十次。如果油浸入木头，就容易着火，很危险，油的温度一高，每次淬火油都要着，这样的话，就无法在桶里加满油进行淬火。可是如果往桶里加入一半水，就没有这个担忧了。油温升高，换水就行了。于是油温下降，油自然浮上来。但是用这种方法进行淬火，只限于短的加工物，所以可以加工箭簇等物，这真是聪明的想法。不过这不适合加工锯。

假设在油淬火方面，已经有人想出了“半水半油淬火法”，即使外国的影响在其之后，也可以认为是日本油淬法的先驱。那么，为什么这种方法没有普及呢？回答是：事关装油的容器。油淬火使用的油是籽油，籽油植物最初是作为灯油提供物来栽培的。

天妇罗一般被认为是从江户时代末期到明治初期开始普及的食品。有一个叫三田村的人写道：在天保年间，天妇罗被江户人瞧不起。如此看来，天妇罗的普及是件新鲜事。可能有人要反问，天妇罗和锯有什么关系？锯的油淬火，尽管锯身没有裹淀粉，但可以看作是油炸锯，这样看来就有关系了。天妇罗的普及与油炸的容器有关系。炸天妇罗需要铁器或铜器等容器，这种容器是否容易入手，这是其普及的绝对必要的前提。锯的油淬火也是一样，假设有可以制作油淬火的容器，但其太贵、太沉重，使用不便，又危险，那会怎样呢？首先，铜器、铸铁器很重，价格又高，而陶器则又太重，易碎。若是木制，加入油，把灼热的钢材加入其中也不太合适。

明治以后，进口了马口铁，用其做油壶，价格便宜，既轻又安全，很容易入手。我认为这急速地促进了油淬火的普及。

油淬火工艺的采用，使锯制作的精巧程度有了飞跃式的提高。明治时代中期以后，取得支配地位的进口钢硬度高，质地细密，质量均衡，是优质钢，但无法采用水淬火、沙淬火，因为容易出瑕疵。进口钢的采用，同时使油淬火法的采用成了必然。据会津若松市的川村市太郎氏讲：伐木用锯——和钢，粗磨，涂抹烟灰豆酱淬火法；木匠用锯——现代钢，研削，油淬火法。

再者，因现在的钢无法采用泥淬火法，所以，用现在的钢做的木匠工具，都是采用油淬火法。

我也未见过用现代钢采用沙淬火法做的锯。在采用进口钢的同时，水淬火系列的方法就走向消亡了。

油淬火法的使用，从主体上来说，是因造锯材料的变化和前述马口铁容器的出现，从而使这种方法急速地在全国普及，在日本国内，技术上已接近使用油淬火的工艺，但间接地受到了外国的影响。

土佐山田市的土佐锯则独自地发展起来。制作了齿道有2尺以上长的伐木用具。不用研削，在铁砧上用锤子击打，发挥了这样特异的一面。因为是特大的锯，无法采用油淬火，所以只能用“全锯齿水淬火法”，这种锯在采用现代钢之后也制作了很多。土佐锯形式的大型伐木锯采用油淬火，经研削后上市，则是在战后。至此为止，日本的伐木用大型锯，从锯身各部位薄厚的合理性、柔软程度的合理性上来看，达到了最高的水准。

油淬火锯的锯种类别采用顺序：

（1）小型工匠用锯——明治中期

（2）中小型伐木用锯——明治末期

（3）超大型伐木用锯——战后

水淬火法系列实验记录

自锯产生以来，其间一大半都是采用水淬火系列的方法，采用油淬火的不足一成。迄今为止所做的实验例子如下：

（1）河内蚂蚁山仿造锯　（长11.5厘米，宽1.5厘米）

（2）江户时代张弦弓形锯　（长26厘米，宽2.5厘米）

（3）伊势原仿造锯　（长32厘米，宽5厘米）

（4）明治初期双齿拉槽锯　（长21厘米，宽4.3厘米，齿道长6厘米）

改造了全部和钢制的锯，将其成型，（1）和（2）未开锯齿，用柴火冶炼后用水淬火，其后开了锯齿。

我把（3）求朋友帮忙，全部按我的指示做了出来，（1）和（4）没有用扁铲，只用砾石研磨，（2）是砾石与扁铲并用，（3）只用扁铲。所有的锯均无瑕疵，可以使用。通过4次实验可以得知，若是和钢，即便是小型锯也可水淬火，只要粗锻时保留厚些即可。

（1）砂淬火

（2）涂烟灰、豆酱、黏土泥淬火

（3）全锯齿水淬火

（4）半水半油淬火

我对这4种淬火法做了实验：（1）和（2）把和钢前拉锯截断改造成弯柄刀锯，（3）采用现代钢制作了“土佐锯”，（4）对箭簇进行了淬火，用3根现代钢、2根和钢做了箭簇的实验，锯的尺寸三者都在50厘米以上，箭簇为12.2厘米。

1974年11月5日，我把实验用锯及箭簇进行了淬火。

（1）的沙淬火，在长方形的箱子里，加满沙（最大限度地含水）淬火。结果是虽然完成了淬火，但锯身处理得不好，用锉一锉就感觉过于柔软，当然，原本就是前拉锯的锯背，只达到软钢的程度。

（2）涂抹烟灰、豆酱、黏土泥淬火的锯，锯身得以完成，并且很硬。材料方面考虑了锯齿的因素，（1）和（2）都进行了回火，整个锯身都进行了细致的调质，未产生瑕疵。

（3）对全部锯齿进行了水淬火，往浅长的箱子或桶里加水，只对锯齿淬火，也达到了预期的效果。

（4）半水半油淬火如下操作：

① 水淬火。

② 半水半油瞬间投入淬火。

③ 半水半油桶表面的油部分里用铁筷子夹住一会儿再投入其中。

和钢制箭簇①省略，因无必要介绍，查前述结果可知：用现代钢制箭簇，三者都非常硬，③稍微欠些硬度。

和钢箭簇②，接近水淬火，③过软，并且现代钢与和钢相比，后者更为柔软。仅靠一次实验难下结论，但大体上没错。

用半水半油的桶来淬火，这实在是高明的技术。在接近桶底的部位开个孔，塞上栓，当油温升高后，拔开栓放掉水，再插上栓，加入冷水，油就会浮上来，水则下沉，油的温度自然下降。

我把经沙淬火与涂抹烟灰、豆酱、黏土泥进行淬火实验加工的锯保存于淬火的状态，加以公开展示，当然，要想使其能够使用，是很简单的。我想通过这样的实验，会打消人们的疑问。

沙淬火法在明治中期时，被油淬火法所取代。

涂抹烟灰、豆酱、黏土泥淬火法，在福岛县会津若松，持续到明治四十五年左右，这或许源于后者的淬火法胜过前者。我曾给许多把用沙淬火法与涂抹烟灰、豆酱、黏土泥淬火法制作的锯开锯齿，根据这个经验发现，这两种方法造出的锯，几乎与采用现代钢粗锻的锯同样软，会津的锯和栃木县一带的锯也相同，用锉一锉就感觉软，会津的锯并无特别的硬度。

但是，这次我实验过的锯，即便磨损，或经过许多年后，并无粗锻造成的那种柔软状态，我难以理解用前述淬火法打造的大型锯与粗锻锯一样过软的情形，对老铁匠和木匠所说的“沙淬火的锯质地坚硬，很好用”的话抱有疑问。

锯的焊接

将锯的茎(铁)的与锯颈进行焊接，这一方法应该自古便有，但因资料缺乏，难以断言。然而比较遗留品和现代锯，探究其差别，以此推定古代技术，并非完全做不到。并且，在判断遗留品的新旧上，也可成为重要线索。

从出土锯来看，找不到焊接茎的痕迹，法隆寺外来锯也看不出焊接锯身和茎的状况，然而从安在木柄上的金属箍的部分来看，则有明显的焊接痕迹，如图4–27中的1，把细长的铁片用锤子砸圆，将其两端叠在一起焊接，这道工序我经常见到。如图4–27中的2，把两张铁片摞在一起，放在尖嘴铁砧上用锤子击打，连在一起，尖嘴铁砧曾在冈山的神宫寺古坟被发现。

然而，法隆寺外来据的金属箍如图4–27中的1，连接处重合着，被

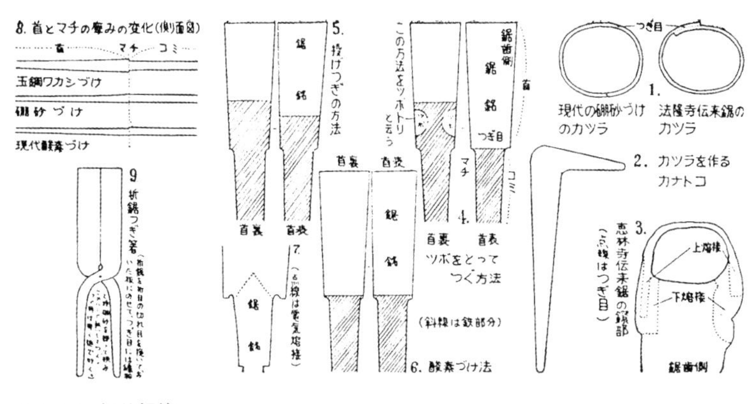

图4–27　锯的焊接

焊接在一起，令人觉得不可思议，这样的箍一次也没见过。普通的带硼沙（明治至昭和中期）的箍，连接处是用锤子砸的，几乎看不出接缝，并且是打拍平整的，其厚度也平均。带硼沙的箍不用锤子击打就不能焊接。

神户市兵库区淡河町的石峰寺所藏的大锯，两端有焊接的环，其中一部分即将脱落，看起来好像涂了糨糊后脱落了的状态。

图4–27中的3山梨县盐山市惠林寺所藏的大锯较前者小，有4尺左右长，明治年代曾遭遇过一次火灾，但几乎被完整地保留了下来。仔细观察这把锯，如图上那样连接，连接处明显有多次裂开又连接上的痕迹。这痕迹好像是把两贴膏药摞起来贴上的样子，没有用锤子击打过的痕迹。从这3个例子中都看不出对连接处用锤子击打的状态。下面，介绍使用硼沙焊接法之前的焊接方法。

这种焊接法，先把要焊接的钢和铁的连接处摞在一起，放进炉中煅烧，相当白热化之后拿出来撒上黏土，由于会产生火花，一拿出来就要撒上草灰，草灰遇高温就会像饴糖般包住钢铁，防止火花四溅。由师傅自己迅速用锤子轻轻击打，先大致连接上，然后再回炉，观察火候，再取出来，交给徒弟，徒弟拿锤子压着迅速击打，使其连接，明治时代中后期就是采用这种方法进行焊接的。

前述3例估计是未用锤子击打，煅烧后就那么放置焊接的，这是否有可能，下面提供一些参考。

铁匠给铁锹加钢，这是把磨秃了的铁锹的尖部焊接上钢，使用铸铁，也叫锅铁，把旧锅的碎片加到铁锹的尖部，放到炉子里炼，到熔化时取出，把锅铁像涂糨糊一样用木片涂到锹尖上，不用锤子。这种锹因为硬度高、锋利而受农民欢迎。还有，在最近实行的“采用和钢制作锯技术的复原”时，出了一件不妙的事，把煅烧后的物件就那么放在一边。回头一查看，有的部分竟自然地焊接在了一起。把这件事和前面的三例结合考虑,就会了解日本钢铁的易焊接性。

图4-27中的4~8显示了将锯的颈部与茎部焊接起来的方法的变化及其遗留品的特征。焊接的锯,其连接处不明显,这是由于长时间用高温焊接的结果,而用加硼沙进行焊接,其连接处就很明显,这是因为焊接时间很短的缘故。再有,焊接锯的颈部和茎部很厚,如不厚就难以焊接。带硼沙焊接的锯,锯颈和茎的尖部则很薄,现在的氧气焊接锯就更薄。将其按时代分类:

(1)焊接锯全部是和钢。

(2)采用硼沙焊接的锯,古旧的也有和钢,但大都是现代钢造的手制锯。

(3)氧气焊接锯是战后的机械制造或半机械制造锯。

在会津若松市附近生产的天王寺锯,据该市的川村氏讲:"把和钢砸碎放进水里浸泡,再放进炉里冶炼、锻造,天王寺锯的锯颈和茎的尖部可以再利用,将其改制,不用焊接。"

和钢粗制的弯柄刀锯,锯颈处无焊接痕迹,确实如此。关东各地和钢制弯柄刀锯和前拉锯都可以这样做。就前拉锯而言,①锯颈无焊接痕迹,在锯齿附近有锤痕的是和钢锯,②锯颈有焊接的痕迹,锤痕集中在锯背上部的是现代钢制锯。

对折断的锯,用连接筷来连接,用这种方法难以连接薄锯。可以随意地连接薄锯,那是电焊技术普及的昭和九年左右的事(见图4-28)。

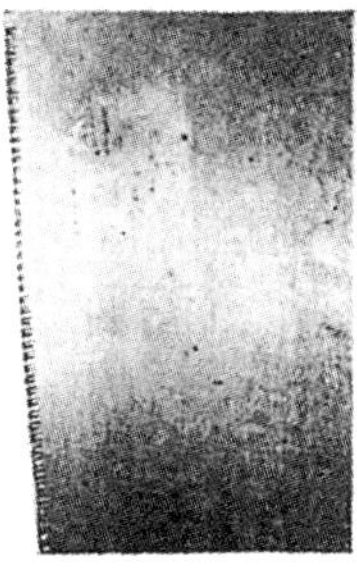

图4-28 锯的焊接 电力焊接(右图) 用连接筷焊接(左图)

连接前拉锯折断的锯齿,要用处理锯齿的筷子和辅助筷子。

焊接技术的发展，对锯的生产和质量产生了巨大影响。

锯的铭文考证

在锯上刻下铭文是从何时开始的，难以确定。但肯定不会像刀剑铭文那样古老。

我所见的刻有铭文的遗留品，最早的是享和年间的带壳体锯，在锯颈上刻着漂亮的铭文。此外，在或许经历了200年的桶匠的底旋拉锯上，仔细观察，在锯后端发现了铭文。那把锯没有颈部，很古老。如此看来，说没有锯颈的时代没有铭文也不确切。底旋拉锯的铭文部分非常长，无阅读价值。硬度高的薄锯若刻铭文就易出现瑕疵，所以不能这样做。锯颈的部分质地厚，也很柔软，现在的铭文均刻在此处。

锯颈形成现在这样的形状是在北斋时期，北斋画中的锯颈比现在的要短，遗留品的锯也是同样。北斋画中的锯在锯根部画有孔，所以刻有铭文也是很自然的事。锯根部的孔和铭文都是装饰性的，这种装饰性与铭文有很大关系。在锯根部有孔的锯，有《和汉三才图会》中的鱼头锯，或许是在元禄时代一部分发达地区最先开始刻制铭文的。

铭文最初大概是用在工匠用锯上的，工匠用锯很精巧，外形美观，具有装饰性，这也是制作者竞争、显示技术的机会。于是，为了确认这是自己的作品，便出现了铭文。从现在保留下的锯来看，根据其种类，有早晚之差。

（1）小型工匠用锯使用得最早。

（2）在大型锯中，锯木头的前拉锯最早。

（3）伐木用锯使用得最晚。

三者的铭文出现的早晚，是与三种锯的进步、作为商品的流行有关系的。

古老的前拉锯，也没有铭文，或者是极为简单的刻印铭文。接着是凿铭，最后是刻印铭。凿铭十分粗放，字体有韵味，很多效能说明书的刻印铭是现代钢制作的，出现得较晚。

伐木用锯较为古老的没有铭文，即便刻有铭文，也是乱七八糟的。在和钢锯的末期，也有刻印铭。现代钢锯的铭文要漂亮得多，小型、大型，随着时代的进步，铭文越来越漂亮。在江户时代末期到明治初期的铭文中，有的十分幼稚，像小学一年级学生写的字。刻铭文与扩大商品销路，即商品化有着密切的关系。可能最早是从发达地区开始的，在关西是刻印铭，而一打听在过去是刻凿铭的，刻印铭用不着刻铭的技术，又很省事，所以是从考虑方便开始的。

从地区来看，关西的锯几乎都是刻印铭，京都、三木（兵库县）、四国的土佐山田，还有信州等地，都采用刻印铭。关东、东北、越后则全是刻凿铭。但是作为锯产地的京都、伏见的造锯师，谷口清兵卫、谷口清三郎使用的是凿铭，不把铭文刻在锯颈的中间，而是刻在侧背面，这样看起来有一种古老的韵味。

《人伦训蒙图汇》中写道："称为中屋的，在伏见。" 现在关西的锯几乎都只刻姓氏，而叫做中屋的，在三木只有一家。据说这个中屋，是属于明治时代后期、茨城县笠间铁匠系统的。

难道伏见的中屋消失了吗？抑或是明治时代前期废止了名号？

叫中屋的在关东、越后、东北地区特别多，或可想象，伏见的中屋向关东地区发展，而在老家却消失了。在三木市，中屋出现在明治以后，在三木市的《黑田家文书》中，就有关于中屋的记载。如此看来，在江户时代便有了中屋。

在凿铭和刻印铭这两者中，哪个更有趣呢？当然是凿铭。刻印铭只要按一下就行，很省事，尽管名字因作者而不同，但感觉都一样。凿铭则大不相同。作者的巧拙、爱好都可以表现出来,所以要说铭文的趣味性,那一定在凿铭。即便是刻印铭也是按在锯颈上的,也分为最后一道工序印的和淬火前印的,后者字体明了。

从地域上来看,土佐锯、信州锯采用的是后者,播州锯也是。前拉锯、伐木用锯等大型锯都采用的是后者,木匠用锯也是如此。在战前,有印着鸟居形和正宗的刻印铭锯,锯的质量上乘,铭文也清晰气派。在加工完的锯颈上按刻印,字迹浅,稍微变旧就难以辨认。偶尔还可见到在刻印中镶嵌了铜的铭文。在古旧锯里,日向孙右卫门的就是这样的。在凿铭中,有劲道的是会津的锯,在锯肩刻上住在会津,以及中屋重右卫门、中屋重兵卫、中屋助左卫门、中屋安左卫门等,字体粗犷,这4家都非常有名,现早已废业了。仙台的大久保权平的铭文也很粗放,同是仙台的神田久住的字体则非常细,好像用钢笔写的。秋田、山形的锯铭文也很细,用草体写成。比如鹤冈的中屋新太郎就是那样。

越后是锯的产地,在铭文上也下了许多工夫,中屋伊之助的感觉奔放,而中屋伊三郎则很平直,中屋五作的铭文很小。

东京以前就有造锯师,驹込林町的中屋米次郎的铭文采用很小的字体,清晰、细细地刻下,吉祥寺的中屋源次郎的锯铭字体粗犷,有些古风。即便铭文差劲,也有有趣之处,比如看到刻着“中屋金”的,就能想到这是个喜欢调侃的人,即便字体拙劣,但很有意思。熊谷的中屋金五郎很笨拙,但有趣味,川越的中屋边作在锯颈上大大地刻着铭文。

房总也是锯的产地,四街道的中屋八重三的铭文像是用钢笔写的,在馆山,以中屋嘉助为代表,还有中屋雄造、中屋久作等。在有近亲关系的铁匠中,雄造的铭文有古韵,久作的则很沉稳。叫做久作的造锯铺,有许多家,最有名的是被称为“中桥的久作”,是用粗凿刻出的伞状物一样的独特的铭文。

我本家的铭文，是父亲用柔和的细线条刻出的“中屋芳右卫门”，师傅中屋作次郎也是如此。铭文随师傅。但因人的手艺与性格不同，各自的差异也会自然地表现出来。

还有人在铭文下刻上花押，这种装饰性的东西在古旧锯上好像没有。造锯师在意锯颈和孔的形式，即便不看铭文，从外形上即可看出其产地和系统。

某某是名人，这常成为话题，名人除了其技术高明外，其产生常常因社会的、历史的原因而起作用。思考一下所谓的名人，几乎所有的人都是限于从江户时代最末期到明治、大正，最多到昭和初期，其中，江户时代末期到明治初期，只是其话题被流传，而极少接触到他们的作品。不论哪个时代，从当时的技术水准来说，都有很多技艺高超的人，但锯不是装饰物，所以会不断地消失。从明治中期开始，被称为名人的人骤然增多，这里有着锯制作技术发展的历史必然性。

具体锯铭，见图4–29。

锯成为普及性商品的历史不长，到明治时代的中、末期，锯都是通过小贩的手，运到各地，交给客户的，大概一年一结算，可以赊账。

从明治时代初期到中、末期，和钢锯的制作技术有了长足的发展，而且和钢锯的制作很难，个人的技术差别很大，在各地被称为名人的人，按今天的话来说，都是从事技术革新的人。站在从江户时代继承下来的传统技术上，努力提高技术，将锯作为商品而发展。在古旧的锯中，成为持有者骄傲的几乎都是用这个时代的和钢或方钢制作的锯。房州馆山的中屋久作氏说：“现在的带壳体锯大都是造锯师做的，以前不是，会制作带壳体锯的一个县没有几家。”

这是明治末期的事。因为掌握了用和钢制作如带壳体锯这样精巧的锯的技术，才值得被称为名人。在各地被称为名人的人，大体都有共同之处，难分优劣。而且，被世间看作名人，不光是靠其技术，还

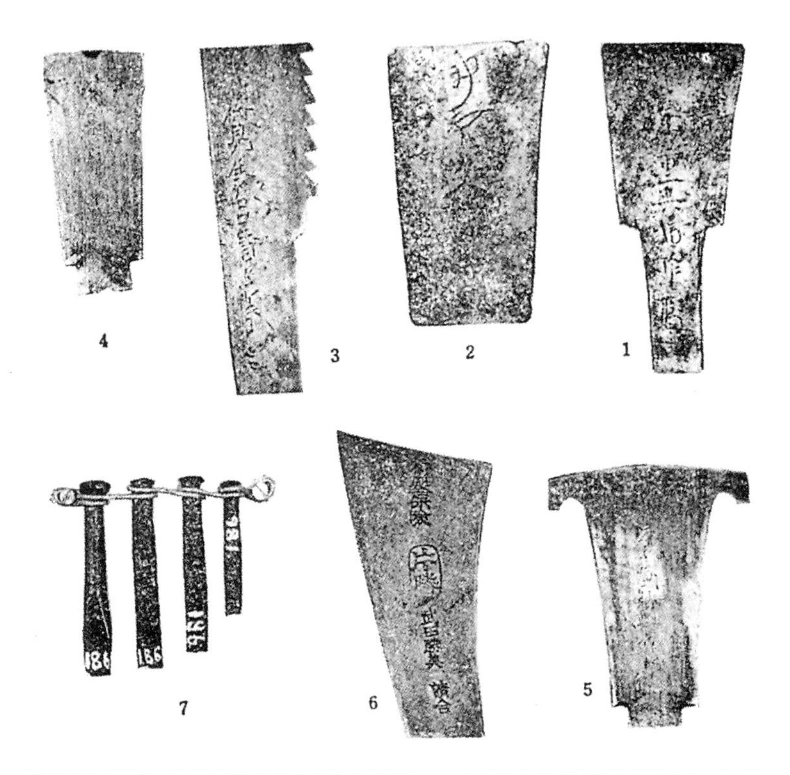

图4–29　锯铭　1 中屋重兵卫作（住在会津）　2 中屋久作作（住在房州馆山）　3 谷口清兵卫作（住在京都伏见）　4 中屋米次郎作（住在东京）　5 二见屋精一郎作（住在埼玉？）　6 武田胜美作（住在土佐山田市）　7 铭文刻字工具

要看销售者是否合适、有一定的资金、作为事业取得成功等条件。那么现在如何呢？有很多人说，“现在的锯不好使，没好锯”。然而，现在的锯，是历史上最好的，即便如此，仍没有名人。有可以制作出好锯的造锯铺，但作为个人却没有了某人是名人的事情了。今天，优质钢材丰富，技术也不断飞跃进步，可以使用机械，所以，锯的整体质量很高，产品的差别很小。所以，已经没有产生某某名人的余地。明治、大正的名人是由于当时的历史条件所产生的，今天没有名人也是历史的必然。

在大城市中，即便无名人，也有很多高手，距离我本家以北约10公里处的矢板市，有一个叫中屋深吉的人，深吉干活极为认真彻底，其诚实近于执着，他的作品我在东京一回也没见到过。还有群马县沼田市的中屋仙次郎。听说他在战后70岁左右时制作过几次和钢据。他的作品极为上乘，但因为很少，在东京谁都不知道。他把锯的最后加工，用砾石研磨，过去有这样做的，现实中将这种技术坚守到最后的，整个日本兴许只有他一个人了，听说他在极度贫困中死去。

行 话 考 证

○行话——花椒

行话是同业者的隐语，使用行话，意味着相互确认是同行。

○锯——菜刀

这是源于单齿锯的形状像切菜刀，故造锯师被称为“菜刀匠”。

○工作——作

去掉了“工”。

○干活——包括弄坏

弄坏，就是“干”的意思。

○眼睛——鼻子

眼睛不好，说成“鼻子不行了”。

○锉锯齿——弄鼻子

加工锯齿的行当，被称为“弄坏鼻子的”。

○炭——笔

因跟笔墨有关系。

○钱——灰

没价值的东西的反语。

○挣到钱了——灰弄没了

弄没了，就是挣了的意思，挣到了钱，钱包就不会瘪，反语。

○卖得好——暴露了

或许与“坏事暴露了”有关。

○饭——爹

饭当然是给予生命的爹。

○酒——年糕

○吃、吞——吐

不论哪句，都是说反话，把喝酒说成是“吐年糕”。

○快——三张

普通的轿子二人抬，“三张”是三人抬的意思。

○出瑕疵——继续

反语，“傻瓜，停下来可不行啊！”

○硬——软、软

反语，一定要重复两遍。

○软——硬、硬

反语，一定要重复两遍，说得快。另外，内、外也是反着说。

○失败——释迦

说“成了释迦”，是指出了废品，成了佛则万事休矣。这句行话是金属业匠人之间通用的，在战争中，很多匠人在工厂做工或被征用，故被频繁使用。所以在今天已经相当流行了。

○不好——哈奇

指笨拙、不利索的工作，如“哈奇，没法佩服”。

○吹嘘——大鼓

把撒谎、吹牛叫做“敲鼓”，形容大鼓的声音，无内容。也可能是指大根，即大萝卜，内里除了含水外没什么东西。

○懒惰——蒸

在“生的”和“煮”之间，不靠谱的意思。

○逃跑——amekosita

不明。

○狡猾——xiba

不明。

○踩野粪——踩到柴刀上了

踩到柴刀上，受了伤的意思，是指发生了严重情况。

○利索点儿——切芯

意思是像切去烛芯的灯笼一样变亮，是嘲笑愚钝者的话。

○愚蠢——assan

“暑”是热的意思，因为一到暑热季节，就迎来盂兰盆节，所以称“盆来”，这有些牵强。

○衣服——乌羽

不明。

○打——suikome

不明。但是，把钢板的一端煅烧，用锤击打的活叫“suikomi”，或许和这个有关。

○臭——hassai

由九减去一等于八。

○小伙计——老爷伙计

反语。

○妻子——炉子

炉子是煅烧等的重要场所,“掌炉”是指独立,还指有老婆。炉子这个词在《古事记》的三轮神话中出现,指女性的私处,这在西鹤的作品中也时常使用。炉子凹陷,里面装炭,燃起火来后,诞生出各种铁器。由这种相似产生了这种比喻,成了行话。

○贼人——拆宫

宫是神社,不怕神的意思,所以做贼的人被称为“拆宫”。

○赌博——怕熊

熊有月轮,所以成为轮、车座,可能是这个意思。赌徒称为“怕熊的人”。

数字行话

○一——手

两手的手指有10个。1、10、100相通。

○二——松

松叶二片。

○三——木屐孔

木屐有三个孔。

○四——鸢

鸢风筝形,露出的部分有四个。

○五——加贺

加贺前田的家徽是梅钵,有5片花瓣。

○六——棒

六尺，或许是由给大名抬轿子的轿夫而来。也可能是用肩膀扛着扁担挑货物而来，或扁担两端下垂着货物的样子而来。

○七——nanoji

可能从nanoji的音和字形而来。

○八——章鱼

章鱼的腕足有八条。

○九——kiwa

接近十的意思。

○十——枪

十字枪的形状，十还称为“ote”或“yari”。

这种行话在过去还有很多，我所记录下的，到昭和十一年左右剩下的只有这些，而且几乎没人用了。即便当时懂得的人也很少，父亲倒是会，但觉得使用行话、黑话太低贱而讨厌。

行话为何灭绝了呢？其原因在于流动匠人这一职业的消失。匠人拥有职业身份的共同意识，如甲方的师傅到乙方的工厂干活，或外出揽活，行话就成了同业的明显证明。并因此得到“住宿和吃顿饭”的保证。过去的匠人，能够外出揽活，是必备的条件。随着时代的变化，同业的连带感逐渐淡薄，流动匠人也失去了身影，行话就自然消亡了。

这篇行话考，是我听父亲讲而记下来的，曾在昭和十四年发表在自由律俳句杂志《海红》上，并因而得以保存下来再次发表。行话产生于何时不得而知，行话中把锯称为“菜刀”，由于单齿锯形似菜刀，所以产生了这个行话。但是，在江户时代末期，单齿锯有锯颈，形状与菜刀不同。而宽政时代的拉切锯没有锯颈，酷似菜刀，所以也有推测或许产生于宽政时代。

还有，把“快”称为“三张”，这是由抬轿子而出现的行话，据说此行话在今天的餐饮业还在使用。

“踩野粪——踩到柴刀上了”，这在我的老家枥木县氏家町一带还在使用，由何而出则不甚明了。

使用范围也弄不清是全国还是关东一带。如果行话在全国通用，就是一件很有意思的事。再者，如果与关东、关西、北陆的行话不相同也很有趣。我觉得与普通的金属加工业的行话也有关系。

第五章

绘画、文献中的锯

绘画中的锯

除了出土锯和法隆寺外来锯、正仓院的锯，古锯的遗留品几乎没有，今后被发现的可能性也不大。锯是日常的工具，不能用了就扔掉，这在过去和现在都一样。关于中世以后的锯，靠遗留品来研究，难以期待。我自耳聋了以后，就喜欢看绘画，在看了很多之后，在绘画中发现了锯，而且看到因时代不同，锯的形状也不同。所以研究了各时代大量关于锯的画，意识到可以追寻锯的各时代的变化轨迹。我赶紧拍照、记录，以其为依据，制作复原仿制锯，并试用。与现在保留下来的江户时代、明治初期和中期的锯进行比较研究，对绘画中出现的锯，从形态、结构、锯齿、手柄、使用方法等几个角度展开了研究。当然，由于没有现成的锯，故难以避免研究的不完全性。

9年前，我在出版《日本的锯》一书时，描绘镰仓时代各种锯的资料有《天狗双纸》、《当麻曼荼罗缘起》、《春日权现灵验记》、《石山寺缘起》、《松崎天神

图5-1 《石山寺缘起》绘卷

缘起》、《大山寺缘起》6个画轴。今天又发现了更古老的平安时代的《中尊寺绘经》和镰仓时代圣众来迎寺所藏《六道图》里的锯，在上述8幅图中，除了《六道图》，都出现了木匠使用锯的场面。

首先看一下《石山寺缘起》（见图5-1）。三个木匠手里拿着锯，前面的男子把锯插进腰带里，一个人在锯厚板。一个人左手拎着锯，跟使用锯干活的人说着话。这实在是活生生的场面，令我这个长期在木工厂干活的人，都能感觉到他们的叫喊声、欢笑声，甚至于他们的体臭。

三人的锯，同为“树叶半裁型”，该型的锯亦称为鱼头锯，但与现代的鱼头锯在形状上不同。仿造画轴上的锯并且使用的结果如下：锯的整体非常厚，与锯身相比锯手柄部分非常细。锯柄一细的话，没有一定的厚度就难以支撑锯身。这部分很厚的锯，可以使用的尺寸很短。再有与画上的锯相比，实物的幅宽应该更窄。接近于半月形的齿道，其切断速度很慢。手柄是刚刚能握住的短柄，难以用上力量，所以木匠不能站着干活。在《当麻曼荼罗》中，木匠在站着拉锯，右手握着短柄，左手按着锯背。试着使用，果然如此。“树叶半裁型”锯如果不这样，锯就拉不进去。该时代的横拉锯是按着拉、拽着拉的，这种使用方法从《当麻曼荼罗》中木匠的姿势上也可看出。

手柄逐渐变长。在江户时代中期，已经像今天的木匠一样，用左脚踩着木头拉锯，这种倾向一直持续到现代，尤其是战后，手柄明显地变长。朝身体一侧拉锯时长柄锯更有利。压着拉的锯则短柄更好用。所以，可以知道镰仓时代的横拉锯没有成为拽拉锯。

《中尊寺绘经》(参照卷首插图)中纵拉锯的发现可以证明，在平安时代就有很好的纵拉锯，而且其使用方法是站着前拉。其锯型细长，齿道为直线，与其相近的锯，有造车木匠用的旋拉锯，这种使用方法和把船的外板叠合加工用锯完全一样。

圣众来迎寺所藏《六道图》的锯(参照卷首插图)，是带木弓的大截锯，由两个小鬼在拉，健硕的小鬼在把死者切开，很有趣。

一般认为，在这个时代是用楔铁开木板的。的确，从画轴上看是这样，但是，那真的是破开今天这样的木板吗？我认为，用楔铁破开木板是现在的破开5厘米以上、非常厚的木板时的操作。假设如此，要破开材质优良的杉木等，用楔铁就要比用锯来得快，并且节省劳力，即可破开厚木板。这种方法破损少，效率高，从经济角度来看也是非常聪明的做法。

狂言中的锯

在狂言舞台上使用的小道具中，有很有趣的锯。能乐和狂言这种艺术形式注重古韵，有一种极为正确的写作传统，因此关于锯，也保留着当年的影子。

“树叶半裁型”锯就与镰仓时代的画轴中的锯相似，它与后者的区别在于其锯根部分制作精美，但无锯颈。可在狂言剧中，便有很细的锯颈。

奈良法轮寺的《圣德太子御一代记屏风》中画了几把锯，仔细一看，有的锯带锯根部，而无锯颈部，有的则两者皆有，与狂言中的锯相像。

室町时代的《七十一番歌合》中佛师的锯，锯根和锯颈都很精致。并且，我想大型雕塑的最初造型，都是用锯来做的。做雕塑的穿透部位就用得上旋拉锯了。

《信贵山缘起绘卷》、《伴大纳言绘词》(12世纪)中贴了纸的拉门上没有画，但张弦弓形锯、弓形锯等小型锯也在不断发展，《一遍圣绘》(13世纪)中稍有描绘，《慕归绘词》(14世纪)中的拉门上则画了很多，并且画得非常气派。

还有，相当于今天的木板套窗的东西，在12世纪的《信贵山缘起绘卷》、《伴大纳言绘词》中也有所描绘。做建材，特别是拉门的框架时，需要很薄、精巧的锯，制作这样的锯，需要采用制作张弦弓形锯、弓形锯等的技术。建材的发展，与房间的配置、采光等有着密切的关系。特别是贴纸的拉门的出现，对室内采光具有革命性的意义。

因此，在建筑物的门窗隔扇出现进步的室町时代，锯也获得了发展，从这些方面也可感知。

《喜多院职人尽绘》与《三芳野天神缘起绘卷》

庆长年间的《喜多院职人尽绘》在博物馆展示时，我十分兴奋地进行了观察，其后，便去川越市的喜多院细细欣赏，发自内心地惊叹。展出的24幅图中的三分之一对我的研究有价值，其中的6幅画了锯，我所关注的是显示锯锻造与农具锻造尚未分离的图画(参照图2-53)。

从窗口窥视的女人下面，对面左上角挂着一把把手柄朝下的锯，锯齿稀疏，锯的前端像鼻子那样向前突，其齿道外弯。手柄呈白色，细短，结实，还画有护圈、销钉等。锯身短宽，适合爬到树上拉树枝等工作，左手抓着树干，用右手拉锯，锯前端的突出部位，是为了防止锯的脱落，是樵夫或农民使用的小型锯。还有，在女人的下颚处，有一把更小的工具，没有画锯齿，把手比锯还要朝内，可能是在树上使用的柴刀。如今在前端具有突出部位的柴刀，山里人还在使用。

此外，木匠、造佛珠的、专做扁柏木的工匠、桶匠等把锯放在旁边干着活，这些锯与画轴中的锯相比，锯形较长，和室町时代的锯相似，前端逐步变宽。锯根和锯颈的形状，与专做扁柏木的工匠的锯一样，到木柄的拼条，都是齿道外弯的曲线，和画轴中的锯相似。还有的和桶匠锯那样的锯根部成斜线安着锯把，木匠锯那样锯颈很小的锯，丰富多彩。

造佛珠匠人的锯，与《七十一番歌合》中的梳齿状锯相近，造型轻巧，木柄向内，锯齿很好用，锯身坚硬，可作为曾经过研削的证据。与铁匠锯相比，匠人用的锯更为精良。匠人用锯也有精巧之差，这从外形即可看出。

锯的锻造与农具锻造尚未分离的《锻造师图》是前者的专业化、其年代推定的线索，然而，《喜多院职人尽绘》中所有的锯，不可能是既做农具也做锯的铁匠铺制作的。这张图主要描写了樵夫和农民的工具，所以是农村的铁匠铺，可能在农村通常并无专业分类。但造佛珠的锯在这样的铁匠铺里难以制作。精巧的锯还是需要专业化，当时已经出现了这样专门的铁匠铺。

在《三芳野天神缘起绘卷》中，木匠在使用与张弦弓形的前拉锯相近的锯，前拉锯在平安时代就已经非常活跃，这毫无疑问就是《中尊寺绘经》中的锯。这种锯是前拉锯的祖先，从锯的结构、使用姿势、使用目的来看十分明确。但是，为何没有进化为江户时代的前拉锯呢？这不得而知。本可以把《中尊寺绘经》中的锯稍加改造，使其发展，这是后人的想法，但在当时却未必如此。原因可能是铁匠铺的技术的问题，这令人切身感到，物品的进化不是直线性的。

西鹤的时代

在《大和耕作绘抄》中，画了一把又长又大的锯（见图2-30），在大名消防队一队的行列中，这把锯，锯的前端和后端的宽度大致一样，外弯的齿道呈直线，但不清晰，这并非是版画印刷不清所造成的。前端弯曲部的锯齿逐渐消失，这是江户时代中期以后的倾向，我制作了复原仿造锯，试用一看，前端弯曲部的使用几乎不可能。所以才不断地退化，只是装饰性地做几个锯齿。锯根部是曲线，锯颈非常短，有拼条，安着长长的木把，大概是用来做消防破拆的。它比一般的锯要费工，有些古典的味道，显示着大名的权威。这个队伍还扛着大团扇，可能也是灭火的工具。

井原西鹤的《本朝樱阴比事》的“俄大工都费”中也画了锯，这把锯的前端是方形，齿道呈直线，锯颈短小，锯根斜着安了木把，这把锯比前者要好使得多。没有《大和耕作绘抄》中的锯那样的装饰部分，显示着简洁成熟的形态。

民众实际使用的锯才能获得进步。

《西鹤诸国相声》的“不让看的地方是女木匠”中登场的锯，不是“树叶半裁型鱼头锯”，而是与其相反的齿道直线、锯背外弯的锯。这种锯在明治时代被广泛地使用，亡父曾说这种锯原来是鱼头锯。所以这种锯是西鹤时代最发达的锯。

男子禁入的皇宫女官住所修缮时，因不能用男人，便使用女木匠，故有“工具箱中，锥刨墨壶曲尺，相貌平平，手足健硕，木工手艺上乘，家住一条小反桥”的说法。

或许因为西鹤是一个彻底的现实主义者，连锯这种不值一提的小工具也认真地描写。

但是，《日本永代藏》、《世间胸算用》中的锯是“树叶半裁型”锯，《胸算用》的锯把上好像缠着什么东西。几乎没有锯颈，在草稿上画了很多前代的工具，实际上反映了新旧交替的状态。《立华训蒙图汇》、《人伦训蒙图汇》、《和汉三才图会》等中也记载了各种锯，在《立华》、《人伦》二书中，护鞘锯的祖型登场，《和汉》中描写了“旋拉锯”的锯根部的孔。后者表现出对于锯开始了装饰。

图5–2 《人伦训蒙图汇》造棺师

《人伦训蒙图汇》的造棺师的锯（见图5–2），根部有孔，这本书中的木匠、木雕师、琴师、造棺师等都是上半身裸体，造面具的工匠、拉大锯的、桶匠都是一条胳膊赤裸。我想不光夏天，在寒冷季节也是这样，光着身子干活的图很多，除了严冬，大概其他时节匠人们都是裸体干活的。

造棺师的锯的根部前端都有锯齿，是很奇怪的锯，但可能是真实存在的。造棺师从事的是葬具制造，也就是应一时之需，制造运私人的棺木。这种锯可能带有近似拉槽锯的功能。

这本书中的木匠、木雕师、琴师、造面具的、桶匠，《和国诸职绘尽》中的造车的、造弓的（见图5–3），西鹤《诸国相声》中的女木匠，《绘本士农工商》中的木匠、桶匠、做木屐的，五梈菴瓦合《职人尽发句合》中

图5-3 《和国诸职绘尽》中的制弓工匠

的造尺的，歌川丰国《本朝醉菩提》、葛饰北斋《飞弹匠物语》等绘画中所有的木工类的匠人都使用木槌，铁制品是黑色，木制品是白色，从图中可知铁制大锤是在江户时代末期开始普及的。《和汉三才图会》写到，铁制大锤是采矿的工具而非木匠工具。

包括西鹤时代，张弦弓形锯、护鞘锯、弓形锯都是制造装饰物的工具，随着建筑业的发展，装饰房间时采用了护鞘锯。

北斋与锯

在《富岳三十六景》里，有“本所立川图”和“远江山中图”。两幅图都是前拉锯使用图，前者画了木匠在木场加工木板，对岸的街市之上，是美丽的富士山。锯齿侧呈白色，有一种清新的感觉。

“远江山中图”中有3个人在工作，把巨大的树木剖成木板。上下各一人，另一个人在磨锯齿。有一个女人好像是来送午饭的，在一边看着孩子。如“拉大锯的吃升米”所说，饭盒非常大。两图均气势宏大，并且在前拉锯的用法上下了工夫(参照图2-20)。

《庭训往来》画了爬上树伐木的场景，其弯柄刀锯的形状接近前拉锯，将网四处张开，从上面伐，这是树木长在特殊位置的场合。从根部伐不倒，所以就从上面伐，然后送到下面。在树上使用锯因树会剧烈摇动所以很危险，故四方张望，在腰上绑上绳子，下面的人抱着拉锯的人腰下的树，防止其摇动（参照图2-27）。

还有，北斋的《南柯梦》描写了采伐巨大的楠木的场景，其中有两个人拉的大截锯，两端的锯根部有孔，大截锯与普通的长锯合并起来的锯，非常稀奇。《椿说弓张月》的锯（参照图2-82）是造船木匠用的旋拉锯，在根部有孔，木把上好像缠了藤。锯的前端是“树叶半裁型”，是旧式锯，北斋的画对细部都进行了认真刻画。

《飞弹匠物语》的锯（参照图2-59），其中的两把与今天的单齿锯几乎一样，估计是北斋时代的遗留品，保存至今。

还有喜多川歌麿的《般若角切图》的锯（参照图2-2），用两人拉的大截锯两个人面对面拉，爬梯子的男人肩上扛的也是大型横拉锯。

可以看出，这个时代的锯与现代锯接近。

锯改良的影响

木屐大概在很久以前并不是庶民穿的，木屐的历史很长，在平泉的毛越寺，就收藏有4个凸榫露出木屐表面的高足木屐，这种木屐被称为“露卯木屐”。

我试做了露卯木屐，其后，宫本馨太郎教授寄来了“毛越寺露卯木屐”、“津具露卯木屐”、“京桥出土露卯木屐”的实测图，我想结合自己的试做经验和实测图来介绍一下。

毛越寺和津具木屐是男人用的，京桥木屐是女人用的，从其大小来看毛越寺的最大，津具的次之，京桥的最小。为何要让木屐的榫头露出木屐的表面呢？这是为了使木屐的木跟不会掉下来。在木屐的底下，把木跟准确地嵌入，使其紧密成为一体，掉不下来。但是在当时加工用的锯并不发达，想拉出嵌槽十分困难，只能在木跟上安上榫头，在木屐平面打孔，将榫头插入其中，这样木屐的木跟就不会掉出。

我制作了露卯木屐，当时还没有收到宫本教授的实测图，所以尺寸和形状都很随意。我用9寸拉切锯拉出嵌槽，锯齿比护鞘锯要粗大得多，卯孔开了一个，尽管是外行做的，但能凑合着穿。

大体上除了嵌槽的深度，还有可以减小木屐板厚度的木跟的材料。半双木屐省5分（16.5毫米），10双就节省1尺。我特意问了木屐师做榫头与木跟的程序，对方说做"阴卯木屐"要费3—4倍以上的材料。这样把工时和材料加在一起，就是相当大的数字。

宫本教授在来信中说：关于露卯木屐木板表面最后加工的问题，尽管事例不充分，但我记得有用漆涂盖榫头的，而用阴卯则可省去处置榫头的麻烦，又可使木板表面显得很漂亮。

3种露卯木屐各有特点，毛越寺式把木板底下斜着削切，其他部分则为同一厚度。津具式则把木板底下中间部位纵向隆起。京桥式与现代的相同，把木板底下中间部位纵向隆起。这3种木屐厚度的变化，显示了榫头退化、向阴卯木屐转化的过程。榫头① 毛越寺，② 两种津具式，③ 一种京桥式，大小也按此顺序，逐渐变小。木跟①与木屐板一样宽，②木跟稍微突出，③ 明显突出。在大正时代，曾有专门加工向外阔木跟的木屐店，时代先后也是按①、②、③的顺序。阴卯木屐是何时出现的，据宫本教授说是在江户时代中期。

拉木屐嵌槽的锯叫拉槽锯，是锯背上带护鞘的非常薄的锯，我在年轻时制作过，对制作技术要求极高。用拉槽锯拉开，再用凿子铲，用锤子敲打插孔，一下子插进去。这样就决不会掉下来。即便锯开面很平，也会留下细细的拉痕，这时往里插，正好接近"擦合"状态，如果木跟再含有水分，一膨胀就十分牢固。

那么拉槽锯是何时出现的？

江户时代中期的《人伦训蒙图汇》、《立华训蒙图汇》中也画了带木质护鞘的小型锯，10年前，我试做了这种锯，木质护鞘锯与现代锯相比非常简单,但在结构上和今天的拉槽锯是一样的。从齿形上看如前所述,做茶杓需要锯竹子,这和锯桐木应该是相同的齿形。宫本教授说阴卯木屐的出现是在江户时代中期,这恰好吻合。

拉槽据的锯齿,比建材行的带壳体锯要稀疏些,锯身较厚,宽度大。齿形是等腰三角形,磨得如同不动明王所持的剑一样锋利,故称“剑齿”。伐这种锯的锯齿也是最难的。不是这种锯齿就没法用。

露卯木屐,为了隐藏榫头,需要涂漆,如此看来,在江户时代以前可能不是一般庶民或农民穿的。而后出现阴卯木屐,看起来也很漂亮,并且价格便宜,才开始普及。木屐的普及使下雨天妇人出行变得容易,此外,对脚的卫生也有好处。

涂漆木屐,色泽优美,宛若燕子花。(《职人尽发句合》“制作木屐”,宽政时代)

关于锯的古文献

可以看到关于锯的记述的文献,最早的有平安时代的《倭名类聚抄》,这是源顺编撰于承平年间(931—937年)的,分为5卷本、10卷本、20卷本,20卷本编写于平安末期。在20卷本的第15卷中,有“锯,四声字苑云,锯发音同‘据’,和名能保歧利,似刀有齿者也”的记述。

与这20卷本同时期编写的《类聚名义抄》中也有关于锯的记述,该书的编者无定说,是11卷本,分为佛法僧三部,按偏旁分类,在僧之部中有“锯,不明,发音同‘据’,又名枪”的记载。文部省史料馆的原岛阳一氏给我的信中这样写道:

《倭名类聚抄》的5卷本是10世纪的,很古老,20卷本是平安末期白河院时代,为12世纪。关于锯的记述在20卷本里,因为在5卷本里是否有尚不明确,所以作为史料使用时,对于平安时代中期的解析使用有些牵强。还有,《四声字苑》是何种书我没见过,可能是中国的书,故有必要考虑中国的关于锯的记录。

我觉得他说得很有道理。我对这篇文章作如下解释:

"四声字苑云锯音锯",至此为中国资料,下面的"和名能保歧利"与"似刀有齿者也"是日本的关于锯的说明。这篇文章在江户时代的书中肯定被引用过,或许引用者的想法和我一样。

锯,据说在过去的发音为"ノボギリ"、"ボ"与"コ"的发音相通,所以"ボ"就成了"コ","ノボギリ"的"ギリ",是"切",这没有问题,关于"ノコ","ノ"是与"のす""のばす"一样,表示长的意思,"コ"是"こする",可能是表示长的东西,对其摩擦切割的工具,我这是外行的想法,最初看到"ボ",我几乎发晕。哪位有好的想法亦请指教。

不光文献绘画,就是看到的文章或传闻,因为是活着的人所说的,就不能全盘相信,那是很危险的。作为资料使用的场合,对确实存在的东西,比如关于锯,对于出土锯、外来锯、遗留锯、现在锯的类似品,其使用对象、使用姿势、制作技术等进行比较考察,在此基础上经过实验才能确定。

在距离今天较近的江户时代初期的《毛吹草》中,出现了锯的名字。这本书的作者是松江重赖,庆长七年生,延宝八年(1680年)79岁去世。

《毛吹草》的初版是在正保二年(1645年),开始编写于宽永十五年(1638年),被收录在各地俳谐名物集里。在由新村出校阅、岩波文库出版的这本书的165页中,有"摄津,天王寺锯,土井原锯"的记载。

《毛吹草》中,记录了各地特产的名字,关于锯的具体的记述则没有。但是,既然明确地记录了摄津的天王寺锯和土井原锯,就应当是很有名的。如此则可认为,在江户时代初期,锯的产地堺和大阪一带,已经作为先进地区上市了。

现在也有被称为“天王寺锯”的锯，在东北地区广泛使用。现在的天王寺锯，锯背呈圆形外弯，是伐木用的弯柄刀锯。根据《会津若松市史》的介绍，会津造锯师的元老中屋重右卫门，在享保年间在大阪天王寺看了大型锯的制作，回来后便着手制造大型锯。据说，由此就把大型伐木用弯柄刀锯叫做“天王寺锯”。

如果是这样，就应该考虑事实上在《毛吹草》时代真有这种锯吗？锯背圆形的“弯柄刀锯”的出现较晚。会津造锯师川村（现在如果活着应该是86岁左右）说：“在会津，做锯背圆形的弯柄刀锯是在大正中期，从北海道来了订单，要锯大树，不是这种形状就不能锯，所以开始造这种锯。”

遗留品也证实了这一点。明治时代会津用和钢粗制的“弯柄刀型”前拉锯逐渐上市，横拉的“弯柄刀锯”的出现比伐木用的前拉锯要晚。

《毛吹草》的天王寺锯不可能是今天的“天王寺锯”，《毛吹草》或许是仅仅列出了一般的锯的产地。再有，会津的天王寺锯的形态，也因时代的变化而变化。前一阵，秋田县横手市的中屋长松氏寄来古锯，隐约可见的锯铭刻着“天王寺源太郎作”，是一把很珍稀的锯。

元禄三年（1690年）版的《人伦训蒙图汇》中描述了很多锯，下面引用其中的“伐木”和“磨小刀”的消息：

> “伐木，圣德太子于难波浦建四天王寺时，思考需伐大树，见一只雁衔青树叶飞来，太子观其叶，遂命人用铁仿造，非常好用，此为锯之始也。锯师住各处，叫做中屋的，居于伏见，大阪则有高手。”

在这个消息中，首度出现了“中屋”的名号，记述了其住在伏见。伏见自古就是锯的产地，在锯上有用凿子刻的“谷口清三郎”、“谷口清兵卫”之类锯铭。伏见的“中屋”，现在已经听不到了，“大阪的高手”可能指的是天王寺、土井原的造锯师。

在锯产地的三木市，现在还有“中屋”，但据当地人说，他们是关东笠间造锯师一门的，在明治中期以后，历史不长。在古老的三木造锯师中，没有中屋这个名号。关于这件事，引用《三木金物志》所刊载的《黑田家文书》的记述：

“文化十二年4月改，《各锻造业者名单》，造锯师73户，中屋藤兵卫。”

“文政十一年8月，锻造业，锻造凿子，中屋国松。”

“文化元年8月，造菜刀业，锻造菜刀，中屋庄兵卫。”

“嘉永二年2月，造菜刀业，新町，中屋九兵卫。”

我也见过一次《黑田家文书》，了解到从江户时代便有许多被称为“中屋”的，在江户时代末期，在伏见或三木一带，抛弃名号而改用姓氏刻铭文。现在，“中屋”在关东、越后、东北地区占绝对的多数。

“圣德太子”的记事也很有趣，学者把绘画中的“树叶半裁型”称为“树叶型”，这是因为在文献中是这样写的。将绘画中的鱼头锯称为“树叶型”则无道理，是把栗子树叶从中央叶脉半裁的。但在《人伦训蒙图汇》出版的元禄时代，出现了大致近似于树叶型的锯，这就是《和汉三才图会》中的鱼头锯。亡父说，那是造船木匠，以后是造房子的木匠用的锯。造船木匠使用旋拉锯，如果是这个形状的话，则大致与树叶的前端相近，所以，“圣德太子”的事，与《和汉三才图会》中的鱼头锯的上市几乎在同一时代，这个故事可能是以这种形状的锯的出现为背景而创作出来的。

令人觉得“树叶半裁型锯”非常普遍的词现在依然存留。锯的前端的锯齿被称为“主齿”或“亲齿”，但也有很多人称其为“见当叶”，据说其意思是探索、思考的锯齿，我觉得不可能。如果是“树叶半裁型”的话，其前端应当像剑的尖部，所以说成是“剑头齿”还能理解。

有记载说:“磨刀、给石磨凿纹、给锯开齿,此三品如同金属链环。”这该如何解释呢?作为一般家庭的工具,这三样像金属环一样连接着,十分重要,是这个意思吗?抑或是指从磨小刀这个职业开始,一个人掌握三项技术呢?我觉得是后者。一直到不久前,我还看见过走街串巷的磨刀的人。

下面看看正德三年(1713年)寺岛良安所著《和汉三才图会》中关于锯的记事:

“四声字苑云,似刀有齿者也。古史考云。斧锯凿皆孟庄子之始作也。按锯有数品。泉州界土居原之作得名。大抵长一尺至一尺六寸。营造木工用之。有八九寸齿细者、俗名引切。造器工用之。头尖如木叶者。造船木工用之。”

“根隅钩小而长七寸许。头方者、以雕榈沟。”

“引回锯长七八寸、阔五六分许者。以可切竹。”

“按大锯长六尺。齿半顺半逆。有竹柄。山人用之。”

“前拉大锯长二尺。阔一尺一寸。齿皆向前。其柄曲。以竖引大木为板。”

“大截锯长二尺二寸。阔一尺。齿不顺。有两柄对引横切大木。”

“土居之原”可能就是《毛吹草》中的“土井原”,与和泉的堺是一个地方。“根隅钩”读作“捕老鼠”。现在也指齿道长7—8寸的纵拉锯。也有人省略称其为“老鼠”的,可能是指其齿比老鼠的牙还密。纵拉锯称为“gagali”,这是从其齿形而来的词,由“kakalu”或“kakali”变化而成的。江户时代中期称为“kagali”,后来变为“gagali”,现在第一个音发得重,第二个音发得轻。

《和汉船用集》第12卷“木工工具部”中关于锯的记述详细具体。这本书是宝历十一年(1761年)出的序,明和三年(1766年)出版,作者是金泽兼光,先转载其中的记载内容:

“锯,和名类聚、四声字苑云:似刀有齿者也。古史考曰。斧锯凿皆孟庄子之始作也。和名、能保歧利。下学集,能古歧利。今云所古保是为通音。依大小齿不同,名字各异。其形如刀而有齿者,锋尖,造船木工用之。今称为尖头树叶形而头方者,为造房者用。近来始为用,曰锋切。”

“大锯中锯小锯,大锯为伐木之具,亦称切物,大者一尺六寸,中者一尺三寸,小者一尺一寸,其齿相异,皆为切锯也。他邦称之为木口切。”

“头尖如木叶者,船造木工用之,有大中小之分。”

“拉割锯,称今加贺利,其齿若钩子,故称钩,用为引割物等,亦称捕鼠。”

“细齿锯,燕居笔记曰,接工用,较拉切齿稍大。”

“拉切锯,或曰有八九寸齿细者,俗名称引切,较引切齿小者,呼为鸭居切,切竹,加弦者称竹锯。”

“引回锯,或曰,比木末波之,长七寸八,细五六分许者,以可切竹,因曰圆拉,故以为切圆物,此属误解。此锯非切竹用,而为切锅釜盖类,旋转切之,或为唐草雕物镂空所用。”

“其形如刀,有齿者,锋尖,为船工所用。”

上述文献,讲述了传统的“树叶半裁型”是造船木工所使用的,又介绍了叫做“尖头树叶形”的方头锯,是造房木匠用的。

这两个文献,十分适宜地描述了江户时代中期锯的变化,这在今天基本上没有改变。造船木工使用弯曲的材料,所以必须用鱼头锯,而造房木匠则不同,要使用方头锯,才能准确切割,提高效率。但越是在古代,方头锯越是与造船木工用锯相近,这跟所用的材料有关。在江户时代中末期,锯端很宽、呈四角形的锯普及,因为制板业开始发达,规格化的木材进入了市场。不光是锯的形状,锯身各部的薄厚也与此对应发生了变化。

文献还记述了“拉切锯”出现得较晚,以及近代型锯的诞生过程。

《和汉船用集》的作者是大阪人,造船木工金泽兼光,通称桶屋角左卫门。我第一次读到《和汉船用集》中关于锯的内容时非常惊喜,而且这种惊喜和感激一直持续至今,越发觉得用简洁的文字能够记录准确、真实的历史。因他本身就是造船、造桶的,所以才能留下这些记录。

(东京大学山口启二教授通过小泉和子告诉我,以前出版的《日本的锯》中有些读法有误,如可以的话,想帮助校阅一下,我接受了他的热情厚意,非常感谢。)

第六章

中国锯与西洋锯

中国锯的研究

中国锯的特征

一般认为，中国锯是往下压着拉，日本锯是朝自己身体一侧拉的。中国和日本隔着不宽的海峡，又有着自古以来的深厚的文化渊源，但锯的使用方法却正好相反。有大学教授在《朝日新闻》上发表了其观点："中国、西洋的锯是往下压，所以是能动的文化，日本的锯是往自己身体一侧拉，是被动的文化，具有与幽灵把两手的掌心向内那样的同样的性格。"

他说的把锯向自己身体一侧拉是国民性使然，关于这一点，朝自己身体一侧拉的前拉锯为何能够在日本发达，我在第二章曾说明过；下面，想与中国锯加以比较，进一步搞清这个问题。我开始在日本常民文化研究所的各位的帮助下，潜心制作中国锯。首先，将22把仿造锯进行分类。

大体分一下，带框的11把，不带框的11把。其中，下压锯7把，向自身一侧拉的锯9把，相对互拉的锯

2把，下压拉、回拉都可以的锯4把。

带框的大型锯，用来制板的，是两个人相互拉的锯，这种锯在日本过去也叫大锯，江户时代中期之前使用过。

带框的下压拉的锯是一个人使用的，比两人使用的要小些，木工和普通的人都使用。并且，可装卸回转式的锯能够横拉、竖拉相互转换。

朝自身一侧拉的锯是小型锯，木工专用，一般的人不使用。

下压、横拉都可以使用的锯，从结构上说是比较古老的锯。

朝自身一侧拉的锯具有与日本锯相近的锯颈和茎，锯把长得能够用上力，效率高。

总结一下中国锯的特点，与日本锯比较：

（1）中国锯的齿列有各种变化，而日本的变化较少。

（2）中国锯的齿形很少变化，日本锯的齿形发生了精巧的变化。

（3）中国锯的齿列没有稀疏之差，日本锯具有这种差别。

（4）中国锯从使用上考虑，框及鞘是受力主体，锯条只是一个部件，日本锯则锯身就是主体，锯把只是一个零件。

当然，也有例外，但一般看来具有上述差别。

22把中国锯的仿制锯制作的资料如下：

（1）弘梅尔著《中国的手工劳动》的图版及文章，《考古学杂志》第40卷第1号。

（2）染木煦的《北满民具采访手记》(昭和十六年)的图版和照片。

（3）上田舒的《东亚锯的系谱》，《考古学杂志》第42卷第3号的图版和照片。

（4）文部省史料馆所藏朝鲜锯。

（5）秋冈芳夫所收藏，中国台湾的木工锯。

中国制的木工锯的各部分名称见图6-1。

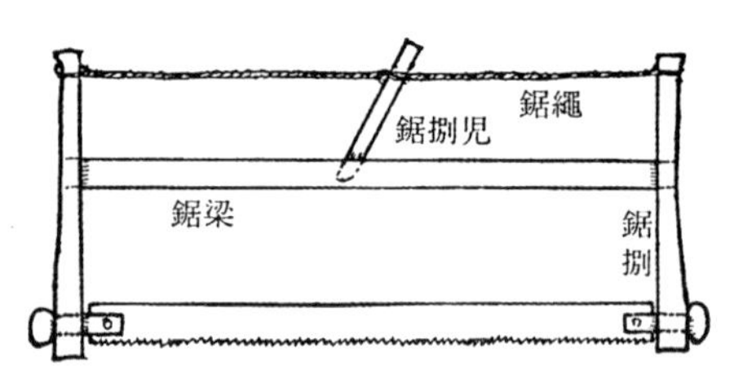

图6-1　中国制的木工锯的各部分名称
【图表译文：从左向右依次为：锯梁、锯把儿、锯绳、锯把】

中国地域辽阔，有很多种锯，我对制作、试用这22把锯的结果作如下分析：

大体上分为两类，第一种是带框锯，第二种是不带框锯。

首先，在第一种带框锯之中，从结构上来说，有原始的、结构较新的、非常进步的等结构的锯。把枝条弯曲，在两端安装上长约4尺（132厘米）的锯条，这种锯被用来在烧窑地来锯柴火。因为框是自然的，能够伸缩，不能使用薄的锯条。齿形是全齿正三角形，下压拉、横拉，都可以使用。尽管非常简单，但用途广泛。与此结构相同，但很小的锯有像钢丝锯那样的线型锯。要纵向切断柴火无法做到，锯的框架成为障碍。另外，在电视上看到美国人在用这种锯，西洋也有这样的锯。在日本，镰仓时代的佛画、大津的圣众来迎寺藏的《六道图》中都画了这种锯，姑且把这种锯称为A型。

还有锯梁用竹子做的。史料馆藏的朝鲜锯、中国的拉樟脑锯就是这种结构。把作为锯梁的竹子的两端，插进削成半月形中凹的锯把里。所以一旦把锯绳松开，锯就立刻解体。朝鲜锯锯条的连接部是旋转式，拉樟脑锯是用铆钉铆上的固定式，这种形式的锯，有全齿向上的下压、全齿向下两人上下使用的、齿列从中间向相反方向分开，相互拉的、拉樟脑锯那样特殊齿形的各种各样的锯（见图6–2）。

在日本，江户时代中期的《和汉三才图会》中也画了大锯的锯梁。我把这种形式的带框锯，暂且称为B型。

这种形式的锯既有横拉的，也有竖拉的，连接部旋转式的锯，横拉、竖拉都可以。不管哪种锯，如果是专用的，就没有必要弄成旋转

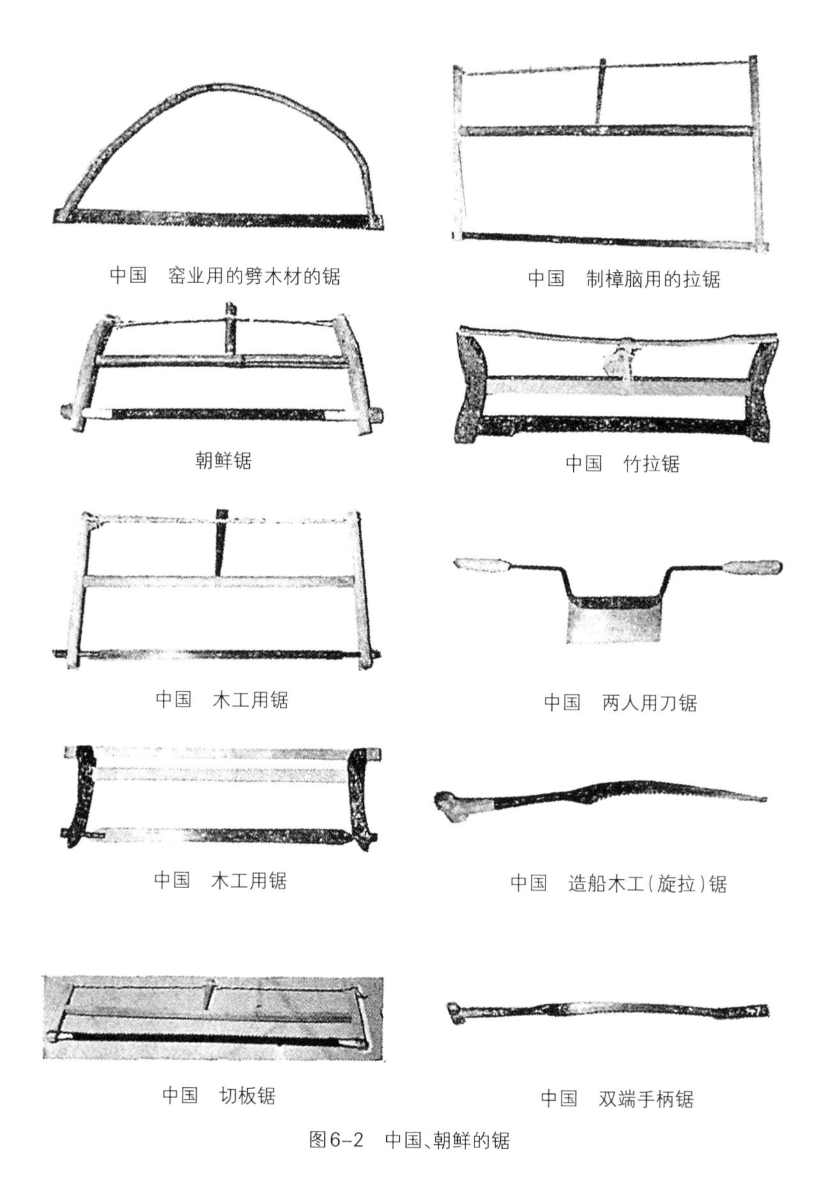

中国　窑业用的劈木材的锯

中国　制樟脑用的拉锯

朝鲜锯

中国　竹拉锯

中国　木工用锯

中国　两人用刀锯

中国　木工用锯

中国　造船木工(旋拉)锯

中国　切板锯

中国　双端手柄锯

图6-2　中国、朝鲜的锯

式。但如果是一个人使用，竖着拉，重心就不会垂直作用到锯条上，很难操作。

B型锯有带锯把与不带的。我手里的清朝伐木偶人型就没有锯把。再者，室町时代的《三十二番歌合》中的大锯，也没有锯把。当然，带锯把的锯更为进步，可以安上长锯条，《和汉三才图会》中的大锯带着锯把。

此外还有框的锯梁是木制的，其两端有木柄，穿过木把的锯。即便放松木把，框架也不解体，这种类型的锯，可以弄得更紧。这次仿造的有拉板锯、木匠用带框锯、小锯、竹子细工锯等，就是这种类型。竹子细工锯用竹条取代绳子，把竹条两端用钉子固定在框头上，把竹条的中间绑在锯梁上，展开锯条。

这种形式较B型锯具有明显的进步，暂且称其为C型。

还有一种锯，没有绳子，也不用绳子勒住，将这部分安到一根细长木材的两端，打进锯把里勒紧，这种方法可以使锯条永久地张开，而且可以勒紧。这种锯可以安装很薄的硬锯条，我在电视上看到在韩国，把绳子的部分采用板，把两端嵌入框头，用这种锯在干活的场景。这也是同样的变化。

将这种类型的锯暂且称为D型，是最为进步的一种。以上4种带框锯的齿列及其使用方法是：A型下压、横拉哪种都可以用上力；B型、C型分为从中间开始齿列相反、相互拉动的，和全齿同一方向的齿列这两种，大型制板用前者，小型锯用后者齿列的较多；D型只见到过一把，但在中国可能非常普及。

从面对面使用的制板用带框锯的照片看来，使用者分高低在使用，这样可能比较省力。锯的制作，按A、B、C、D的顺序越来越难。A型最简单，B型次之，C型与D型最难。A型与B型差别很大，做框的工夫，A只及B的几十分之一。这也是A型尽管原始，但被广泛使用的一个原因。这种锯造价便宜，而且不在意切割面是否整齐，作为锯木柴的锯已经足够满足要求。

下面介绍第二种无框锯。

这种形式的锯在中国广泛使用，也分大小，因各种不同的用途而产生形式的变化。

我制作过的锯以伐木锯为最大，齿列从中间开始呈相反方向，相互拉动使用。齿道明显外弯，两端连接部的锯背非常弯曲，其前端的木柄用铆钉固定，估计是用来锯大圆木的。其使用方法大概类似日本的大截锯。

造船木工使用的旋拉锯是朝自身一侧拉的，弘梅尔的文章中说："这种锯的断面锯齿一侧很厚，而锯背却很薄，与日本的旋拉锯是同样的构造，不是这样的断面，就难以拉动，齿道明显内弯，锯颈部分细长，木柄的颈部前端是圆柱型，将木柄插入。"手柄部分有些差异，但整体结构上与日本的旋拉锯相似。日本的造船木工也使用旋拉锯，与造房木匠使用的锯相比，形状大，质量好。

造船木工用的下压横拉锯的两端有木柄，后部木柄很大，而前端的木柄则很轻，容易拆卸。其使用方法不敢确定，但根据想象，应该是这样的：把丁字形的木柄插入长的筒形着柄部分前端，拿着木柄的人把锯的前端插入狭小的空隙里，对方将准备好的木柄装入锯的前端，插入并打上销钉然后使用。这种锯是在普通的锯难以使用的地方大显身手的。

还有叫做二人刀锯的。这种锯的齿列从中间开始呈相反方向分开，我试着做了，全长1米，锯身部分为28厘米，幅宽约为10厘米，用铆钉固定金属护圈。据染木书简介绍，在北京，在做桶类容器的木工房里使用过。这是特殊场合使用的锯，具体情况不明。我还仿制了两把切割组锯，齿形向下，朝自身一侧拉动，手柄是象牙的，上面经过雕刻装饰，锯后端的几个锯齿是下压拉型，很稀奇。弘梅尔解释说，这把锯是用来显示手柄制作的，但难以理解。这把锯的手柄和锯鞘合为一体，插入鞘柄的锯条很难拉深，与日本的带壳体锯的使用相像，但却是纵向拉的，这里或许隐藏着中国人让人吃惊的智慧。

具体中国锯，见图6-3至图6-6。

图6-3　清代的锯木偶人

图6-4　制木板用的大型木工锯

图6-5　两人横拉锯

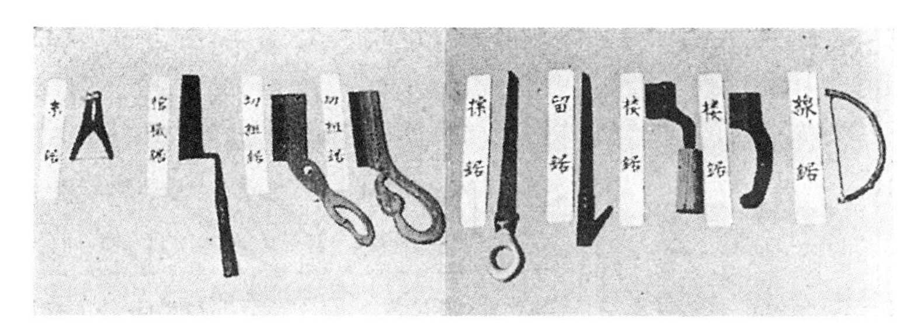

图6-6 中国的手工艺品用锯

我做了两把楼锯，结构上与切组锯相近，但更小，锯齿向下，朝自身一侧拉。

我还做了制棺锯，这种锯也是小型锯，锯齿向下，朝自身一侧拉，为组装棺木要在棺木两端拉出槽，与锯身相比，锯齿非常粗大。

索锯和留锯都是锯齿向下的朝自身一侧拉的锯，索锯更加细小，利用树枝做手柄，留锯将手柄插入着柄部，两种锯都是在很狭小的地方锯细小的物件的。

中国锯的齿列和齿形

如图6-7所示，我想考察一下日本锯和中国锯的齿列及齿形的差别。首先，关于齿列，

看一下迄今为止所见过的锯，中国锯有以下变化：

（1）这种齿列的锯，主要是烧窑地的切割木柴的锯和竹拉锯。

（2）木匠用锯、木匠用带弦锯、两端带把横拉锯、小锯、朝鲜锯。

（3）拉板锯、伐木锯。

（4）两人刀锯。

（5）造船木工用旋拉锯、切割组锯、两种楼锯、做棺木用锯、索锯、留锯。

（6）拉樟脑用锯。

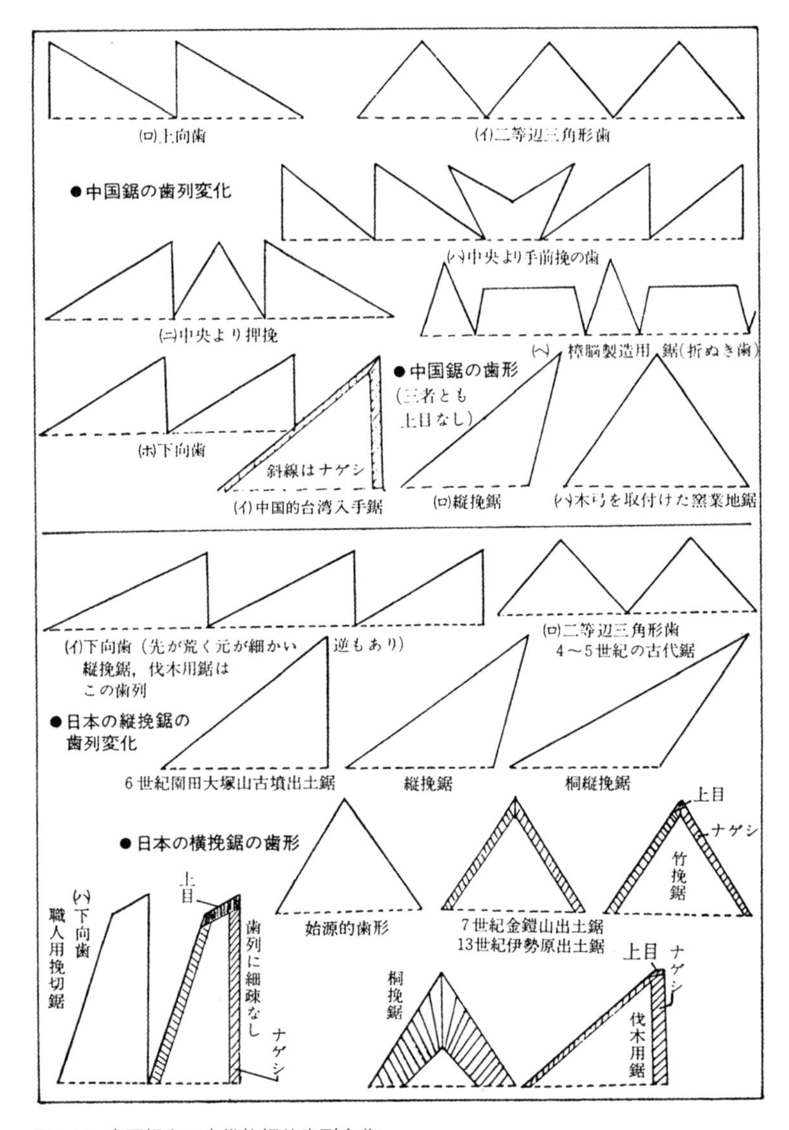

图6-7 中国锯和日本纵拉锯的齿列变化

【图表译文：顺序为从左到右再从上到下，依次为：朝上的锯齿、等腰三角形的锯齿、中国锯的齿列变化、从中间向内拉的锯齿、从中间压拉、制造樟脑用的锯（断齿）、朝下的锯齿、中国台湾的锯、斜线是齿刃、中国锯的齿形（三者都无上边）、纵拉锯、安装木弓的窑业地锯、日本的纵拉锯的齿列变化、朝下的锯齿（肩部钝根部锋利的纵拉锯，也有相反的）、用于伐木材的齿列、等腰三角形的锯齿、4—5世纪的古代锯、6世纪园田大冢山古坟出土锯、纵拉锯、桐纵拉锯、原始的齿形、7世纪金铠山出土锯、13世纪伊势原出土锯、竹拉锯、上边、齿刃、朝下的锯齿、工匠用的拉切锯、上边、齿列无疏密之分、有齿刃、桐拉锯、上边、齿刃、伐木用的锯】

值得注意的是，中国锯不管属于哪个齿列，同一齿列的锯齿并无稀疏细密之分。

日本锯除了匠人用的横拉锯和竹拉锯之外，几乎同一齿列都有稀疏细密之差。其中压倒多数的锯，锯前端较为粗大，而锯后端则细小。日本锯的齿列的疏密显著，但齿列本身无变化。中国锯齿列变化显著，齿列的疏密无变化。

下面谈谈中国锯齿列的变化：

（1）等腰或正三角形的齿形也和日本锯桐木的锯和竹拉锯一样，下压拉、往回拉皆可使用，但日本只是往回拉着使用，因此，齿尖被锉成朝自身一侧拉的形式。

（2）朝上的锯齿在中国很普遍，一个人使用的带框锯都是这样的齿列，而在日本非常少见，只有拉圆锯是这样的。

（3）从中间开始呈相反状相互拉，中国的大型锯几乎都是这样，日本的大锯也有这样的齿列。

（4）锯齿朝下的情形相当多，匠人用这种小型锯的很多，但并非常用的，所以外国人很少见到，这一类的齿列也没有稀疏细密之差。

（5）从中间逆向分开，这种场合的锯是互相拉动的，这种齿列的锯即便在中国似乎也非常少。

（6）这种齿形，以前在旋拉锯中见过，此外在机械锯中也存在。从大正到昭和初期，由于没有像今天这样的拉冰锯，所以将拉柴锯改造，隔一个锯齿掰掉一个，做成拉冰锯，即便在中国，这种锯齿也很稀有吧。

我觉得中国锯的齿形较为单纯，较少变化。拉樟脑的锯好像发生了变化，即使是这种锯，与日本锯相比，也很普通。而且中国锯的齿形，没有日本锯的横拉的齿形。这种齿形既可横拉也可竖拉，连接部做成旋转式的很自然。

为什么是这样的呢？有如下理由：日本锯是朝自身一侧拉的，所以横拉、竖拉的功能明确分开，一般来说横拉锯齿要深，因为如果不把锯齿尖锐的齿部做结实，锯就不耐用。中国锯的大多数锯条很薄，锯幅很窄，所以锯齿也浅。日本锯的齿形发生了各种变化，因此要磨锯齿需要很高的技术，这一点弘梅尔也发现了并且谈过。

中国锯与日本锯的比较

我根据制作实验结果进行了考察，现在做一下总结：

中国锯一般有如下特征：

（1）连接部的变化。

（2）锯齿列的变化。

（3）齿列无稀疏细密变化。

（4）齿形也变化不大。

带有锯框这种装置的锯，前后的拉力，由配套装置作为主体来承担，所以这种力量自然会集中于配套装置上。中国的带框锯，其锯条只是锯整体的一部分，两人拉的锯，结构上的变化是当然的，齿列稀疏细密无关紧要，所以无变化。并且齿形变化小也可理解。靠对配套装置和齿形下的改造工夫，中国锯提高了效率，补充了作业的精巧和劳动成效。见图6-8，带框锯的两端安装部分的变化。

还可以说，由于配套装置成为受力主体，锯条也根据其进化而变化，但日本锯的锯身没有那么复杂的变化，锯框和锯鞘、手柄等则随之发生进化。

通过试作，我觉得与日本锯相比，中国锯锯条的制作非常容易，但是制作配套装置则很难，而且，中国锯的锯条如磨损不能用了就扔掉，配套装置几乎是可以永久使用的。

日本锯有如下特征：

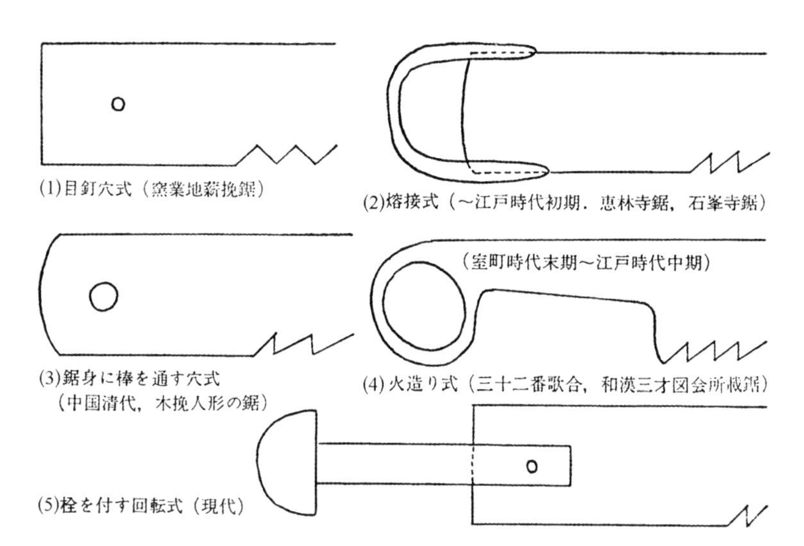

图6–8　带框锯的两端安装部分的变化

1. 销钉孔式（陶瓷业劈柴锯） 2. 焊接式（江户时代初期，惠林寺锯，石峰寺锯） 3. 锯身设置装框通孔式（中国清代，伐木偶人锯） 4. 锻造式　5. 附栓旋转式（现代）

（1）锯身的变化、形态的变化、一把锯各部位薄厚的变化、硬度的变化。

（2）锯齿形的变化，横拉的变化、竖拉的变化，根据切断对象而产生的变化。

（3）齿列具有稀疏差别的、无差别的分化。

日本锯的这3个特征，是由于日本锯的锯身是承担拉力的主体，所以作为配套装置的手柄的意义，与中国锯相比较低，我试着拆除了中国锯的配套装置，锯条则什么作用也没有了。日本锯即便拿着茎，在某种程度上也可使用。日本锯的锯身是主体，一个人使用，朝着向自身一侧拉动的方向进化，因此必然走上这样的道路。

如此看来，尽管有许多不同，但中国锯与日本锯并非无缘，而是有诸多共同点。带框、一人用的锯为何下压拉动，使用一下就明白了。如果两手使用，必然是左手把着框前，右手把着框后，显然不能这样使用。因为身体重心向前倾，只好下压着拉锯。用又长又大的锯条两人面对面锯大木头时，锯齿左右分开则是很自然的。

全部的锯齿都朝一个方向，力量容易偏向一方。带框的锯上下使用，利用下面人的体重，所有的锯齿都朝下。日本的大锯，如《三十二番歌合》中锯的齿列也是这样。中国、朝鲜、西洋也有这种类型的锯。因此可以说在江户时代，关于大型制板用锯，中国和日本是共通的。

中国的小型的、无框锯，和日本锯相像，也有朝着自身一侧拉的，日本锯中这种小型、一人使用的锯，在锯身直接安上手柄，进步非常快。

很多中国锯都是给锯条安上框，而且因框的发达必然形成新的使用方法。日本锯直接把手柄安在锯身上，由握着手柄的姿势使日本锯产生了拉切的形式。

日本锯促使拉切的形式与结构发展到了极致，而且如前所述，在日本，各种锯并非一下子发展起来的。

中国锯、日本锯，都是两国劳动人民在具体的劳动与生活中创造和培育出来的。

西洋锯的研究

我想研究西洋锯，但既无机会又无资料。1973年5月，我从秋冈芳夫那里借来了两把西洋锯，这是美国制的，买来时说是英国殖民时代的，但不可靠。我赶紧进行了仿造。

同年8月，我得到了技术史专家、东京工业大学教授山崎俊雄氏的帮助，仿造了两把西洋的古代锯，并着手研究。

(1) 秋冈收藏，曲柄旋拉锯的尺寸：

全长28.4厘米，锯条长22.3厘米，宽（后端）1.5厘米，锯前端宽0.5厘米，厚0.09厘米，锯齿2厘米内8个。

锯条无薄厚差别，手柄内曲。留有螺钉，齿形向上，无顶齿，有齿刃，有交错排列。

（2）带框锯的尺寸：

全长65.5厘米，框高34厘米，锯梁长42厘米，框厚1.4厘米，锯条宽0.5厘米，顶端长0.8厘米，锯条厚度0.3毫米，锯齿1厘米内12个。锯齿无刃口，无顶齿，三齿一组交错排列。两端的栓长8厘米，贯穿铁棒13厘米，连接部是旋转式，锯齿无稀疏，在发条似的薄钢板上开出的锯齿。

（1）的曲柄旋拉锯，手柄向内侧弯曲，锯齿一侧厚，锯背薄，没有日本锯那样的差距。锯齿浅，仅有齿刃和交错齿列。我试着做了下压型的拉锯，手柄很难做，能否拉圆有疑问，即便能拉也是拉大圆，齿形与锯硬木的锯相近。

（2）的带框锯，锯梁的两端是手柄，锯梁中间有一个插入木棒的孔。木棒未遗失，手柄是手工制作的，两端有葫芦形的栓，铁棒贯通这个栓，铁棒内侧前端安着锯条。锯齿浅，好像是用很薄的研磨机磨的。锯条两端和锯齿部宽度不同，这是使用时磨损的，大概是在五金店里买到工厂做的锯条安上的。锯框很旧，锯条可能是换了好几代，锯齿为三个一组交错排列。

我用右手拿着锯，左手拿着锯框前端来使用，前后活动的距离短，锯不了大的物件，锯条既薄又窄，还可以轻轻地纵横都能拉，但锯开面不齐。做这种锯的锯框很费力，这两把锯的配套装置是主体，用来锯硬木，不适合锯软质材料。

西洋古代锯的复原仿造日记

1973年8月25日

春季，山崎俊雄来访时谈到的埃及青铜锯，我想研究，写了信。

1973年8月31日

山崎寄来了复印件，实在是太感兴趣了，尺寸被缩小，必须扩大到原来的尺寸，把英制尺寸调成米制太麻烦，就直接做了，计算各部位的尺寸，画了图。

1973年9月8日

把31日画了图的6把锯做成了纸型，在纸型上画上尺寸、锯齿数，再把纸型按在钢板上划线，然后用凿子凿，用研磨机整形（先用钢板试做，再照样改为青铜板）。

1973年9月9日

将6把复原锯画好刻度，做齿形，开锯齿，除了克里特岛出土锯外的5把锯都做好了。使用两把埃及出土锯，结果和预想的一样。

1973年9月10日

发现不对劲的地方，按照照片调整尺寸，克里特岛锯的幅宽弄错了，调整纸型，全都重做。后期青铜锯的尺寸也短了些，做纸型，再调整。至此为止，我意识到的有：

（1）6把锯几乎都是等腰三角形的锯齿。

（2）锯齿大致在3.3厘米的长度上排列10个左右，狭窄范围内的齿数从8个到9—13个。

（3）没有齿刃和交错齿列。

（4）无横拉、竖拉的区分。

（5）埃及的大型锯、克里特岛锯，都是带柄锯的原型。好像并未固定为压拉型。

（6）同一齿列无稀疏细密差别。

复原仿造西洋古代锯所依据的原典，是古德曼所著、山崎俊雄摘译的《木材加工的历史》（1964年出版）。图版是根据该著作的照片复原的尺寸。

古代埃及的青铜锯（见图6–9）是公元前1490年巴比伦第一王朝时代大英博物馆藏的锯，大的锯②长约20英寸，与小的锯①同样有木

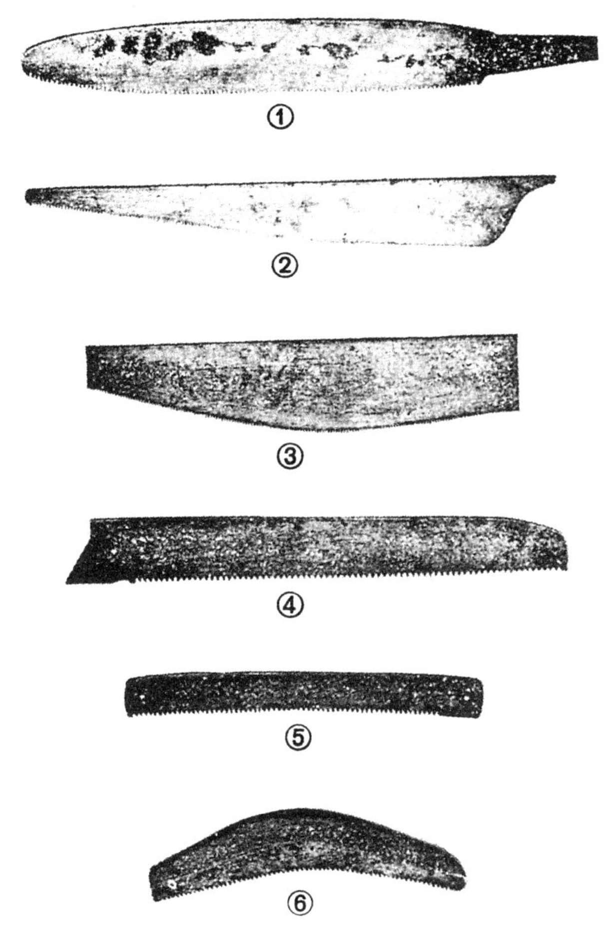

图6–9　各地出土的青铜锯　① 古代埃及的青铜锯　② 青铜锯（埃及出土）　③ 克里特岛出土的青铜锯　④ 后期青铜锯（瑞士湖畔出土）　⑤ 后期青铜锯（丹麦国立博物馆藏）　⑥ 后期青铜锯（瑞士湖畔出土）

手柄。

图6-10中的①的埃及出土青铜锯，齿道外弯，锯背也外弯，手柄前端歪向锯齿一侧，整个锯和日本锯相似。

图6-10中的②的埃及出土青铜锯，全长以20英寸（50厘米以上）为基准，把照片尺寸放大2.25倍，得出各部位的尺寸，这种锯带有茎状的东西，后部宽，头部窄，可能是现在的西洋锯的原型。但锯后部宽，头部窄的锯日本也有。

图6-10中的③的克里特岛出土青铜锯（照片尺寸的2.1倍）的齿道外弯，锯背是直线，用3个销钉固定手柄。

图6-10中的④的后期青铜锯瑞士湖畔出土，销钉的孔在锯身中轴线上，那里的锯齿呈三角形突出，茎做得很简单有记载说这种锯是朝自身一侧拉动使用的。

图6-10中的⑤的后期青铜锯，锯身内弯，原本就是这样还是土压的，不得而知。

图6-10中的⑥的后期青铜锯带马鞍形的锯鞘，锯的齿形朝一侧倾斜，这值得注意，从原来的照片上看，锯齿不规则。

除此之外后期青铜锯（公元前800年至公元前400年）在锯的一头有金属环形状的东西，相反一侧还有2.2厘米左右的无锯齿部分，锯身向锯齿一侧内弯。

除了图6-10中的⑥，全部锯齿都是等腰三角形，仔细看青铜锯的照片，埃及出土的两把、克里特岛出土的一把，在锯的一端安了手柄，很明显，不是把枝条弄弯成弓状，在两端安上手柄的，《木材加工的历史》的作者古德曼也在书中写道："青铜锯时代的锯齿形不是下压、拉动、朝一方倾斜，事实就是如此。" 但是，像图6-10中的⑥那样带有马鞍形护鞘的锯，齿形是朝一方倾斜的。在前述著作里写道："齿形是朝一方倾斜，这是有了铁锯后才出现的。" 我认为，在青铜锯的末期就有

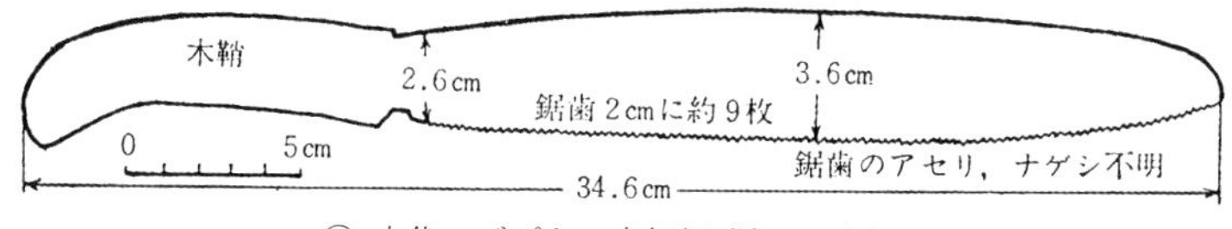

① 古代エジプトの青銅鋸 (前1490年)

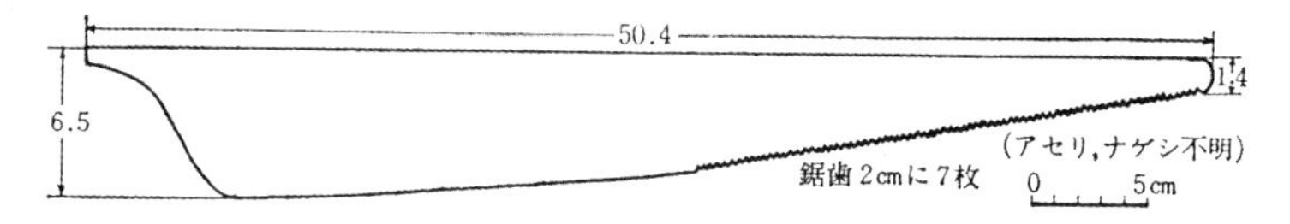

② 青銅鋸 (エジプト出土)

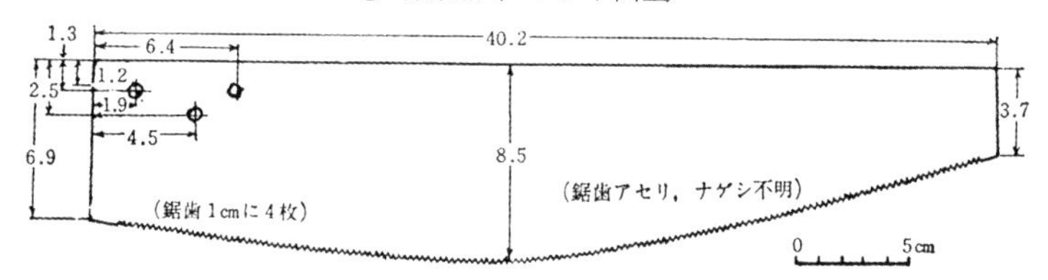

③ クレタ島出土の青銅鋸 (前1580—1450年)

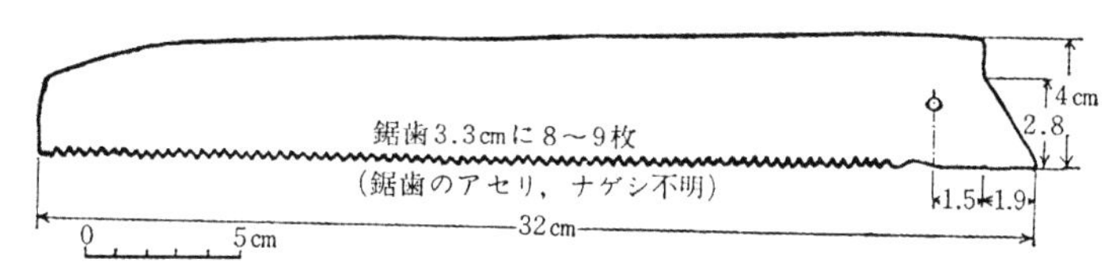

④ 後期青銅鋸 (スイス湖畔出土)

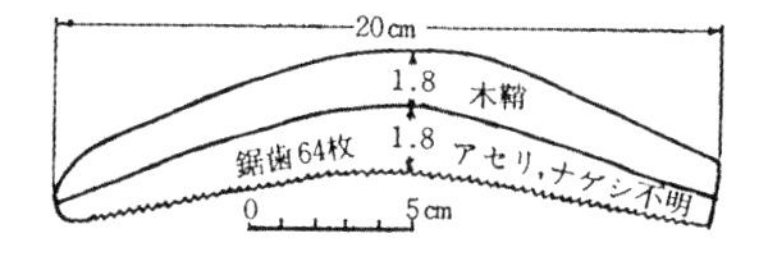

⑥ 後期青銅鋸 (スイス湖畔出土)

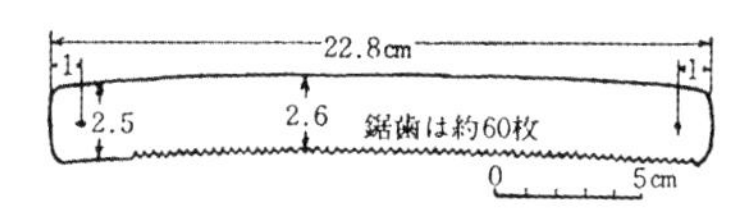

⑤ 後期青銅鋸 (デンマーク国立博物馆藏)

图6-10　各地出土的锯

① 古代埃及的青铜锯（公元前1490年）【图表译文：木鞘、锯齿：每2 cm约9齿、锯齿的齿刃、交错排列工艺不明】 ② 青铜锯（埃及出土）【图表译文：锯齿：每2 cm约7齿锯齿的齿刃、交错排列工艺不明】 ③ 克里特岛出土的青铜锯【图表译文：锯齿：每1 cm 4齿、锯齿的齿刃、交错排列工艺不明】 ④ 后期青铜锯（瑞士湖畔出土）【图表译文：锯齿：每3.3 cm 8~9齿锯齿的齿刃、交错排列工艺不明】 ⑤后期青铜锯（丹麦国立博物馆藏）【图表译文：锯齿约60个】 ⑥ 后期青铜锯（瑞士湖畔出土）【图表译文：锯齿约64个、木鞘、锯齿的齿刃、交错排列工艺不明】

（图片来源于《木材加工的历史》）

了齿形朝一方倾斜的锯。

图6-11中的①的中间，是初期的铁锯（公元前200年左右，英国格拉斯顿巴里博物馆），锯长27厘米，后端宽4.1厘米，前端宽1.8厘米多，锯齿数为8.2厘米内21个，手柄约3.3厘米，在手柄上有2.1厘米的用锯拉出的槽，用两个铆钉固定。齿形是等腰三角形，接近朝自身一侧拉的锯，尤其是齿道内弯，锯背外弯，从结构上看，大概是朝自身一侧拉的锯，手柄部分长，这对朝自身一侧拉有利。

图6-11中的①的张弦弓形锯是罗马时代的，全长约30.3厘米，锯身至弓宽5.6厘米，锯身宽2.8厘米，锯齿平均2.5厘米5个，齿形向上压拉型，弓部约22.4厘米，茎长约7.3厘米，茎宽约1.2厘米，我参考照片重新做了，锯弓好像是焊接于锯身的，锯身很宽，锯齿粗大，有交错齿列，齿刃不明。

图6-11中的②的系绑绳的带框锯，尺寸无记载，我根据观察进行了制作（照片的9倍）。锯条长46.8厘米，宽8.1厘米，高22.5厘米，销钉孔一端1—9厘米。锯齿是等腰三角形，锯条一端外弯，有时可以锯超过锯框长度的木材。

图6-11中的③伊特鲁里亚的锯，是上下使用的制板用锯，锯框的上部安着绳子，由上面的人拉，可能是罗马教会时代的东西。齿

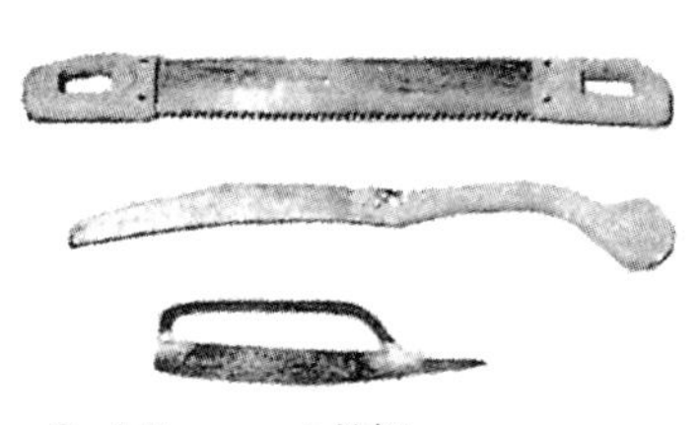

① 古代ローマの鉄鋸
(上) 椅子作り (中) 船大工 (下) 弓張

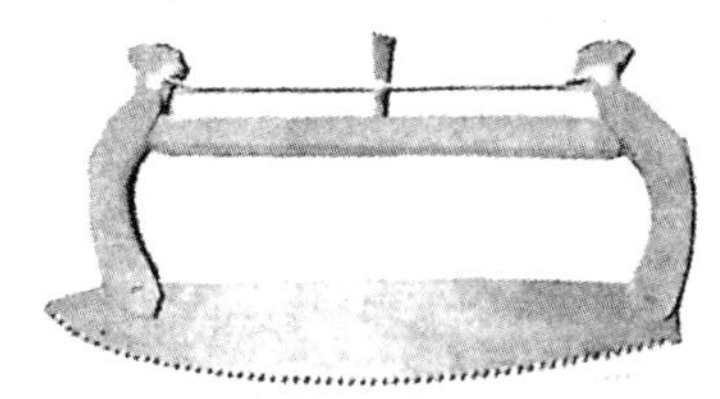

② 古代ローマの縄締をもつ枠付鋸

③ エトルリアの上下使用板挽鋸

图6-11　各地出土的锯的种类
① 古代罗马的铁锯　(上)制椅子工具
(中)造船工匠用具　(下)弓形锯
② 古代罗马的有拉绳的带框锯
③ 伊特鲁里亚的上下使用的伐木板锯

形向下，朝一方倾斜。

关于复原西洋古代锯的考察

复原的埃及大型锯，是如同图6-10中的②那样的锯，有把木材绑在柱子上纵向拉的图片，我想还可以这样做啊，就照样做了，结果很难拉，但如果不在意时间，还算能拉。

还有，图6-10中的①的锯手柄前端向内弯曲，这很有趣，整体的形态除了没有锯颈外，和日本锯十分相像。这个时代的锯也是锯条不锋利就伐锯，仅从照片上就能看出这一点。锯齿的深浅和大小差距很大，这是伐锯伐得不好的证据，现在刚进木工厂的人也常常出现这种情况。这样的锯齿即便想特意弄也弄不出来，有锉也不好使。齿形是等腰三角形，不朝一侧倾斜。青铜锯朝一方倾斜的锯齿不结实，难以使用。但是后期青铜锯，特别小型的、带有马鞍状护鞘的，锯齿朝一方倾斜，所以说，把锯齿朝一方倾斜的尝试，在青铜器时代的末期已经开始了。

这个时代的几乎所有的锯，锯齿都不向一方倾斜，但也有写着“朝自身一侧拉动使用”的锯，齿形是等腰三角形，根据具体的使用状况，变成了这样。

铁锯明显地出现了锯齿向一方倾斜的状况，即便如此，齿形接近青铜锯，朝一方倾斜的锯也很多。还有像罗马造船木工锯那样的齿形为正三角形、手柄很长，朝自身一侧拉的锯。手柄长的话，拉力将集中到锯身上。中国锯朝自身一侧拉的，手柄也很长，下压着拉的锯，手柄短的好使。

即便是埃及出土的最古老的锯，都感觉不到很原始。能够进化到这个程度，应当是经历了漫长的演变过程。在西洋，向一方倾斜的齿形的出现，从最古老的出土锯来看，有1 000年以上的差距。日本锯中，向一方倾斜的锯出现于6世纪，最古老的锯是4世纪的，仅差200年。日本是落后的国家，可以说是由于接受了新技术才迅速变化的。

还有铜与铁的材质上的差别。但是尽管有早晚之分，从根本上说进化的态势是一样的。

图6-12　中国明末的《远西机器图解说录》的锯（模型）

图6-10中的③伊特鲁里亚的带绳子、带框、上下使用的锯，这一系列的锯其后不断进化，这类锯里，有中国明末王充著《远西机器图解说录》里记载的安有多根锯条的锯（见图6-12）。我做了模型，如果扩大10倍就会非常好用。所谓“远西”，可能指的是欧洲。

从伊特鲁里亚的锯到《远西机器图解说录》中的锯，再到机械锯，呈现出一条清晰的进化系列，而这中间，也积累了许多的改良的经验。

这次的实验，以照片和图片为参考，既不全面，也有错误，恳请方家指教。西洋锯具有现在的模样，是长期进化的结果，日本锯、西洋锯、中国锯的三角形的齿形，原来是等腰三角形，越到后来越变为正三角形，这是因为锯齿加深，其背景也有材质的进步。

青铜锯的试作

我想试做青铜锯，把这个想法跟阿格内技术中心的高桥升氏谈了，高桥升非常感兴趣，跟东京大学工学部的同仁讲了，他们给我寄来了青铜的原材料。当时，他们说：“怎么弄都有瑕疵，先用这个材料做做看吧。”原材料上有很多瑕疵，这是锻造时形成的，是把材料烧红了之后锻造的。

1974年1月13日

在朋友处把青铜烧红后锻造，结果像敲击黏土块一样碎掉了，失败。与预测的结果一样，回到东京，按想好了的办法再次烧制。

1974年1月29日

早晨，用木柴火将青铜烧热锻造，把厚5厘米的材质打造成2厘米厚，因为带有瑕疵，不能再打薄了。但没出现一条新的瑕疵。弟弟在信上说："一吐唾沫就起蒸汽，贴上布就烧焦，到此程度即可，用不着烧红了。"我按这种方法锻造出了一把锯，又开了锯齿，有些厚，长36厘米左右的锯身，厚度如果没有1—1.5毫米就没法使用。尽管这次试验没成功，但很有意义，使我掌握了用青铜造锯的基本知识。接着考虑了做青铜锉，给青铜锯开锯齿，应当用青铜锉。做青铜锉，能否用它来开锯齿，这成了问题。

青铜的硬度，根据中国的文献是这样的：

钟，铜5锡1；斧，铜4锡1；矛，铜3锡1；刀剑，铜2锡1；小刀、箭，铜3锡1；镜，铜1锡1。

这次人家提供的青铜，锡占了10%，锡的含量再高的话就无法打成薄片。

中国文献的青铜中锡的含量，即便是最低的那种，也无法打薄延展，到12%就可以锻造，超过这个就得铸造。还有，30%是最高的硬度，锡的成分如果超过30%硬度反而会下降。

所以，如果利用青铜的硬度差的话，可以用30%锡含量的青铜做锉，用12%以下的青铜做锯。但这样一来，用来刻锉齿纹的凿子怎么办？

和造锯实验一样，把造锉的青铜材料烧热，待其变软后用青铜的凿子来刻锉的齿纹，这能做到吗？我试着做了，结果不行。握着凿子的左手如不紧贴锉，凿子就不会移动，并且容易形成烫伤，凿子刃也一次就卷曲了，尽管如此，我想还是应该有什么好办法。

这个实验和西洋锯的研究，得到了高桥升氏和山崎俊雄教授的帮助，非常感谢。

(附) 锯的各部分名称

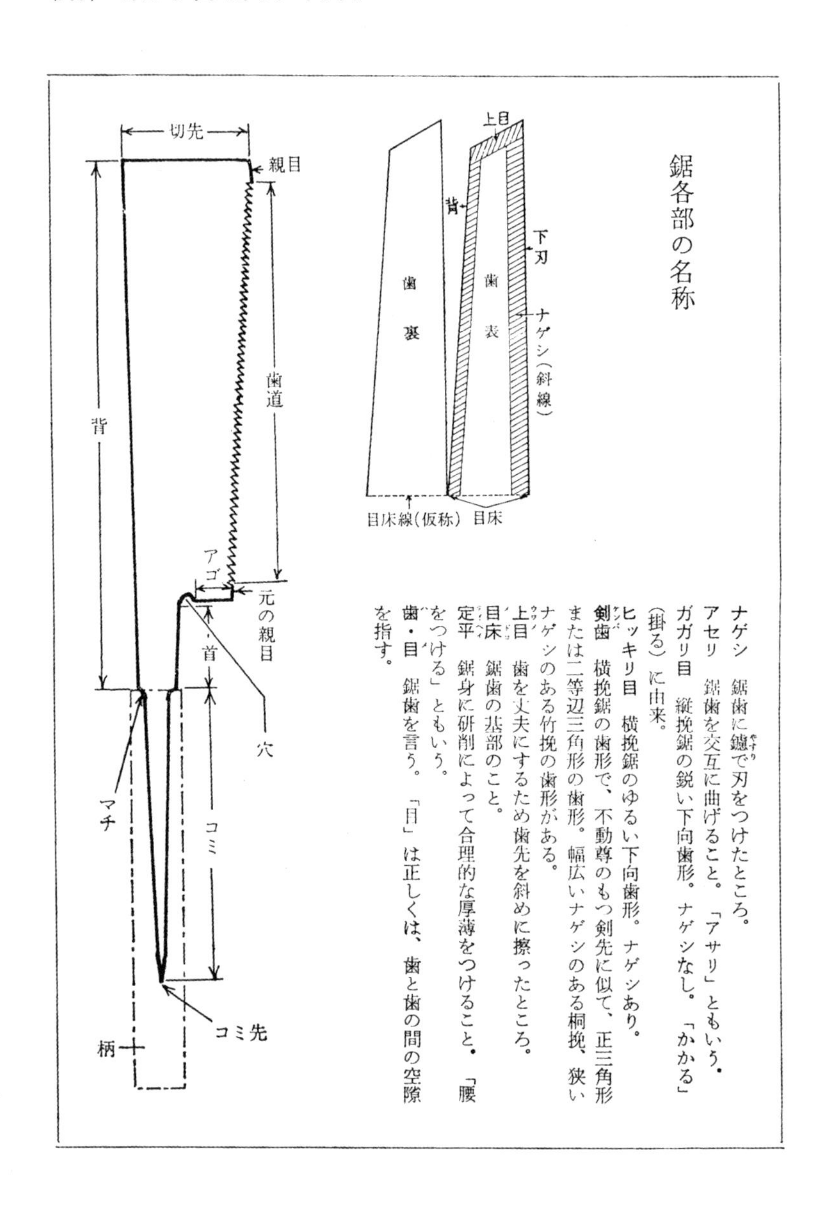

鋸各部の名称

ナゲシ　鋸歯に鑢(やすり)で刃をつけたところ。

アセリ　鋸歯を交互に曲げること。「アサリ」ともいう。

ガガリ目　縦挽鋸の鋭い下向歯形。ナゲシなし。「かかる」(掛る)に由来。

ヒッキリ目　横挽鋸のゆるい下向歯形。ナゲシあり。

剣歯(ケンバ)　横挽鋸の歯形で、不動尊のもつ剣先に似て、正三角形または二等辺三角形の歯形。幅広いナゲシのある桐挽、狭いナゲシのある竹挽の歯形がある。

上目(ウワメ)　歯を丈夫にするため歯先を斜めに擦ったところ。

目床(メドコ)　鋸歯の基部のこと。

定平(ジョウヘイ)　鋸身に研削によって合理的な厚薄をつけること。「腰をつける」ともいう。

歯・目　鋸歯を言う。「目」は正しくは、歯と歯の間の空隙を指す。

【图表译文】

左图：切先（锯头）、親目（主齿）、歯道（齿道）、元の親目（后端主齿）、アゴ（锯根部）、首（颈部）、穴（弧孔）、マチ（拼条）、柄（手柄）、コミ（茎）、コミ先（茎尖）

右图：上目（齿顶）、下刃（下刃）、ナゲシ（斜線）（齿刃（斜线部分））、歯裏（齿背） 歯表（齿面）、目床（齿根）、目床線（齿根线）

文字部分（从右到左依次为）：

齿刃：在锯齿上用锉修磨出的刃。

交错排列工艺：使锯齿交错着排列。

悬齿：纵拉锯以锐角朝下的齿形。无齿刃。

拉切齿：横拉锯以钝角朝下的齿形。有齿刃。

剑齿：横拉锯的齿形，和不动明王所持的剑尖相似，是等腰或等边三角形的齿形。是锯身宽的、有齿刃的桐拉锯和锯身窄的、有齿刃的竹拉锯所具有的齿形。

齿顶：为了使锯齿结实，把锯齿尖打磨成倾斜状。

齿根：锯齿的根部。

腰身：通过研磨使锯身产生薄厚差异，也被称作添加腰身。

齿、目：指锯齿。“目”确切地说是指锯齿和锯齿之间的空隙。

日本锯的构造进化系统图

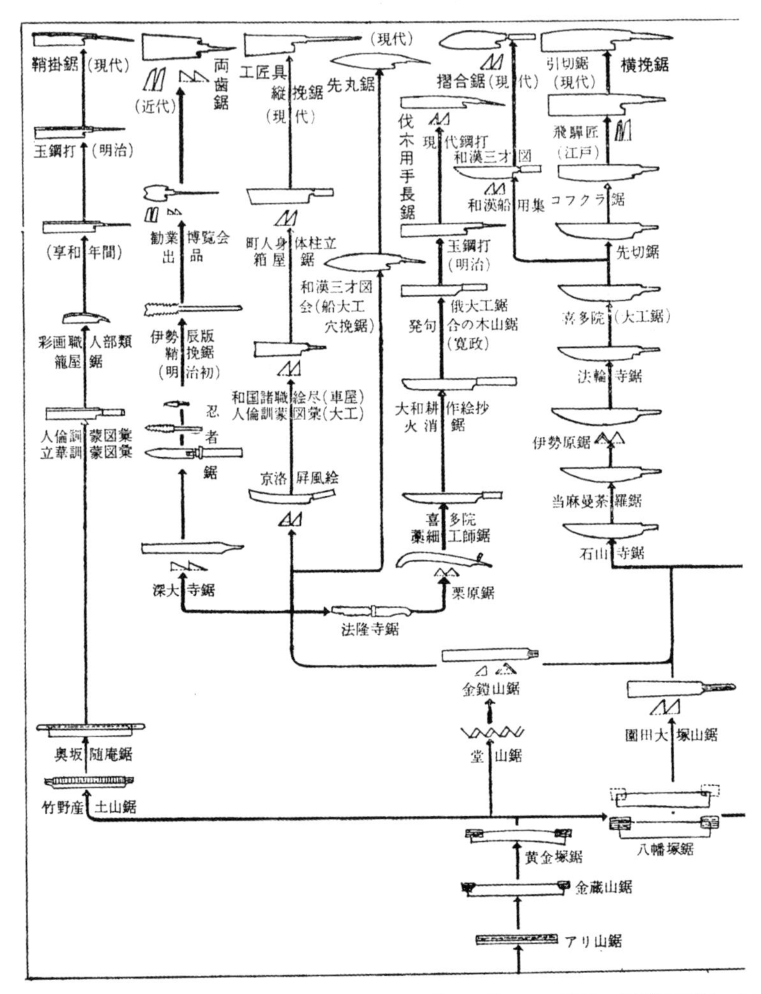

顺序为从左到右再从上到下，依次为：护鞘锯（现代） 双齿锯（近代） 工匠用具 纵拉锯（现代） 鱼头锯（现代） 暗销接合锯（现代） 拉切锯（现代） 横拉锯 和钢打制（明治） 伐木用长臂锯（现代刚打制，和汉三才图） 飞弹匠（江户） （享和年间） 劝业博览会出品 商人身体柱立 箱铺锯 和钢打制（明治） 和汉船用集 压入锯 尖头（树叶形）锯 彩画工匠种类 轿夫锯 伊势辰版鞘拉锯（明治初） 和汉三才图会（船木匠开孔锯） 临时木匠用锯 发句合的木山锯（宽政） 喜多院木工锯 人伦训蒙图汇 立华训蒙图汇 忍者锯 和国诸职尽绘（车铺） 人伦训蒙图汇（木工） 大和耕作会抄 消防用锯 法轮寺锯 伊势原锯 京洛屏风绘 喜多院草制品工匠锯 当麻曼荼罗锯 深大寺锯 法隆寺锯 栗原锯 石山寺锯 金凯山锯 奥坂随庵锯 堂山锯 园田大冢山锯 竹野产土山锯 黄金冢锯 八幡冢锯 金藏山锯 蚂蚁山锯

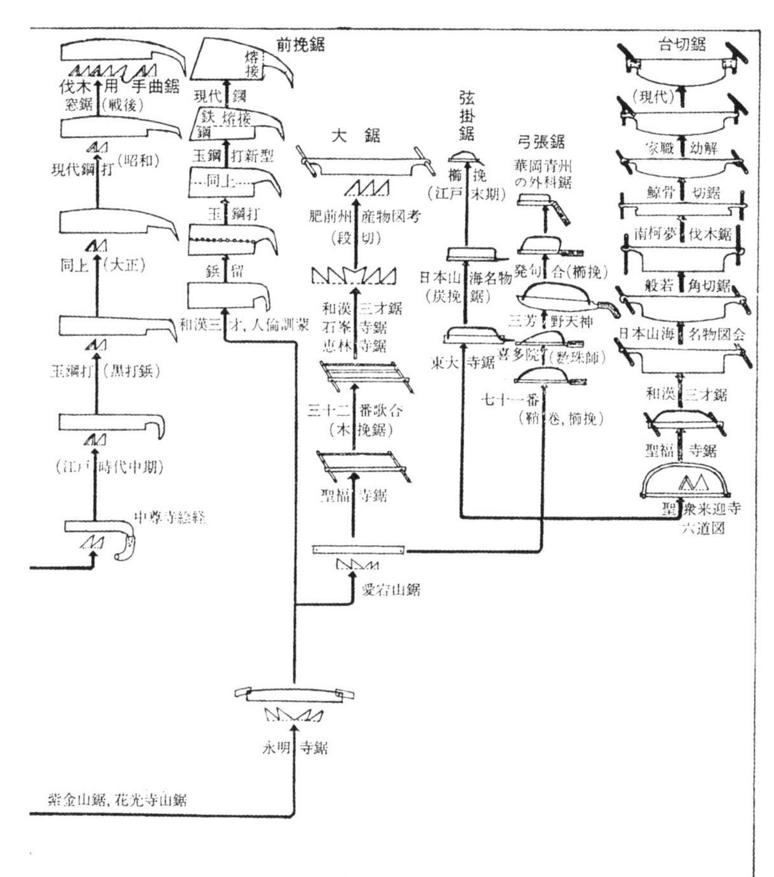

〔日本の鋸の構造的な進化の系統図〕

顺序为从左到右再从上到下，依次为：伐木用弯柄刀锯　前拉锯　现代钢焊接　大截锯　铁·钢焊接　现代钢打制(昭和)　和钢重制型　大型锯　弓形锯　梳齿拉锯(江户末期)　弓弦式锯　华冈青州的外科锯　管家幼解(现代)　和钢打制　铆钉连接　肥前州产物图考(分段锯切)　日本山海名物(炭拉锯)　发句合(梳齿拉锯)　南柯梦伐木锯　般若斜切锯　和汉三才，人伦训蒙　和汉三才锯　石峰寺锯　惠林寺锯　三芳野天神　和钢打制(粗打铆接)　东大寺锯　喜多院(制珠师)　日本山海　名物图会　三十二番歌合(拉木锯)　七十一番(无护鞘锯，梳齿拉锯)　和汉三才锯　(江户时代中期)　圣福寺锯　圣福寺锯　圣众来迎寺　六道图　中尊寺绘经　爱宕山锯　永明寺锯　紫金山锯，花光寺山锯